高等院校软件工程专业系列教材

软件测试技术

李 凡 田文洪 王伟东 编著

机械工业出版社

本书依据软件测试领域的最新国际标准 ISO/IEC/IEEE 29119（2013）系列，系统地介绍了软件测试的基本概念与基本原理，主要的测试用例设计技术，软件生命周期中测试的实施，软件测试的计划、组织与管理，以及软件测试领域中的一些技术性和专业性较强的主题。

本书力求内容精炼、叙述清楚、循序渐进。在对理论和技术细节的阐述中设计了大量实例及步骤讲解，以期读者能够快速、全面地掌握软件测试的相关理论知识、测试用例设计技术，以及软件测试的实施和管理方法，并能够在工程实践中灵活运用。本书每章均配有习题，以指导读者深入地进行学习。

本书既可以作为高等学校软件工程专业、计算机应用专业以及其他相关专业软件测试技术课程的教材，也可以作为软件测试从业人员的技术参考书。

本书配套授课电子课件，需要的教师可登录 www.cmpedu.com 免费注册，审核通过后下载，或联系编辑索取（微信：15910938545，电话：010-88379739）。

图书在版编目（CIP）数据

软件测试技术 / 李凡，田文洪，王伟东编著. —北京：机械工业出版社，2016.2（2022.1 重印）

高等院校软件工程专业系列教材

ISBN 978-7-111-52680-3

Ⅰ. ①软… Ⅱ. ①李… ②田… ③王… Ⅲ. ①软件－测试－高等学校－教材 Ⅳ. ①TP311.5

中国版本图书馆 CIP 数据核字（2016）第 006591 号

机械工业出版社（北京市百万庄大街 22 号　邮政编码 100037）

责任编辑：郝建伟　　责任校对：张艳霞

责任印制：郜　敏

北京富资园科技发展有限公司印刷

2022 年 1 月第 1 版 • 第 3 次印刷

184mm×260mm • 13.25 印张 • 324 千字

标准书号：ISBN 978-7-111-52680-3

定价：59.00 元

电话服务

客服电话：010-88361066

010-88379833

010-68326294

网络服务

机　工　官　网：www.cmpbook.com

机　工　官　博：weibo.com/cmp1952

金　　书　　网：www.golden-book.com

机工教育服务网：www.cmpedu.com

出版说明

计算机软件产业是发展迅速的朝阳产业，软件企业需要大量软件开发的专门技术人才。为了适应社会对软件人才的大量需求，许多高等院校相继开设了软件工程专业以培养专门的软件开发人才。软件工程的主要目标是开发系统模型，研究在有限预算下按时开发高质量软件的可靠技术。软件工程寻找计算机科学中科学与工程的结合，有效地开发和管理软件系统。在人才培养中，教学目标、教学计划、课程建设和教材建设异常重要。为了配合软件工程领域的教材建设，机械工业出版社邀请了高等学校从事软件工程的教学和研究的专家和教师，共同策划了适用于高校软件工程专业的系列教材，主要包括软件工程导论、需求工程、软件体系结构、软件测试技术、软件项目管理、UML及应用等。

本系列教材的主要特色如下：

1. 从培养软件人才的需要出发，规划本系列教材。
2. 在内容的选取上，结合了软件工程的最新发展和实际应用，具有先进性和实用性。
3. 在教材的编写中，注重理论与实践的结合，注重引入案例，有助于实际能力的培养。
4. 在教材的体例上，各章内容具有一定的独立性，便于选择性学习。

本系列教材可作为软件工程专业、计算机科学与技术专业软件工程方向的教学用书，也可作为从事软件开发和软件工程领域工作的科技人员的参考书。

机械工业出版社

前言

近 30 年来，随着编程语言和软件工程相关技术的快速发展，软件的规模和复杂性大幅度提升，软件的质量问题也变得日益突出。软件中存在的缺陷轻则给用户带来不便，重则造成生命和财产的重大损失。作为软件质量保证的关键步骤，软件测试的效果直接关系到软件产品的质量，因此得到业界的高度重视，软件测试的理论知识和技术工具的发展日新月异。

目前，国内外软件企业或部门对软件测试人员的需求量非常大，掌握软件测试的基本原理、基本方法和基本技术业已成为软件工程及相关专业毕业生的基本要求之一。许多高等院校已经把软件测试技术列为相关专业的必修或选修课程。本书结合编者多年从事软件测试技术相关课程教学的经验，依据软件测试领域的最新国际标准 ISO/IEC/IEEE 29119（2013）系列，系统地介绍了当前软件测试领域的专业知识。在各章节中设计了大量的实例和步骤讲解，尽量做到内容精炼、叙述清楚、循序渐进。通过对本书内容的学习，读者能较快地学习到软件测试方面的理论知识，全面掌握测试用例设计技术，并在软件生命周期内得以灵活运用。因此，本书既可以作为软件测试技术课程的教材，也可以作为软件测试从业人员的技术参考书。

本书共 6 章，可分为 3 部分。第 1 部分包括 1～4 章的内容，介绍了软件测试的概念、原理、方法，以及软件测试的实施等基础内容。其中，第 1 章主要介绍了软件缺陷和软件测试的相关基本概念与基本原理。第 2 章介绍了黑盒测试技术，包括静态黑盒测试技术与动态黑盒测试技术。前者主要包括软件产品规格说明书的审查，后者主要包括等价类划分方法、组合测试设计方法（包括完全组合测试方法、成对测试方法、逐个选择测试方法及基本选择测试方法）、分类树方法、边界值分析方法、决策表方法、因果图方法，以及状态转换测试方法。第 3 章介绍了白盒测试技术，包括静态白盒测试技术与动态白盒测试技术。前者主要包括正式审查方面的内容，后者主要包括语句测试方法、分支测试方法与决策测试方法、分支条件测试方法、分支条件组合测试方法、MCDC 测试方法，以及数据流测试方法。第 4 章介绍了软件生命周期中测试的实施，主要包括递增式测试策略，以及单元测试、集成测试、系统测试、验收测试和回归测试方面的内容，此外还介绍了软件测试实施中常用工具的使用方法。第 2 部分包括第 5 章的内容，主要介绍了软件测试的计划、组织与管理。第 3 部分包括第 6 章的内容，主要介绍了软件测试领域中一些技术性和专业性较强的主题，包括嵌入式软件测试、面向对象软件测试、安全性测试，以及程序变异测试技术。

本书第 1～3 章由李凡编写，第 4～6 章由王伟东、田文洪和李凡共同编写，全书由李凡统稿。本书在编写过程中得到了电子科技大学信息与软件工程学院相关领导的大力支持和机械工业出版社的积极协助，在此表示衷心的感谢。

本书在编写过程中难免存在疏漏和不妥之处，恳请广大专家和读者批评指正。本书编者的电子信箱是 lifan@uestc.edu.cn。

编　者

目　录

第 1 章　软件测试概述

当前，软件在信息科技（Information Technology，IT）领域中扮演着越来越重要的角色。继苹果公司利用软件重新定义了智能手机和平板电脑，并引发了行业的革命性变化之后，软件定义的网络（Software-defined Networking，SDN）、软件定义的数据中心（Software-defined Data Center，SDDC）及软件定义的存储（Software-defined Storage，SDS）等思想、概念和产品不断涌现。除了 IT 产品外，软件也日益渗透到人们的日常生活中，电视机、电冰箱、手表和汽车等传统工业产品也已经或即将加入被软件所定义的行列（如谷歌眼镜、无人驾驶汽车等）。简而言之，软件正在重新定义一切（Software-defined Anything，SDX）。

在这种大背景之下，由于软件缺陷而造成重大经济损失乃至人员伤亡等严重后果的事例屡见不鲜，因此，如何保证软件产品的质量就成为必须解决的一个关键问题。

软件测试是软件质量保证的关键步骤，也是软件工程的重要组成部分，对软件产品的质量起着至关重要的作用。本章概述了与软件测试相关的基本概念，为读者建立起对软件测试的全面了解，并为进一步讨论软件测试技术奠定基础。

1.1　软件与软件缺陷

软件测试的对象——软件，是一种特殊的逻辑实体，其特点导致了产生软件缺陷几乎是不可避免的。软件测试工作的目的就在于尽早找到软件缺陷，并保证其得到修复。在讨论软件测试之前，应该对软件与软件缺陷的相关基本概念和基本知识进行讨论。本节将介绍这方面的内容。

1.1.1　软件及其特点

IEEE Std 610.12 给出了软件（Software）的定义：软件是计算机程序及其相关的文档，以及用以操作计算机系统的附属数据。

一般而言，软件来源于应用问题。应用问题经过抽象（包括数据抽象和过程抽象）后，形成软件的设计（包括数据结构和算法等内容），继而被编码实现。其后软件即可运行于硬件之上。通常，软件的运行还包括操作系统的支持。上述过程如图 1-1 所示。

从软件的定义可以看出，软件有 3 个主要组成部分。

1）指令的集合（计算机程序），通过执行这些指令可以满足预期的特征、功能和性能需求。

2）数据结构，它使得程序可以利用必要的信息。

3）描述程序操作和使用的文档。

其中，指令集合和数据结构是软件的可运行部分，而文档是软件的不可运行部分。

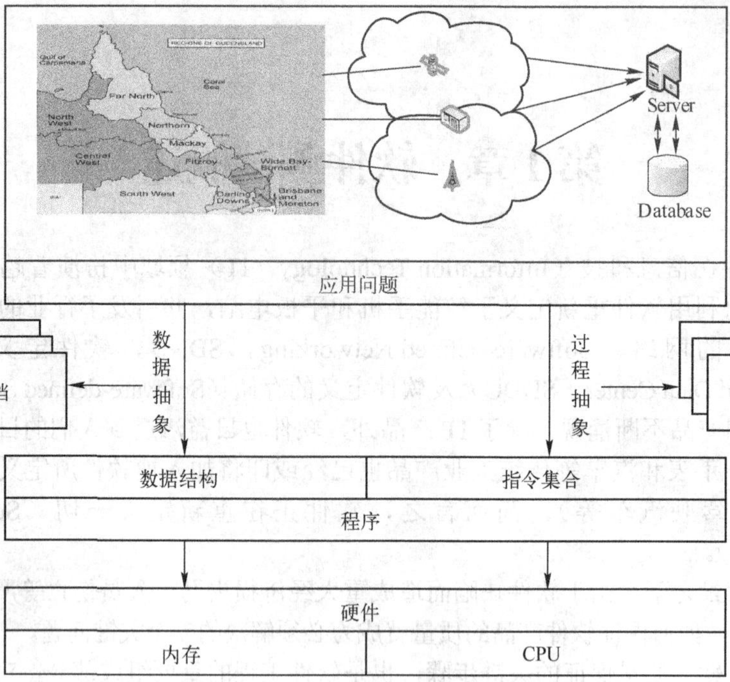

图 1-1　软件的产生与运行

软件的产生和运行方式决定了软件具有以下特点。

1）软件是一种逻辑实体，而不是具体的物理实体，因而它具有抽象性。

2）软件是设计和开发出的，与硬件不同，在其开发过程中没有明显的制造过程。

3）在软件的运行和使用期间，没有硬件那样的机械磨损、老化等问题。

4）虽然软件工业向着基于构件的构造模式发展，但目前大多数软件仍是依据客户的需求定制的。

1.1.2　软件缺陷

软件的特点决定了软件中存在缺陷是难以避免的。在对软件缺陷进行具体分析前，首先对软件缺陷进行明确的定义。

1. 软件缺陷的定义

IEEE Std 729 中定义了软件缺陷，具体如下。

从产品内部看，软件缺陷是软件产品开发或维护过程中所存在的错误、毛病等各种问题。从产品外部看，软件缺陷是系统所需要实现的某种功能的失效或违背。

简而言之，软件缺陷就是软件产品中所存在的各种问题，其最终表现为没有满足用户的需求。

由软件缺陷的定义，可以得出软件缺陷的主要表现形式，具体如下。

1）软件未实现产品规格说明书要求的功能。

2）软件出现了产品规格说明书中指明不会出现的错误。

3）软件实现了产品规格说明书中未提到的功能[①]。

① 见本章“习题与练习”部分第 1 大题的第 3）题。

4）软件未实现产品规格说明书虽未明确提及但应该实现的目标。

5）软件难以理解、不易使用、运行缓慢，或者从测试人员的角度看，最终用户会认为不好。

2. 软件缺陷的主要来源

软件的设计和开发目前尚未完全摆脱手工开发方式，“人”的因素难以避免，因此从设计和开发的角度看，软件的特点决定了软件缺陷是软件产品的固有属性。

首先，由于软件是逻辑实体，因此其可视性低，缺乏直观性，在开发上存在困难。其次，有一定规模的软件，其复杂程度是非常高的，例如软件的输入空间很大，可执行路径非常多。这些复杂性通常是开发人员难以理解和把握的。第三，大多数软件都是定制的，受到充分测试的可选标准构件的使用有很大的局限性。实证研究表明，每写 1000 行代码会产生 30～85 个缺陷。此外，软件的开发和运行对计算机系统有着不同程度的依赖性，常常会受到计算机系统的限制，因此软件中不出现软件缺陷几乎是不可能的事情。

一般而言，软件缺陷的主要来源有以下几点。

（1）软件缺陷的首要来源是软件产品规格说明书

软件产品规格说明书是需求分析阶段得出的最主要的文档，要求完整、准确、具体地描述系统的数据要求、功能需求、性能需求、可靠性和可用性要求、出错处理需求、接口需求、约束、逆向需求，以及将来可能提出的要求。

虽然已经有若干以形式化方法描述用户对软件系统的需求的研究结果，但目前大多数软件需求分析的结果仍然是非形式化或半形式化的，即以自然语言描述，或以自然语言描述为主，辅之以数据流图、实体–联系图（E-R 图）等建立模型。用非形式化或半形式化描述，难以避免软件产品规格说明书中出现不一致、歧义、含糊、不完整及抽象层次混乱等问题，这些问题映射到软件的设计与实现当中，将很可能导致软件缺陷的出现。

另外一种常见的情况是，在做软件需求分析时，并没有充分理解用户的需求，或者对用户需求的理解产生了偏差，导致产品规格说明书出现问题。另外，在软件开发过程中，用户需求发生变化，导致修改产品规格说明书时也通常会引入大量问题。

（2）软件缺陷的第二大来源是设计

在软件的概要设计阶段，应确定系统的物理配置方案，进而确定软件的结构，包括模块的划分、调用关系等内容。在软件的详细设计阶段，应确定怎样具体实现用户需要的软件系统，也就是要设计出程序的“蓝图”。无论是概要设计阶段还是详细设计阶段，设计中都可能发生错误，同时在设计过程中也存在着人的因素，经常导致随意、易变和沟通不足等问题。以上因素都可能导致软件的设计出现问题，继而导致缺陷的产生。

（3）软件缺陷的第三大来源是编码错误

编码错误主要由于软件的复杂性、文档不足、进度压力或者普通的技术性错误。这些在软件开发过程中几乎都是难以避免的。

以软件开发中常用的二分搜索算法为例，历史上第一个二分搜索算法早在 1946 年就出现了，但是第一个完全正确的算法直到 1962 年才出现。Bentley 曾指出，90%的计算机专家不能在两小时内写出完全正确的二分搜索算法。由此可见，软件的编码错误是普遍存在的。

又如必应词典（运行界面见图 1-2），这款软件的主要功能是将用户输入的英文单词发送到服务器，然后将服务器返回的中文解释显示在界面上。就功能而言，该软件相对并不复杂，即使这样，该软件也拥有 40 多个线程、1000 多个 Windows 句柄，加载 170 多个动态链接库

（具体见参考文献[4]）。可以说，几乎没有一个开发人员能完全理解它所用的所有技术，也无法掌握软件在任何时刻的状态。

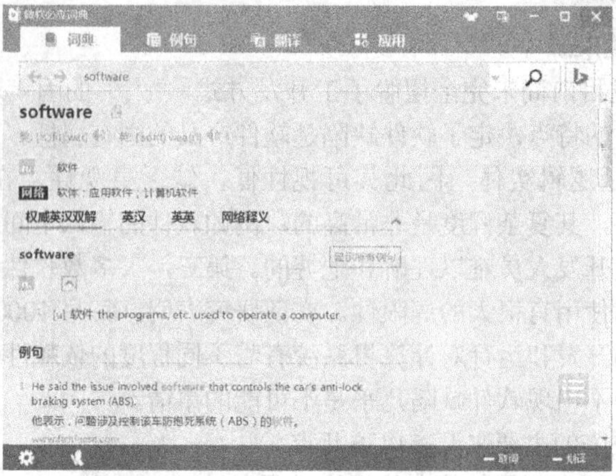

图 1-2　微软必应词典运行界面

为了使得开发人员能从繁杂的技术细节中摆脱出来，出现了高抽象层次的编程语言、程序库及框架等软件开发技术。这些技术无疑能极大程度地提高开发者的开发效率，但使用这些技术却导致了开发人员与代码底层细节的割裂。在具体软件开发中总存在着一些情况，需要开发人员深入理解代码的底层细节，因此现代软件开发技术的使用虽然减少了代码的编写时间，但却可能引入大量的隐蔽性极强的软件缺陷。

还必须指出的是，许多看上去是编程错误的软件缺陷实际是由产品规格说明书和软件设计方案造成的，而并非单纯的编程错误。

（4）其他原因

其他原因主要包括误解、重复错误和测试错误等，它们只占极小的比例。

以上软件缺陷的主要来源的大致占比如图 1-3 所示。

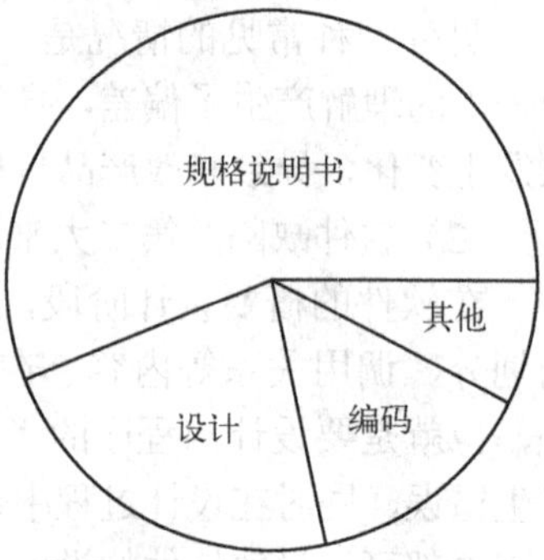

图 1-3　软件缺陷的主要来源

3. 软件缺陷的相关术语

软件缺陷有如下几个相关术语。

（1）软件失效（Failure）。

软件失效是指不完全符合给定的需求，是实际结果或行为（执行测试时观察到的）与期望结果或行为（规格说明或需求中定义的）之间的偏差。IEEE Std 610.12 使用该术语描述用户遇到问题的情形。

（2）软件故障（Fault）

软件故障也称为缺点（Defect）、缺陷（Bug），是指软件中的静态缺陷。软件的每个故障都是软件开发或更改后就存在的，它是设计错误，不是自发出现的。只有在软件执行过程中，这些故障才以失效的方式显露出来。

（3）软件错误（Error）

软件错误是指不正确的内部状态，该状态是某个故障的表现。

以上 3 个术语分别描述了软件缺陷的不同层次。软件故障一般源自于人为的失误（也有可能是硬件问题），例如编程错误。在执行软件的过程中，软件故障引发软件内部状态与预期不一致，即产生了软件错误。最终从输出的角度看，软件没有符合给定的需求，即软件的行为表现出软件失效。

软件错误在很多情况下会导致软件失效，但软件的错误并不一定会引发软件失效。参考下面的 Java 程序。

【例 1-1】 软件错误、软件故障与软件失效。

```
1   public static int lastZero (int[] x){
2       //返回最后一个非 0 元素的数组下标，若 x 中没有 0 元素则返回-1
3       for (int i=0; i < x.length; i++){
4           if (x[i] == 0)
5               return i;
6       }
7       return -1;
8   }
```

解： 该段代码寻找的不是最后一个非 0 元素的数组下标，而是第一个非 0 元素的数组下标。for (int i=0; i < x.length; i++)一句应为 for (int i=x.length-1; i >= 0; i--)。因此这段代码中存在着故障。考虑输入 x={1,0,3}时的情况。程序中 for 循环的第一次迭代中，在执行到第 4 行的 if 语句时，程序的状态为：i=0，x={1,0,3}，PC=if[①]。此状态是错误的，因为 i 应该为 2 而非 0。因此程序的故障导致了程序的错误。但是在 x={1,0,3}下，程序的输出为 1，恰好为预期输出结果。因此程序的错误状态并没有传播到输出，即此时软件错误没有引发软件失效。

同理，软件故障也不一定会引发软件错误。例如在【例 1-1】中，当 x={0}时，软件的故障并没有引发软件错误，因此也不会导致软件失效。但当 x={3}时，软件的故障就可以引发软件错误，请读者自行思考其中的原因。

还有一种更为复杂的情况，某个故障可能会被软件的其他部分的某个或某些故障所掩盖，这种情况称为故障屏蔽（Defect Masking）。在这种情况下，只有修正了屏蔽它的故障后，相应的失效才会显现出来。

4. 软件缺陷的等级

虽然从外部看，软件缺陷都是系统所需要实现的某种功能的失效或违背，但不同的软件缺陷对用户使用的影响是不同的，所造成的后果也是不同的。例如界面上的小问题与用户数据丢失显然是不同的。另一方面，如果项目有充足的时间，上述两个问题都应该解决。但由于时间和经费的限制，在每一个软件项目中都必须进行取舍，以决定哪些软件缺陷应修复，哪些不应修复，哪些推迟到软件的以后版本中解决。

因此，软件缺陷并不能平等对待。必须对软件缺陷进行分类，软件测试员才能以简明扼要的方式指出其影响。可以从上述两个出发点对软件缺陷划分严重性（Severity）和优先级（Priority）。

（1）严重性

严重性是指对用户的影响程度。一般可以定义下面 4 种级别。

---

① 此处 PC 指程序计数器。

1）致命（Fatal），指产生系统崩溃、数据丢失、数据毁坏和安全性破坏等非常严重的情况。

2）严重（Critical），指功能或特性没有实现、操作性错误及结果错误等情况。

3）一般（Major），指没有产生严重的结果，但影响外观或用户使用，如出现拼写错误、UI 布局不良等小问题。

4）微小（Minor），指建议性的问题。

（2）优先级

优先级是指缺陷修复的紧急程度。一般可以定义下面 4 种级别。

1）马上解决，指明显的问题，阻碍了进一步测试。

2）高优先级，指缺陷严重，必须在产品发布之前修复。

3）普通优先级，指正常排队等待修复，如果时间允许应该予以修复。

4）低优先级，指可能会修复，但是即使存在该级别的缺陷，产品也能发布。

严重性和优先级的各个级别通常情况下是对应的，但也有例外情况。例如，软件产品启动画面上公司的名称拼写错误，就是低严重性但高优先级的缺陷。

严重性和优先级对于审查缺陷报告并决定哪些软件缺陷应该修复，以何种顺序修复是很重要的（详见第 5 章）。值得注意的是，软件缺陷的优先级在其生命周期中可能会发生变化。测试员需要持续跟踪缺陷的状态，确保缺陷在优先级发生变化时能及时发现并处理。

5. 软件缺陷的生命周期

软件缺陷的生命周期指的是软件缺陷从被发现到最后被关闭的整个过程。最简单也是最优化的软件缺陷生命周期如图 1-4a 所示。

测试人员发现缺陷后，缺陷被记录下来并分配给指定的程序员修复，此时缺陷处于打开状态。开发人员修复缺陷后，提交报告给测试人员，此时缺陷处于解决状态。最后测试人员确认缺陷得到修复后，将其关闭，此时缺陷处于关闭状态。

但在实际工作中，软件缺陷经常经历数次改动和状态变化，有时可能重新开始其生命周期，如图 1-4b 所示。

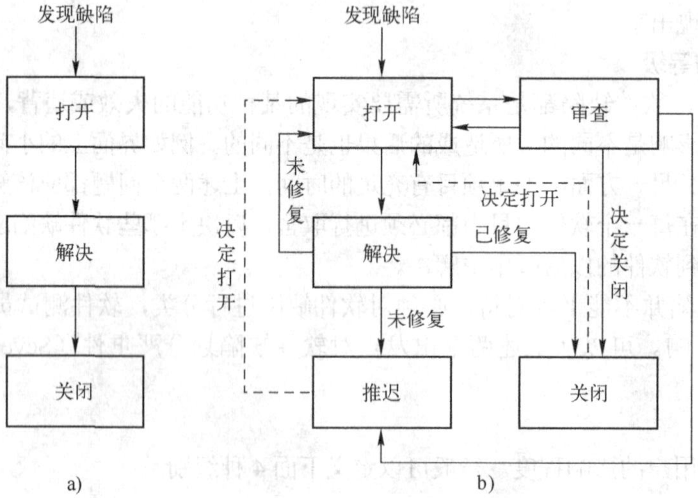

图 1-4　软件缺陷的生命周期

a) 最简化的软件缺陷生命周期　b) 实际工作中的软件缺陷生命周期

图 1-4b 中的审查状态是指项目经理或管理小组决定软件缺陷是否修复。如果决定不予修复，则直接进入关闭状态。推迟状态是指决定软件缺陷不马上修复，而是留到将来考虑。如果在解决状态下，测试人员发现缺陷没有得到修复，则返回打开状态，开始新的生命周期。在解决状态下，测试人员发现缺陷没有得到修复，也可能进入推迟状态，留到将来解决。从关闭状态和推迟状态回到打开状态的情况发生较少，因而用虚线表示。通常在以下情况下发生。

1）原来认为已经修复而关闭的缺陷在测试中再次发生。

2）原来认为可以推迟解决的缺陷被发现严重性上升，必须马上得到修复。

从软件缺陷生命周期的描述中不难发现，在整个软件缺陷的生命周期中，测试人员、开发人员及管理人员必须紧密配合，及时沟通，才能达到提高软件质量、降低成本的目的。

1.1.3 软件缺陷的典型案例

目前，软件已经深入渗透到人类生活的各个方面。软件在生命周期的各个阶段都有可能发生软件缺陷，其表现形式和后果也各不相同，有些只像是一个玩笑，但在一些情况下，会导致开发商和用户的成本大幅上升，在某些安全性至关重要的场合下，甚至还可能导致人员伤亡的严重后果。

1. 火星气候探测者故障

火星气候探测者（Mars Climate Orbiter）是美国太空总署的火星探测卫星，也是火星探测计划的一部分，于 1999 年发射。火星气候探测者号在进入火星轨道的过程中失去联络，任务失败。火星气候探测者号按原计划应进入距火星 140～150 千米的轨道上。但是一个导航错误致使该飞船接近至火星 57 千米处。飞船因此被这一高度上的大气压力和摩擦所摧毁。

该导航错误产生的原因是参与该项目的洛克希德.马丁公司使用了英制单位的加速度数据（磅-秒制），而另一参与该项目的喷气推进实验室采用公制（牛顿-秒制）加速度进行计算，该错误导致卫星入轨不正常。但卫星在进入异常状态时，系统的异常处理机制却未被触发。

2. Therac-25 放射治疗仪事件

Therac-25 是一种由加拿大原子能有限公司（Atomic Energy of Canada Limited，AECL）和法国 CGR 公司联合开发的放射疗法治疗仪。在 1985 年到 1987 年间，该仪器涉及至少 6 起医疗事故。事故中的病人接受了约 100 倍于正常剂量的辐射。6 起事故中有 3 个病人因辐射的直接影响而死亡。

Therac-25 提供两种放射治疗模式：直接电子束治疗和 Megavolt X 射线治疗。设备软件的设备控制任务和用户操作任务没有很好的同步。当操作人员过快地在两种模式之间切换时可能发生竞争条件，使得系统进入不安全状态。虽然软件代码中设有安全防护程序，但由于软件中一个标记变量处理不当，存在溢出问题，使得上述安全防护程序失效。事实上，Therac-25 重用了老型号 T-20 的软件代码，而 T-20 中设有硬件互锁装置防止电子束在某个部件没有就位的情况进入高能状态，使得这种缺陷状态永不会被触发，从而掩盖了软件中的缺陷。而 Therac-25 过于依赖软件控制，省去了上述硬件互锁装置，使得缺陷暴露了出来。

3. Ariane 5 型飞船故障

1996 年 6 月 4 日，Ariane 5 发射 40 秒后爆炸，发射任务失败。任务失败的原因是系统软件将一个 64 位浮点值转换为 16 位有符号整数值时，超出了 16 位整数的表示范围，而这个异常未得到正确处理。该错误产生的根本原因在于设计 Ariane 5 时，做了 Ariane 5 和 Ariane 4 具有相同环境的假设，重用的软件在新的环境下完全没有进行测试。此外，错误处理模块的处理机制不正确。

4. 英特尔奔腾浮点除法缺陷

在 1994 年 10 月 30 日，Thomas R. Nicely 博士在实验中发现了奔腾 CPU 的除法问题：（4195835/3145727）×31435727-4195835 的结果不为 0。他把发现的问题放到因特网上，引发了大量的讨论，并且发现在其他一些特定条件下也会出现类似的问题。

事实上，英特尔公司的软件测试工程师在芯片发布前进行的内部测试时就已经发现了这个问题，但该公司的管理层认为这个缺陷没有严重到需要修正和公开的程度。当软件缺陷发现时，该公司又试图弱化该问题的严重性。在受到压力承诺更换有问题的芯片时，该公司又提出要求，让用户自己证明自己受到缺陷的影响。最终该问题越演越烈，导致英特尔公司为软件缺陷的行为公开道歉，并花费 4 亿美元支付更换问题芯片的费用。

5. Windows 蓝屏故障

在 CES 2005 展会第一天，盖茨介绍了微软的“无缝计算”战略。但就在他演示时，Windows 出现了蓝屏，引起观众的哄笑。

1.1.4 软件缺陷的经济影响及修复费用

美国商务部下属的国立标准技术研究所（National Institute of Standards and Technology，NIST）在其发布的报告“The Economic Impacts of Inadequate Infrastructure for Software Testing（2002）”中指出，“据推测，由于软件缺陷而引起的损失额每年高达 595 亿美元。这一数字相当于美国国内生产总值的 0.6%”。可以预见，随着时间的推移，软件缺陷的经济影响将进一步加大。

软件在其生命周期的各个阶段都有可能发生问题，但修复软件缺陷的费用在软件生命周期的各个阶段是有很大差异的。一般的规律是，随着时间推移，修复软件缺陷的费用呈指数级增长。

在这方面，已经有大量的研究成果。例如 IBM 的 Watts Humphrey 指出，确定软件错误的相对成本是：在设计阶段，1.5；编码前，1；编码中，1.5；测试前，10；测试中，60；交付后，100。

软件缺陷的修复费用随时间推移的变化情况如图 1-5 所示。

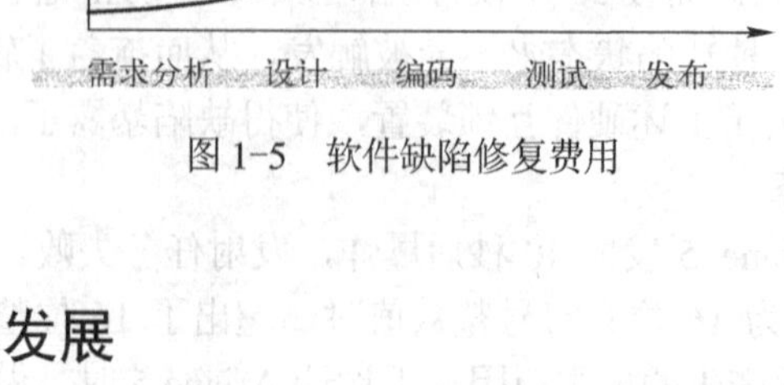

图 1-5 软件缺陷修复费用

1.2 软件测试及其发展

软件测试是软件工程的重要组成部分，也是软件质量保证的关键步骤，用以确认软件的功能及性能是否满足开发之前提出的一系列要求，对软件产品的质量起着至关重要的作用。在对软件及软件缺陷有了基本认识后，接下来对软件测试进行讨论。

1.2.1 软件测试的定义

软件测试在 IEEE Std 610.12 中定义如下。

1）在指定的条件下运行系统或构件，观察或记录结果，并对系统或构件的某些方面进行评估的过程。

2）分析某个软件项（Software Item）以发现现有条件与应有条件之间的差异（即缺陷），并评估软件项的特征的过程。

其中 2）是引用 IEEE Std 829 中的定义，其中的软件项是指源代码、目标代码、作业控制代码、控制数据，或以上这些项目的集合。

1.2.2 软件测试的目标

软件测试的主要目标如下。

1）提供关于测试对象的信息，包括测试对象的质量，以及测试对象中存在着哪些与测试程度相关的剩余风险。

2）在测试对象发布并投入使用之前发现缺陷。

3）降低相关方由于软件质量而导致的各种风险。

关于测试对象的信息可以用于以下目的。

1）通过消除测试对象的缺陷来对测试对象进行改善。

2）提供关于质量和风险的相关信息，作为决策的基础并以此来改善管理决策。

3）通过凸显那些可以导致缺陷出现的过程，和/或那些本可以发现缺陷但却使得缺陷遗留而未被发现的过程，对软件开发组织中的过程[①]进行改善。

1.2.3 软件测试的基本类型

可以从不同角度对软件测试进行分类。

1. 依据测试所依据的信息划分

依据测试所依据的信息的不同，可以将测试分为黑盒测试与白盒测试两大类。

（1）黑盒测试

黑盒测试是指不基于系统或构件的内部实现机制的测试形式。

（2）白盒测试

白盒测试是指基于系统或构件的内部实现机制的测试形式。

除此之外，有些测试方法兼具备黑盒测试和白盒测试的特性，也称“灰盒测试”。这种测试形式既关注程序运行时的外部表现，也关注程序内部的高层逻辑结构。

2. 依据是否需要运行测试对象划分

依据测试是否需要运行测试对象划分，可以将测试分为动态测试与静态测试两大类。

（1）动态测试

动态测试是需要运行测试对象的测试形式。动态测试大致包含了软件测试定义中 1）部分

① 此处的过程指为达到特定目的而进行的一系列步骤。

的内容。

（2）静态测试

静态测试是不需要运行测试对象，依据质量或其他标准对测试对象进行检查的测试形式。静态测试大致包含了软件测试定义中2）部分的内容①。

可以进一步将上述两种分类标准进行组合，可以得到测试实践中常用的 4 种测试类型：静态黑盒测试、静态白盒测试、动态黑盒测试及动态白盒测试。这 4 种测试作用于软件的不同部分，如图 1-6 所示。

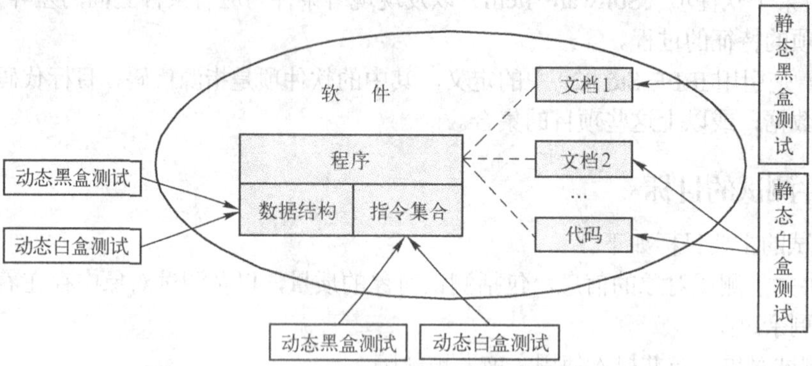

图 1-6 基本软件测试类型

其中，动态黑盒测试（具体见第 2 章）和动态白盒测试（具体见第 3 章）是软件测试工作的主体。二者之间的主要区别在于测试的依据不同，如图 1-7 所示。

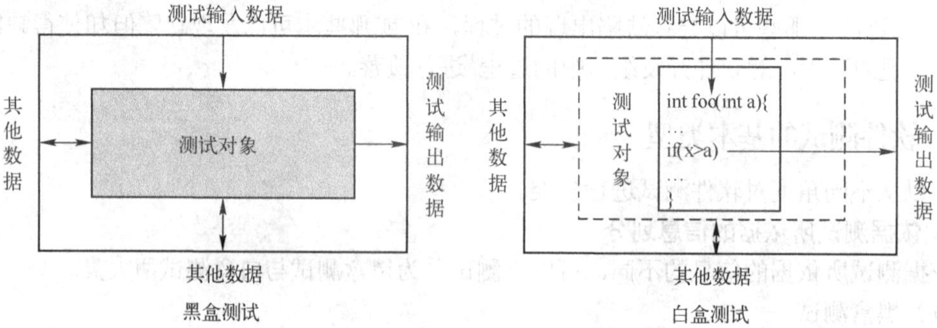

图 1-7 动态黑盒与动态白盒测试的区别

1.2.4 软件测试的发展

在 1956 年之前，编程主要使用机器语言，编写的程序也相对比较简单。在这个阶段中，测试基本上就是调试程序，只要程序能正常运行就可以了，软件测试这个概念尚未独立出来。

在 20 世纪 50 年代到 60 年代中，FORTRAN 语言等高级语言开始出现，软件也随之而变得复杂起来，这个阶段软件质量主要靠开发人员保证。在 1972 年，B. Hetzel 提出：“软件测试是为了建立程序能够按照预期运行的信心。”

① 一般而言，静态测试还包括对软件开发中产生的各类文档的审核。

20 世纪 70 年代，Bell 实验室的 D. Ritchie 和 K. Thompson 发明了 UNIX 操作系统和 C 语言。二者的出现标志着软件业的一次革命。C 语言迅速成为工业标准，结构化编程思想也在这个时期诞生。在这个阶段，计算机硬件也同时飞速发展，二者相结合，导致软件规模越来越大，软件的可靠性问题日益突出。许多研究者注意到该问题，测试理论开始发展。在这个时期中，软件测试的工作主要是发现软件的缺陷。在 1979 年，G. J. Myers 指出："测试是为发现错误而执行的一个程序或者系统的过程。"

20 世纪 80 年代，PC 机的迅速普及使得软件业进入了持续高速发展的时期。在此期间，C++等面向对象的语言出现，大型软件的规模开始以百万行为单位计算。随着软件规模的进一步增大，对软件测试的要求也相应提高了。在这个阶段，测试理论和方法开始快速发展。在这个阶段，软件测试以手工测试为主，软件质量的保障仍然依赖于软件开发人员。在 1983 年，B. Hetzel 将软件测试的定义修正为："测试是以评价一个程序或者系统属性为目标的任何一种活动，测试是对软件质量的度量。"

20 世纪 80 年代末期以来，多媒体技术的成熟及 Internet 的发展使得软件行业进入爆炸性增长的年代，大型软件开始以千万行为单位计量。在这个阶段中，对测试的要求不仅是发现缺陷，而且要对缺陷进行预防和预测。在实践中，测试自动化成为测试的重要手段，软件自动化测试工具大量出现；在理论上，测试缺陷分析技术得到了蓬勃发展。2002 年，R. D. Craig 与 S. P. Jaskiel 提出："测试是为了度量和提高被测试软件的质量，对被测试软件进行工程设计、实施和维护的整个生命周期过程。"

表 1-1 总结了软件测试的发展历程。

表 1-1　软件测试的发展历程

时 间 区 间	特　点
1956 年前	面向调试的阶段
1957 年－1978 年	面向证实的阶段
1979 年－1982 年	面向缺陷的阶段
1983 年－1987 年	面向评价的阶段
1988 年至今	面向预防的阶段

1.3　软件测试的基本原则

测试工作的对象（即软件）通常是比较复杂的，软件测试工作要将软件中隐蔽性强的一些缺陷充分暴露出来，是一项有挑战性的工作。在长期的软件测试实践中，研究者们总结出了一些原则，在测试过程中遵循这些原则可以提高测试工作的效率和效果。下面简要描述其中一部分。

1. 不可能对程序进行完全的测试

其原因如下。

1）完全测试所需测试的数量巨大。一般而言，被测对象的输入空间都是很大的，甚至是无穷大，因此无法穷举每种可能的输入并观察其响应。同时，也不可能测试到程序的每一条可能的执行路径。

2）无法保证测试环境 100%满足测试要求。

3）没有足够的资源彻底完成软件测试。

所以，实际的软件测试工作中，基本上是采用不完全测试，即通过分析，选择一些测试数据进行测试，而剔除其他可以认为是重复的、无必要的数据。有时也可能因测试条件所限忽略一些情况。

2. 测试无法说明软件没有缺陷

其原因如下。

1）由于不可能对程序进行完全的测试，因此无法保证找到软件中所有的缺陷。

2）无法确信测试人员完全理解了软件，即测试也可能发生错误。

3）无法确信测试系统（或环境）的正确性。

4）无法确信规格说明书与用户的实际需求100%吻合。

所以，软件测试工作与防疫员的工作极为相似，可以报告软件缺陷已存在，却不能报告软件缺陷不存在。软件测试工作只能证明在其搜索范围内没有缺陷存在。

以上两条原则证明了软件测试是有风险的行为。在实际测试工作中的关键是如何把数量巨大的可能性减少到可以控制的范围，以及如何针对风险做出适当的抉择：哪些测试重要，哪些测试不重要。

3. 发现问题越多的地方，潜在的问题也更多

其原因如下。

1）缺陷存在聚集效应。如前所述，在软件开发过程中，“人”的因素难以避免。因此开发人员的个人状态与其技术能力上的不足可能导致在软件的某些特定之处存在大量的缺陷。

2）缺陷率水平与软件的设计、复杂性等存在关联。存在设计问题或复杂度高的区域一般都会出现大量软件缺陷。

因此，Pareto 法则适用于软件测试，即大量的缺陷是由少部分测试用例发现的。

同时，必须认识到，本原则不能误用为：如果发现的缺陷越少，则潜在的缺陷就越少，这在逻辑上是典型的错误。无论如何，一旦发现缺陷率与预计有偏差时，都应该仔细分析测试是否充分，调整测试用例并重新进行测试，以确保测试的目的能够达到。

4. 杀虫剂现象

1990 年，Boris Beizer 指出了软件测试越多，其对测试的免疫力越强的现象，就好像 Bug（程序中的缺陷）对杀虫剂（测试用例）有了耐药性一样。

显然，特定的测试用例只能覆盖测试空间的特定部分，因此如果同样的测试用例被一再重复执行，会减小其有效性，先前没有发现的缺陷也不会被发现。为了克服杀虫剂现象，软件测试员必须不断编写新测试用例对程序的不同部分进行测试。

5. 并非所有软件缺陷都要修复

考虑到成本和进度，在以下情况下允许不修复软件缺陷（或推迟到下次发布中再考虑修复）。

1）在交付期限确定，而没有足够的时间修复所有缺陷的情况下，应该选择一些缺陷不予以修复。

2）不算真正的软件缺陷。有时候对什么是缺陷是比较难以界定的，此时可以允许这一类缺陷不予以修复。

3）修复的风险太大。在发布期迫近的压力下，贸然修复缺陷可能会导致较大风险，例如虽然修复了当前缺陷却引入了其他缺陷，因此不修复是更理智的决定。

4）不值得修复。对于不常出现的缺陷或不常用功能中的缺陷可以不修复。

缺陷是否修复的决策过程通常由软件测试员、项目经理和程序员共同参与。不修复的决定只有通过实践检验才知道是否正确（参见英特尔奔腾浮点除法缺陷案例）。

6. 应尽量由独立部门实施测试

测试人员应尽量独立于开发人员。软件开发的工作是为了实现某些功能，而软件测试的工作是为了证明某个功能没有实现或实现不良。同样一个人很难同时承担这两个角色，在绩效的压力下往往倾向于去证明自己开发的正确性而忽视那些可能犯的错误。

但这一原则并不意味着测试只是测试人员的事情，开发人员无须参与。事实上，许多工作都需要开发人员的深度参与，例如代码评审、单元测试等。测试人员与开发人员的沟通也能为测试用例的设计带来益处。

1.4 软件测试的常用术语

在软件开发和软件测试过程中，应该澄清一些术语的内涵及术语之间的差异，以防止在理解上出现偏差。下面就是一些典型的术语。

1. 精确（Precision）和准确（Accuracy）

1）精确是指在相同条件下，对被测软件进行多次反复测试，所得的测试结果之间的一致（符合）程度。

2）准确是指测试的结果与真实值之间的接近程度。

软件测试要精确度还是准确度与产品是什么密切相关，最终取决于开发小组的目标。

例如，如果对科学计算相关的软件进行测试，则对测试结果的精确和准确都有要求；如果测试的是模拟射击游戏软件，则对准确度的要求要高于精确度（甚至多次射击之间的差异可以作为游戏的一部分）。

2. 确认（Validation）和验证（Verification）

确认和验证是软件测试中的两个易混淆的常用术语。

1）确认是根据原始需求检查开发结果的过程。对于每个测试级别，都要检查开发活动的输出是否满足具体的需求或与这些特定级别相关的需求。

2）验证针对软件开发过程的某个特定阶段，确保其输出已经正确而完整地实现了它的规格说明（相应开发级别的输入文档）的过程。

Boehm 则是用另外一种方法来解释这两者的区别的。

验证："我们是否正确地完成了产品？"

确认："我们是否完成了正确的产品？"

在测试工作中，决不能假定产品规格说明书及各级设计文档是无条件正确的。所以在软件开发过程中对软件进行确认和验证是缺一不可的。

需要指出的是，验证和确认包含了范围很广的软件质量保证活动，其中包括正式技术复审、质量和配置审查、性能监控、仿真、可行性研究、文档复审、数据库复审、算法分析、开发测试、质量测试和安装测试。测试仅仅是其中之一，其他的活动也是必要的。

3. 质量和可靠性

根据 ISO/IEC 9126 标准，软件质量的范畴包含以下内容。

1）功能性（Functionality）：系统所需具备的能力的所有特征。系统能力可以用具体的输入/输出的动作和对于输入的适当反应来描述。

2）可靠性（Reliability）：软件产品在具体使用中持续地提供其功能的能力。

3）可用性（Usability）：软件着眼于用户使用方面的特性。易懂、易学、可操作、易于接受、符合标准和惯例等是评估可用性的几个主要的方面。

4）效率（Efficiency）：软件为完成任务所消耗的资源和所需要的时间。

5）可维护性（Maintainability）：软件着眼于可进行指定的修改的特性。包括可分析性、可变更性、稳定性、易测性和符合标准。

6）可移植性（Portability）：软件着眼于可以从一种使用环境迁移到另一种使用环境的特性。包括适应性、易安装、一致性和可交换性。

由上述定义可知，可靠性只是质量的一个方面。质量高，通常和满足客户要求紧密相关，而客户的要求是多方面的，可靠性不一定是最决定性的一个方面。

在实践中，测试人员易犯的一种错误是：如果软件经过较长时间的连续测试，没有发现问题，则判定该软件的质量高。实际上，这只体现了软件的可靠性高，将质量和可靠性等同起来是不正确的。为了保证程序的质量高，同时可靠性强，软件测试人员必须在整个产品开发过程中进行确认和验证。

4. 测试和质量保证

测试主要与验证的过程相关，而质量保证（Quality assurance，QA）主要与确认相关。软件测试人员的工作目标是尽早找出软件缺陷，并确保缺陷得以修复；软件质量保证人员的主要职责是创建和执行用以改进软件开发过程并防止软件缺陷发生的标准和方法。当然，在具体工作中软件测试人员和软件质量保证人员在承担的工作任务上可能有交叉。

5. 测试与调试

测试与调试也是软件测试中的两个易混淆的常用术语。二者的主要区别如下。

1）测试是一种检验过程，调试是一种推理过程。

2）测试从已知条件开始，使用预先定义的规程并且有可预知的结果；调试一般从测试结果中得到信息，但调试的开始条件可能不可知，其结果也不可预见。

3）测试经常由非程序设计人员完成，调试必须由程序设计者完成。

6. 测试对象和测试基础

测试对象（Test Item）和测试基础（Test Basis）是两个关联紧密的概念。任何一项测试，都是按照测试基础中描述的期望对某个测试对象执行的。

测试对象是某个过程的结果，例如开发过程、维护过程和管理过程等。测试对象的典型情况如下。

1）代码相关的测试对象。

- 可执行的软件组件。
- 子系统。
- 完整的系统。

2）文档相关的测试对象。

- 计划，包括项目计划、测试计划和配置管理计划等。
- 需求规格说明书。
- 体系结构设计文档。
- 详细设计文档。

- 源代码。
- 手册，包括用户使用手册和安装手册等。
- 测试规格说明和测试程序（详见第 5 章）。

上述的最后一项表明，虽然测试规格说明和测试程序是由测试人员开发的，但也应该经过测试（通常是静态测试）以保证没有缺陷。

测试基础是指一个知识集合，其包含的知识用于计划、设计、实现和管理对某个测试对象的测试。测试基础包括选择测试的行为、测试通过和失败的准则、输入、环境，以及采用的技术等内容。对于软件开发的生命周期的不同阶段，测试基础是不同的。

测试基础的典型内容如下。

- 对文档的格式与内容的要求，一般以标准或检查清单的形式给出。
- 用户对软件系统的期望，一般以书面形式的需求文档出现。
- 测试人员或相关专家对用户所需功能或产品历史方面的经验。
- 对系统组件之间的直接和/或间接的接口的期望，通常以体系结构设计文档的形式出现。
- 对软件系统或组件的代码实现的期望，通常以详细设计文档的形式出现。

值得注意的是，在某个测试过程中的测试对象，也可能同时是另一个测试过程中的测试基础。例如，软件产品规格说明书在静态测试过程中是一个测试对象，但在其后的系统测试中就成为测试基础中的一项。

7. 测试用例与测试程序

测试用例是由前置条件、输入及预期结果组成的集合。测试用例是开发出来用以驱动测试对象的执行，从而达到预期的目标，例如发现缺陷、检查质量等。其中：

1）测试用例是为了执行某个测试子过程的最底层测试输入，即测试用例不再包含其他测试用例。

2）测试用例的前置条件包括测试环境、已存在的数据（如数据库）、被测软件及相关硬件等内容。

3）输入是用于驱动测试执行的数据信息。

4）预期结果包括执行成功的标准和想要检查的失效等内容。

测试程序规定了测试用例在执行中的顺序，以及用以建立初始前置条件的相关活动和执行之后的相关结束活动。测试程序对如何运行测试用例集合进行详细指示，该集合包含一个或多个以顺序方式运行的测试用例，其内容包括建立共同的前置条件，提供输入并对包含的每个测试用例评估实际结果。

1.5 软件测试的基本过程

在软件工程中，研究了许多软件开发的过程模型，这些模型能够保证软件的开发以一种有序和有效的方式进行。同样，要保证软件测试过程的顺利和有效，也必须遵循一定的过程模型。软件测试的过程模型是软件测试工作的框架，它规定了软件测试过程所包含的主要步骤，以及这些步骤之间的相互关系。

V 模型是较早出现的测试过程模型，在欧洲得到广泛的使用，被德国定为信息技术系统的开发标准。V 模型是瀑布模型的扩展，根据瀑布模型的阶段来划分，对于每一个阶段进行针对性的测试。这种划分很简单，也容易理解和管理，这使得 V 模型被广泛接受。早期的 V 模型把测试与开发分开并置于开发活动之后。针对这一问题，研究者提出了改进的 V 模型，将测试的设计活动提前，对应于相应的开发活动。在某一开发阶段完成之后就进行相应的测试设计。一旦有文档提供，就可以开始测试计划，确定测试条件和编写测试用例等。改进后的 V 模型如图 1-8 所示。

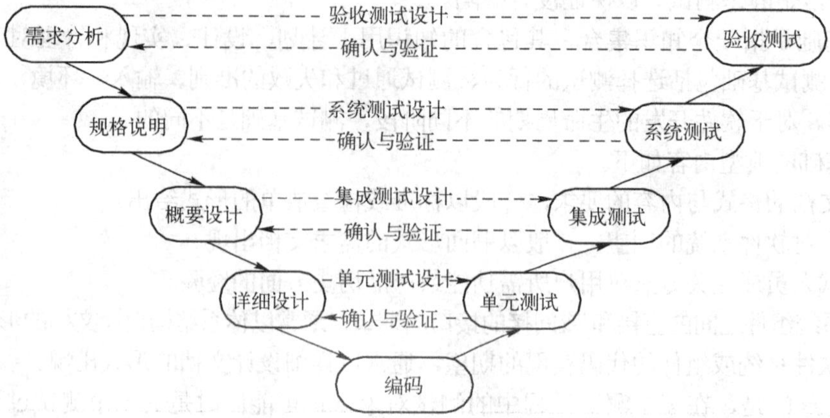

图 1-8　软件测试的 V 模型

从图 1-8 中可以看到，整个测试过程由一系列不同级别的测试组成，这些测试对应开发过程中的不同阶段。V 模型图的左侧是开发过程的各个阶段，右侧是测试过程的各个阶段，左边每个开发活动都有右边的测试活动相对应：需求、功能、设计和编码的开发活动随时间而进行，而相应的测试活动，即针对需求、功能、设计和编码的测试，其开展的次序则正好相反。代码最后被开发，而相应的单元测试首先被执行，需求则最早开发，但相应的验收测试到最后进行。

V 模型明确地标明了测试过程中存在的不同级别，并且清楚地描述了这些测试阶段和开发过程期间各阶段应关系。

1）单元测试的主要目的是验证软件模块是否按详细设计的规格说明正确运行。

2）集成测试的主要目的是验证多个模块间是否按概要设计说明的方式协同工作。

3）系统测试的主要目的是验证整个系统是否符合产品规格说明书中规定的各项功能、性能及其他方面的指标。

4）验收测试从用户的角度验证系统是否满足合同中定义的需求，以及确认产品是否能满足业务上的需要。

在不同的开发阶段，由于可获得的信息、测试的难度及针对的软件缺陷的不同，需要采用不同的测试技术来完成相应的工作。上述各个阶段的特点及主要内容将在第 4 章中介绍。

以上列出的每个测试阶段，一般都包括以下几个过程。

1）测试设计与实现过程。

2）测试环境搭建与维护过程。

3）测试执行过程。

4）测试事件报告过程。

所有的测试都在测试的组织与管理过程的管控之下，具体见第 5 章的内容。

1.6 软件测试人员的工作

由于生产低劣软件的代价太高，目前的软件行业（此处主要指商业软件）已经发展到强制使用专业软件测试员的程度。大多数软件都采用有序的方式开发，并把软件测试员当作必不可少的核心小组成员。软件测试已经成为一种重要的职业选择。

1.6.1 软件测试人员的工作内容与角色划分

作为一个整体，测试人员的工作内容可以概括为：尽可能早地找出软件缺陷，并确保缺陷得以修复。注意，这里的“修复”缺陷并非指一定要改正软件，可以体现在用户手册和对用户的使用前培训中（即告知用户避免哪些操作）。

一般而言，在一个测试团队中有如下的角色划分。

1. 测试经理（测试组长）

测试经理是测试计划和测试控制方面的专家。其任务主要包括以下几个方面。

1）编写和/或评审组织内部的测试方针与测试策略（详见第 5 章）。

2）编写测试策略和测试计划。

3）作为项目中测试团队的代表，进行相关的协调（例如获取必要的资源）。

4）选择合适的测试策略与方法，引入或改善测试相关的过程（如缺陷管理和配置管理），以便能够追溯变更和所有测试。

5）发起和监测所有测试级别的测试设计、实现和执行。

6）引入合适的度量测量测试过程，并评估测试和产品的质量。

7）选择并引入合适的测试工具，为测试人员组织必要的培训；确定测试环境和测试自动化的类型和使用范围。

8）计划测试的运行，依据测试结果和项目进展，对测试计划进行必要的调整。

9）编写并提交测试报告。

2. 测试设计人员（测试分析员）

测试设计人员是测试方法和测试规格说明书方面的专家。其任务包括以下几个方面。

1）分析、评审和评估用户需求、规格说明、设计和模型等内容的可测试性，以便设计测试用例。

2）创建测试规格说明。

3）准备和获取测试数据。

3. 测试自动化人员

测试自动化人员是测试自动化专家，其任务主要是利用项目中提供的脚本语言等测试工具，按需要进行测试的自动化。

4. 测试管理员

测试管理员是安装和操作测试环境方面的专家，其主要工作是建立和支持测试环境，需要经常与系统管理员和网络管理员进行协调。

5. 测试工程师

测试工程师是执行测试和事件报告方面的专家，其主要工作包括以下几方面。

1）评审测试计划和测试用例。

2）使用测试工具和测试监测工具（例如，用于性能测量的工具）。

3）执行测试并记录日志，评估结果，并记录结果和偏差。

必须指出的是，在实际项目中角色的划分通常不是绝对的，一些测试人员经常承担多个角色。

1.6.2 优秀软件测试人员应具备的素质

显然，对于测试经理，应具备软件测试、质量管理和项目管理方面的知识；对于测试设计人员，应具备软件测试、软件工程及（形式化）规格说明方法等领域的知识和经验；对于测试自动化人员，应具备测试基础知识、编程经验，以及丰富的测试工具和脚本语言知识；测试管理员应具备系统管理员知识；测试工程师应具备 IT 基础知识和测试基础知识，会应用测试工具，熟悉测试对象。

除了知识以外，对于测试人员，还应该具备以下素质。

1）软件测试人员虽然不必是一个经验丰富的编程人员，但拥有编程经验对测试会大有裨益。

2）具有挑战性，喜欢解谜，不怕进入陌生环境。

3）具有敏感性，善于发现问题的症结，在测试中能察觉到非常细微的异常现象。

4）具有创造性，能设计出新颖的测试用例。

5）具有平衡性，工作中力求完美，但不去苛求，在条件限制下尽力接近目标。

6）判断准确，特别是在决定测试内容、时间及问题是否是缺陷时。

7）有较高的情商，注重策略和外交，善于与利益相关方合作。

8）表达能力强，说明为何缺陷必须修复，并推进修复进程。

1.6.3 软件测试人员的职业前景

在软件产业发达的国家，软件测试在人员配备和资金投入方面占据相当的比重。例如，微软开发 Windows 2000，用了 1700 多个开发人员，以及 3200 个测试人员，开发和测试人员之比约为 3:5；HP 公司的测试人员和开发人员的比例为 1∶1，这也是很多先进软件企业通常的人员配比。而我国部分软件企业过去的现状是：长期忽视软件测试，甚至没有软件测试部门，也不设置软件测试的岗位，造成产品质量得不到保证。测试人员大都不到开发人员的 5%。

近年来，软件产业正在快速增长，需要大量软件相关人才，与此同时，软件企业开始认识到软件测试对于提高软件质量的重要性，开始重视软件测试，要求测试人员达到合适的比例。因此，合格的软件测试人员的缺口是相当大的。但由于历史的原因，找不到合适的软件测试人员。

根据招聘信息的分析，软件测试工程师的年工资有逐年上升的趋势，职位的需求主要集中在一二线城市，其中北京和上海的需求量分别占 33%和 29%，民营企业的需求占 19%，外商独资企业的需求占 15%。因此，软件测试人员的职业前景可以长期看好。

1.7 习题与练习

1. 概念题

1）请简述软件的定义，并以自己熟悉的一种软件为例分析其组成部分。

2）请简述软件缺陷的定义，并解释软件缺陷的相关术语。

3）请简要分析为何软件实现了产品规格说明书未提到的功能反而是软件缺陷的一种表现形式（提示：产品规格说明书是开发和测试的主要依据之一）。

4）以微软的操作系统补丁为例，分析一个补丁能造成多大的经济影响（提示，从消耗的时间入手分析）。

5）请举两个软件的具体实例，其中一个要求以精确为主，而另一个要求以准确为主。并给出理由。

6）请简述确认和验证的定义。

7）请举出一种产品，其质量高但可靠性不高，并具体分析原因。

8）结合 V 模型分析为何软件测试贯穿于软件生命周期的始终。

9）一般而言，软件测试团队中有哪些角色？

2. 分析设计题

分析下面的 Java 代码，为其设计两个测试用例，并回答下面的问题。

```
1 public static int countPositive(int[] x){
2      //若 x=null 则运行时抛出 java.lang.NullPointerException
3      //否则返回 x 中为正的元素的个数
4      int count = 0;
5      for (int i=0; i < x.length; i++)
6      {
7           if (x[i] >= 0)
8           {
9                count++;
10          }
11     }
12     return count;
13 }
```

1）对于代码第 2、3 行给出的功能描述，确定代码中的故障。

2）如果可能，给出一个不会执行故障的测试用例。

3）如果可能，给出一个执行故障但不会导致错误状态的测试用例。

4）如果可能，给出一个导致错误但不会导致失效的测试用例。

5）修正缺陷并重新运行上面的 3 个测试用例，分析结果为何是正确的。

第2章　黑盒测试技术

黑盒测试是指不基于系统或构件的内部实现机制的测试形式。黑盒测试侧重于研究被测试软件的功能。根据是否需要运行测试对象，黑盒测试技术可以进一步划分为动态黑盒测试与静态黑盒测试。本章主要介绍静态黑盒测试和动态黑盒测试的基本概念，并对这两类黑盒测试技术的细节进行详细讨论。

2.1　静态黑盒测试技术

静态黑盒测试技术是无须运行测试对象的黑盒测试技术。由于软件工程的普及，目前在软件开发过程中，无论采用哪种开发模式，开发小组都应根据软件需求编写软件产品规格说明书，用来定义软件是什么样的[①]。静态黑盒测试主要就是针对软件产品规格说明书的审核。

2.1.1　软件需求与软件产品规格说明书

1. 软件需求

从本质上说，软件需求（Software Requirement）表达了软件产品应该满足的某些需要和限制，用以解决一些实际应用中的问题。因此，某项软件需求就是为了解决某个具体的实际问题，通过开发或修改使得软件所具有的特定性质。实际问题往往是多种多样的，通常从细节上分析都是比较复杂的。因此对特定软件的需求，也往往是来自于组织不同层面的人员的要求，以及操作软件的环境的复杂组合体。

软件需求最基本的特性是可验证性，但具体验证起来很可能难度大，耗费高。因此，需求分析和质量管理人员必须保证在可获取的资源限制下能够对需求进行验证。除了描述软件行为外，软件需求还应该包括其他内容，例如优先级的指定（用以面对有限的资源时进行权衡取舍），以及能够得出当前状态的定量评估（用以保证整个项目的进展处于控制之下）。

2. 软件需求分析

需求分析是软件定义时期的最后一个阶段，它的基本任务是准确地回答"系统必须做什么？"这个问题。

虽然在需求分析之前的阶段已经粗略地了解了用户的需求，甚至还提出了一些可行的方案，但是以上研究的目的是用较小的成本在较短的时间内确定项目的可行性，因此许多细节被忽略了。在需求分析阶段，所有的细节都将被确定，从而完整地确定系统必须完成哪些工作，对目标系统提出完整、准确、清晰、具体的要求。

软件需求分析有多种方法，对其讨论已经超出本书的范围，读者请自行参阅软件工程方面的书籍。

---

① 不包括仅将开发人员和各种必要开发条件组合起来的"大爆炸模式"。在该模式下没有正规开发过程。

3. 软件产品规格说明书

产品规格说明书也称功能规格说明书（Functional Specification）。软件产品规格说明书采用书面形式，以完整、精确和可验证的方式指定系统或组件的需求、设计、行为及其他方面的特征，通常还应包括确定软件是否已经满足上述内容的步骤。通常在需求分析阶段结束之前，系统分析员应该写出软件产品规格说明书（如果条件允许，应该由软件提供方和客户共同完成这项工作）。

需求分析和软件产品规格说明是一项工作量大、难度高的工作。用户与系统分析员之间需要进行深入而有效的沟通。在双方交流信息的过程中很容易出现误解或遗漏，也可能存在二义性。因此，不仅在整个需求分析过程中应该集中精力、细致工作并采用行之有效的沟通技术，而且必须严格审查验证需求分析的结果，这样才能从源头上减少软件缺陷的发生。

2.1.2 规格说明书的高层次审查

在软件产品规格说明书的高层次审查阶段，不是马上进入规格说明书的细节检查，而是在一定高度上进行审查，其目的是找出根本性的问题、疏忽和遗漏之处。一般而言，可以采用以下方法。

1. 假设自己是客户

从第 1 章的内容可以知道，软件质量的高低通常和满足客户要求的程度紧密相关。因此在审查产品说明书时，软件测试员首先应做的是站在客户的角度，考虑软件应完成哪些需求。

为了达到这个目的，软件测试员应该尽量熟悉软件应用领域的相关知识，然后再进行审查。在缺乏相关背景知识时，如果对规格说明书的某一部分不理解，不能假定它是对的，必须通过各种渠道了解清楚，例如和市场人员或销售人员交流，补充对最终用户的相关认识。

假设自己是客户时很容易忽略软件的安全性。因为客户往往假设软件是安全的，但实际的软件产品是否达到安全性则必须仔细加以考察。

2. 研究现有的标准和规范

目前硬件和软件都基本上被标准化了，现行标准和规范也许还存在不足之处，但是其包含的共性可以确保开发效率和最终产品的质量，因此软件产品应该遵守标准和规范。如果有例外之处，应该明确其理由并确保能够完成。

标准和规范包括以下例子。

1）如果产品是为某个特定单位开发，应严格遵循标的公司的惯用语和约定，不宜自行命名和规定。

2）行业要求。医药、工业和金融行业的应用软件必须严格遵守行业标准。

3）政府标准。政府和军队系统有严格的标准。

4）图形用户界面（GUI）。例如软件运行在微软的 Windows 或苹果的 Macintosh 操作系统之下，应遵守二者的 GUI 标准。

5）安全标准。软件及其界面和协议可能需要满足一定的安全标准。

软件测试员的任务是明确所采用的标准是否正确、有无遗漏。在对软件进行确认和验收时，还要注意是否与标准和规范相抵触，把标准和规范视为规格说明书的一部分。

3. 审查和测试类似软件

在审查软件产品规格说明书阶段，还没有具体产品可供测试，因此了解软件运行结果的最佳方法是研究类似软件，例如竞争对手的产品。一般而言，开发软件产品之前，都有某个类似产品作为原型，项目经理或者规格说明书的编写人员可能已经做了相关调研工作，因此类似软件的相关信息通常是可以获得的。

审查和测试类似软件有助于设计测试条件和测试方法，还可能暴露意想不到的潜在问题，从而在新开发的产品中加以避免。

审查竞争产品时应注意以下几个问题。

1）软件规模。和类似软件比较起来，当前开发的软件的功能是否相当，代码量有多少差别？有无可能影响到测试？

2）复杂性。软件与类似软件比较起来是简单还是复杂？会影响测试吗？

3）可测试性。是否有足够的资源、时间和经验来测试软件？

4）质量和可靠性。软件是否完全满足质量要求？可靠性是高还是低？

5）安全性。竞争对手软件的安全性和自己软件的安全性比较起来有无差别？

阅读关于类似软件的评价文章和联机文档通常是有效的方法之一。这对安全方面的问题特别有效。

2.1.3 规格说明书的细节审查

规格说明书的高级审查针对的是软件产品及影响软件产品设计的外部因素。了解这些信息后，就可以对规格说明书进行细节上的审查了。

1. 规格说明书应包含的基本内容

在产品规格说明书中，应包含下列基本内容。

（1）功能需求

即软件应该完成哪些功能。

（2）外部接口

即软件如何与操作者、系统硬件、其他软件和硬件交互。

（3）性能需求

即速度、可用性、响应时间及各项功能的恢复时间等性能方面的要求。

（4）其他相关的质量特性

即可移植性、正确性、可维护性和安全性等方面的考虑。

（5）设计方面的约束

即明确有无需要遵守的标准和规范、编程语言、数据库完整性、资源限制和运行环境等方面的要求。

产品规格说明书应避免涉及任何软件的具体设计[①]、实现及整体项目方面的内容。

2. 规格说明书的属性审查清单

在进行细节审查时，应按照下列属性审查清单逐项进行审查。

（1）正确

此处的正确，是指规格说明书里描述的每项需求都是软件在实际工作中将遇到的。目前还没有工具和特定的过程能够完全保证规格说明书的正确性。在审查规格说明书时，应和更高层系统级别的说明书进行对比，或通过与最终用户进行交流，来保证规格说明书的正确性。

---

① 产品规格说明书应限制有效设计的范围，但不应该指定任何特定的设计。

（2）清晰

此处的清晰，是指规格说明书里描述的每项需求都只有唯一的解释。对这一属性，最低的要求是最终产品的每项特征都用同样的术语来表述。如果在某些上下文中，某一术语可能有二义性，则应该检查是否有对这些术语进行解释的专门文档。

规格说明书在软件生命周期中的很多地方都会用到，例如设计、实现、项目监控、确认和验证，以及对用户的培训等。因此必须保证规格说明书对设计、开发和使用的相关人员都是清晰的。在审查时要充分考虑不同人员的背景，保证其理解是一致的。

对于用自然语言书写的规格说明书，需要格外注意自然语言的模糊性。具体内容见下文“3. 典型的问题用语”。

（3）完整

此处的完整，是指规格说明书里应包括下述内容。

1）包含了所有的功能需求、性能需求、设计约束、外部接口及其他相关质量特性等内容。

2）软件对所有类型条件下的所有可能类型的输入都定义了响应。特别应注意检查是否对有效输入和无效输入都定义了响应。

3）各种图形、表格等的标号和引用，以及所有项和度量的单位的定义。

（4）一致

此处的一致，主要是指规格说明书内部的一致性（如果与其他高层文档发生冲突，则是不正确的，见上文（1）中所述）。内部一致性主要指任何需求的子集都没有产生互相冲突。一般而言，有以下3类情况需要在审查时加以注意。

1）指定的某些特征是冲突的。例如在某处要求输出表格而另一处要求输出文本；某个需求要求用绿色而另一个需求要求采用蓝色。

2）在指定的动作间存在逻辑或时序上的冲突。例如某个需求指定程序对两个输入数字相加而另一个需求指定这两个数相乘；某个需求指定 B 在 A 之后出现，而另一个需求指定二者同时出现。

3）两个或多个需求描述同一个实体但采用了不同的术语。应检查是否采用了标准术语和定义，这样可以提高规格说明书的一致程度。

（5）对于重要性和稳定性排序

即对所有需求项都赋予一个表明其重要性或稳定性的标识。一般而言，软件产品的所有需求项都不是同等重要的，有一些需求是必须满足的（例如保证人身安全），而另一些是希望满足的（非强制性）。对每一项需求都要进行标识，可以使得上述区别更明显。进行合理的排序可以使用户更仔细地考虑每项需求，因此能发掘更多的隐含内容。同时开发者可以据此正确地对软件不同部分做出更合理的开发决策（例如时间与人员的分配），因此应进行审查。

（6）可验证

此处的可验证，主要是指规格说明书里描述的每项需求都可以进行验证，即存在着开销可接受的验证方法，使用该方法，人或机器能够校验软件产品是否满足了需求。不清晰的需求通常也是不可验证的。

【例 2-1】 以下的需求是不可验证的。

“程序将永不进入无限循环状态”。因为从理论上说，对这一特性进行测试是不可能的。请参考第 1 章的相关内容。

【例 2-2】 以下的需求是可验证的。

“程序的输出在 60%的情况下在事件发生后 20 秒内完成；在 100%的情况下在事件发生后 30 秒内完成”。这一特性有具体可测的数值，因此是可以验证的。

如果在审查中发现不可验证的需求项，应该及时进行报告，并跟进对该需求项的处理（例如对其进行修正或删除该项需求）。

（7）可修改

此处的可修改，主要是指能够对规格说明书进行方便、完整和一致的修改，并保证原有的结构和风格。为此可以做如下审查。

1）是否有合乎逻辑且易于使用的内容组织，包括目录、索引及显式的交叉引用等内容。

2）无冗余，即同样的需求在规格说明书中不应出现多处。

3）对需求分开描述，而非几个需求合在一起描述。

请注意，冗余本身并不意味着错误，但经常会导致错误。冗余固然有时能提高文档的可读性，但当文档升级时，某一项需求只在一处做了修改，而没有在其他出现的地方修改，则此时规格说明书就不一致了。如果冗余是必需的，就一定要做好交叉引用，不破坏其可修改性。

（8）可追踪

此处的可追踪，主要是指每项需求都是清楚的并且能方便地在其后的开发及其他文档中查询。在审查时应注意以下两种可追踪性。

1）向后追踪性，即对较早开发阶段的追踪。这要求每项需求都显式地给出较早文档中的来源。

2）向前追踪，即对规格说明书引发的其他文档的追踪。这要求每项需求都有唯一的名称或引用号。

向前追踪性对软件产品进入运行维护阶段是特别有意义的。当代码和设计文档修改了，向前追踪对于明确有哪些需求受到这些修改的影响是不可或缺的。

3. 典型的问题用语

（1）过于绝对的用语

例如：总是、所有、每一种和从不等。如果在规格说明书中发现这类用语，应检查其反例是否存在。

（2）诱导性的用语

例如：当然、明显、显然和必然等。如果在规格说明书中发现这类用语，应检查其假定的合理性是否存在。

（3）模糊用语

例如：某些、有时、通常、大多和几乎等，以及诸如此类、以此类推等。如果在规格说明书中发现这类用语，应对其涉及的内容明确定义。

（4）无法量化的用语

例如：迅速、良好、廉价、高效和稳定等。如果在规格说明书中发现这类用语，应对其明确量化。

（5）掩盖细节的用语

例如：处理、拒绝、进行和排除等。如果在规格说明书中发现这类用语，应检查其隐含的细节是否都明确地写出。

（6）不完整的用语

例如：如果……那么。如果在规格说明书中发现这类用语，应检查条件不成立时对应的判断分支如何处理。

2.2 动态黑盒测试技术

动态黑盒测试也称功能性测试（Functional Testing）或基于规格说明的测试（Specification-based Testing）。这种测试形式忽略系统或构件的内部实现机制，仅关注与选定的输入及执行条件所对应的输出。在动态黑盒测试中，测试工程师输入数据，检验输出结果是否符合预期。测试工程师不知道，也不必考虑测试对象的内部结构和具体设计细节。动态黑盒测试能够发现的典型错误包括：功能错误、功能遗漏、界面错误、数据结构或数据库访问错误、性能不符、初始化错误，以及终止错误等。

有效的动态黑盒测试需要一份良好的软件产品规格说明书，用以定义软件的行为。清楚了被测软件的输入和输出，就可以据此导出测试用例。在某些特殊情况下没有软件产品规格说明书，此时应采用探索测试的方法，即逐项了解被测软件的功能，记录软件的执行情况，在此基础上详细描述软件的功能，并运用上一节的静态黑盒测试技术进行分析，然后再系统地进行动态黑盒测试。

在第 1 章中已经指出，为了保证软件质量，需要做尽可能多的测试，但穷尽测试是不可能的。因此在动态黑盒测试技术中，必须从所有可能的测试数据中进行合理的选择。但应该怎样选择呢？这就是动态黑盒测试技术讨论的主要内容。本节详细分析和介绍了软件测试领域最新国际标准 ISO/IEC/IEEE P29119—4（目前处于草案阶段）中列出的一些典型的动态黑盒测试方法。

对于动态测试，测试用例设计隶属于测试设计与实现过程，其步骤具体见第 5 章。本章和第 3 章主要涉及以下几个步骤。

1）导出测试条件（Derive Test Conditions）。一项测试条件，即是待测系统或组件的一个可测试的方面（Testable Aspect），例如功能、质量特性等。

2）导出测试覆盖项（Derive Test Coverage Items）。一个测试覆盖项，即是某个（或某些）测试条件的属性或属性的组合。例如，如果输入数据的某个边界作为一项测试条件，那么相应的测试覆盖项可以是该边界本身，也可以包括边界两侧的数据。即一项测试条件可能对应一个或多个测试覆盖项。

3）导出测试用例（Derive Test Coverage Items）。即通过指定测试先决条件（Pre-conditions），选择输入数据，在必要时指定执行选定的测试覆盖项所需的动作，以及给出相应的期望输出值，来导出一个或多个完整的测试用例。

2.2.1 等价类划分方法

1. 概述

等价类划分（Equivalence Partitioning）方法最早由 G. J. Myers 提出，是一种重要且常用的测试用例设计方法。

由于测试对象的输入空间一般都很大，甚至是无穷大，因此在实际的软件测试工作中只能选择一些测试数据进行测试。所选择的数据应保证下述两个条件。

1）希望测试能够尽量完备，即对测试空间的覆盖要好。

2）希望尽量避免冗余，从而减少测试量。

可以从以下两方面考虑如何进行测试数据的选择。首先，一般而言，某些输入数据在程序里是由同样的代码处理的（即在代码中经过同一路径），因此，这些数据在揭露程序的缺陷方面是等价的。其次，某些输入数据产生同样的输出，也可以认为这些数据在揭露程序的缺陷方面是等价的。因此，没有必要对所有可能的输入一一进行测试，只需要从中选取具有代表性的数据进行测试，就能够达到有效测试的目的。

基于以上想法，可以定义输入域（或输出域）U 上的关系 R 为：

$$R = \{<x,y> | x,y \in U, x,y\text{被同样处理或产生相同输出}\}$$

容易验证，R 具有自反性、对称性和传递性，因此 R 是等价关系。依据 R，可以对输入空间 U 进行等价划分，即：

$$U/R = \{S_1, S_2, \ldots, S_n\}$$

其中，$S_i \subseteq U\text{且}S_i \neq \phi, i=1,2,\ldots,n$；$S_i \cap S_j = \phi, i \neq j, i,j=1,2,\ldots,n$；

$$\bigcup_{i=1}^{n} S_i = U.$$

在 n=3 时，等价类划分如图 2-1 所示。

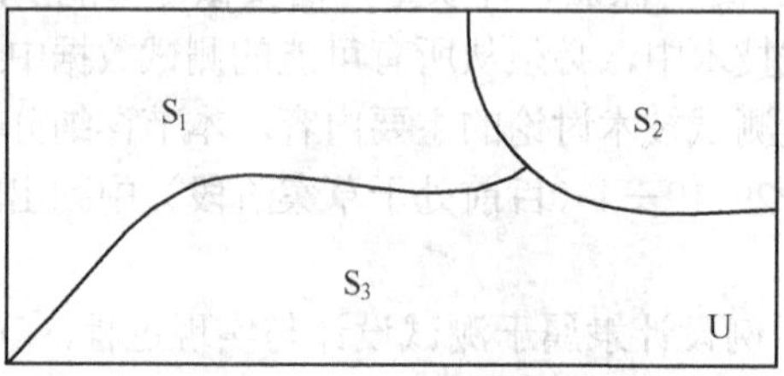

图 2-1　对输入域的等价划分（n=3）

等价类划分方法把程序的输入域划分成若干互不相交的部分（子集），然后从每一个部分中选取少数（通常是一个）具有代表性的数据作为测试用例。

等价类划分方法的关键是将测试空间划分成若干互不相交的子集，并且满足每个子集中所有测试数据都测试相同目标（对揭露程序的缺陷是等价的），或产生同样的输出。既可以根据程序的输入域进行等价类划分，也可以根据程序的输出域进行等价类划分。一般而言，可以预测测试对象可能的实现，并考虑在实现中必须提供的功能操作做出如何划分的决策。

那么，使用等价类划分方法做功能性测试是否达到了预期目的呢？答案是肯定的。因为等价类是对测试空间的划分，即等价类是不相交的一组测试空间的子集，这些子集的并是整个测试空间，前者保证了测试的无冗余性，后者保证了测试的完备性。

2. 导出测试条件

由于在等价类划分方法中，测试空间划分成若干互不相交的子集，每个子集中所有测试数据都是等价的，因此每个等价类均可以定义为一个测试条件。

等价类可以分为以下两类。

1）有效等价类：指对于程序的规格说明来说是合理的、有意义的输入数据构成的集合。利用有效等价类可检验程序是否实现了规格说明中所规定的功能和性能。

2）无效等价类：指对于程序的规格说明来说是不合理的、无意义的输入数据构成的集合。

在设计测试用例时，为什么既要考虑有效等价类之外，还要考虑无效等价类？这是因为软件不仅要能接收合理的数据，也要能经受意外的考验。同时考虑这两种等价类的测试才能确保软件具有更高的可靠性。

> 考虑了无效值的测试称为健壮性测试。

在进行等价类划分时应注意以下几点。

1）为保证测试的有效性，应同时对测试对象的输入域和输出域进行等价类划分。其中，输出域的无效等价类是指没有在程序规格说明书中显式规定的输出，通常必须进行合理的推理和猜测。因此不同的测试人员根据各自的主观判断可能得到不同的结果。

2）划分等价类时必须仔细。等价类划分的目标是把测试用例集缩减到可控制的范围之内，且仍然足以测试软件。

3）等价类划分方法属于不完全测试，因此还是要冒一定的风险。划分等价类不合适极有可能漏掉可能暴露软件缺陷的测试数据。经验不足者要请资深测试员审查划分的结果。

4）等价类的划分可能是主观的。可能有多种划分方式都满足要求。

【例 2-3】 对一个文件中的数据进行排序，如何对排序的方式进行等价类划分？

解：排序的方式可以分为升序、降序和任意顺序 3 类。但在文件长度为 0 和 1 的情况下，三者没有区别，违反了等价类划分的原则。因此需要把文件长度为 0 和 1 的情况独立出来考虑。

【例 2-4】 对某个待测程序，小写字母为有效输入，如何定义无效输入？

解：可以将无效输入划分为如下等价类：整数、实数、大写字母、控制符及其他符号以及空值。根据测试严格程度的不同，还可以进行更细致的划分或者合并。

一般而言，等价类的划分有以下几种典型情况。

1）如果输入条件规定了取值范围，可定义 1 个有效等价类和 2 个无效等价类。

【例 2-5】 输入值是学生成绩（百分制），如何进行等价类划分？

解：显然，输入值的范围是 0～100，则可以做如下划分。

① 有效等价类：0≤成绩≤100。

② 无效等价类。

- 成绩<0。
- 成绩>100。

2）如果输入条件规定了输入数据的个数，则可以划分出 1 个有效等价类和 2 个无效等价类。

【例 2-6】 输入值是学生的选课数，规定每学期只能选修 1～3 门课程。如何进行等价类划分？

解：输入条件规定了输入数据的个数，则可以做如下划分。

① 有效等价类：选修 1～3 门。

② 无效等价类。

- 不选（选 0 门课程）。
- 选修超过 3 门。

3）若规定了输入数据的一组允许值，且有理由认为程序对不同输入值做不同处理，则每个允许的输入值构成一个有效等价类，所有不允许的输入值的集合构成一个无效等价类（视测试严格性要求，也允许对无效等价类进一步划分）。

【例 2-7】 输入值为学历，输入条件说明学历可为：专科、本科、硕士和博士 4 种之一。如何进行等价类划分？

解：输入条件规定了允许的输入值，则可以做如下划分。

① 有效等价类。

- 专科。
- 本科。
- 硕士。
- 博士。

② 无效等价类：其他任何学历。

【例 2-8】 被测程序接受 3 个整数 a、b 和 c 作为输入，分别作为三角形的 3 条边，程序判断由这 3 条边构成的三角形类型是等边三角形、等腰非等边三角形、一般三角形或非三角形（不能构成一个三角形），若 3 个输入数据中含有非法数据，则提示错误信息。根据以上规格说明，用等价类划分方法导出测试条件。

解：在等价类划分方法中，由等价划分得到的等价类即是测试条件。等价划分分别从输入域和输出域得到，在进行等价类划分时，对有效数据和无效数据都应该予以考虑。

首先对输入域进行等价类划分。由题设给出的规格说明，一共有 3 个输入值，分别为边 a、边 b 和边 c。三者的输入域是相同的，因此可以做同样的等价类划分。由于输入域比较复杂，因此直接进行划分容易发生遗漏或重复。为此，对输入域进行多次划分，具体如表 2-1 所示。

表 2-1　输入域的等价类划分

划分层次	输入域								
1	数值						非数值		
2	整数				浮点数	字母	非字母		
3	大于 0 小于等于 IntMax	等于 0	小于 0	大于 IntMax	/	/	特殊符号	空格	空白（即无输入）

在表 2-1 中，对整数进行等价类划分时，虽然规格说明中没有明确规定输入数据的取值范围，但通过分析不难得出这部分输入域仍然隐含取值范围，具体如图 2-2 所示（IntMax 指运行被测程序的系统所能表达的最大整数）。

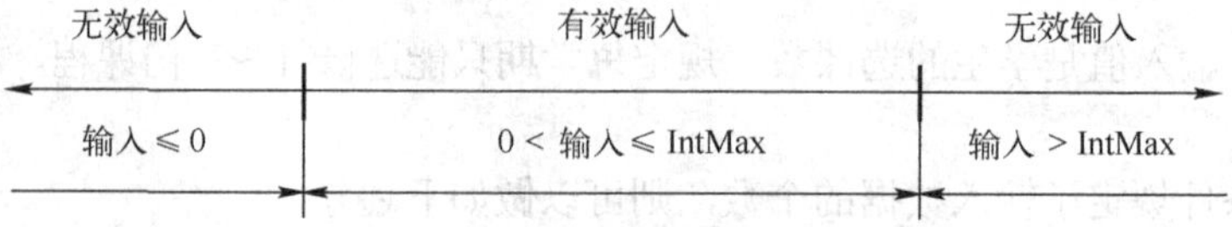

图 2-2　输入域的范围

请注意，在表 2-1 中对整数进行的等价类划分中，等于 0 和小于 0 可以归并为一个等价类，但一般都把 0 作为一个特殊的输入单独划为一类。同样，在表 2-1 中对非数值进行的等价类划分中，空格可以归并到特殊符号，但一般都把空格作为一个特殊的输入单独划为一类。此外，视测试要求，非数值输入（字母、特殊符号、空格和空白）也允许归并为一个无效等价类。

按照表 2-1，可以对 3 个输入（a、b 和 c）进行等价类划分。

对 a、b 和 c，有效等价类为：

TCOND1：0 < a ≤ IntMax，a 为整数

TCOND2：0 < b ≤ IntMax，b 为整数

TCOND3：0 < c ≤ IntMax，c 为整数

对 a，无效等价类为：

TCOND4：a<0，a 为整数　　TCOND5：a=0

TCOND6：a>IntMax，a 为整数　　TCOND7：a 为浮点数

TCOND8：a 为字母　　TCOND9：a 为特殊符号

TCOND10：a 为空格　　TCOND11：a 为空白（即无输入）

对 b，无效等价类为：

TCOND12：b<0，b 为整数　　TCOND13：b=0

TCOND14：b>IntMax，a 为整数　　TCOND15：b 为浮点数

TCOND16：b 为字母　　TCOND17：b 为特殊符号

TCOND18：b 为空格　　TCOND19：b 为空白（即无输入）

对 c，无效等价类为：

TCOND20：c<0，c 为整数　　TCOND21：c=0

TCOND22：c>IntMax，c 为整数　　TCOND23：c 为浮点数

TCOND24：c 为字母　　TCOND25：c 为特殊符号

TCOND26：c 为空格　　TCOND27：c 为空白（即无输入）

其次，对输出域进行等价类划分，具体如表 2-2 所示。

表 2-2　输出域的等价类划分

<table>
<tr><td>划分层次</td><td colspan="12">输出域</td></tr>
<tr><td>1</td><td colspan="11">规格说明中规定的输出</td><td>规格说明中未规定的输出</td></tr>
<tr><td>2</td><td colspan="8">三角形类型</td><td colspan="3">提示错误信息</td><td>见下文</td></tr>
<tr><td>3</td><td colspan="3">等腰非等边三角形</td><td>等边三角形</td><td>一般三角形</td><td colspan="3">非三角形</td><td>a 无效</td><td>b 无效</td><td>c 无效</td><td>/</td></tr>
<tr><td>4</td><td>a=b</td><td>a=c</td><td>b=c</td><td>/</td><td>/</td><td>a+b≤c</td><td>a+c≤b</td><td>b+c≤a</td><td>/</td><td>/</td><td>/</td><td>/</td></tr>
</table>

由表 2-2 可以得到输出域的等价类划分。

判断三角形类型的有效等价类为：

TCOND28：等腰非等边三角形, a=b≠c　　TCOND29：等腰非等边三角形, a=c≠b

TCOND30：等腰非等边三角形, b=c≠a　　TCOND31：等边三角形

TCOND32：一般三角形　　TCOND33：非三角形, a+b≤c

TCOND34：非三角形, a+c≤b　　TCOND35：非三角形, b+c≤a

提示错误信息的有效等价类有：

1）数据 a 无效，此时对应 TCOND4～TCOND11。

2）数据 b 无效，此时对应 TCOND12～TCOND19。

3）数据 c 无效，此时对应 TCOND20～TCOND27。

因此以上 3 个等价类不再列为测试条件。

对于规格说明中未规定的输出（无效等价类），其划分需要进行合理猜测。例如，如果 3 个输入都为空白（即无输入），那么程序可能会没有反应，即输出为空值，而不是输出错误信息的提示。由此得到输出域的无效等价类为：

TCOND36：输出为空值

3. 导出测试覆盖项

对于等价类划分方法，由等价划分得到的每个等价类都是一个测试覆盖项，即测试条件和测试覆盖项均是由等价划分得到的等价类。

【例 2-9】 针对【例 2-8】中的得到的测试条件，用等价类划分方法导出测试覆盖项。

对等价类划分方法，测试覆盖项等价于测试条件，可以得到如下的测试覆盖项。

TCOVER1：0 < a ≤ IntMax，a 为整数

TCOVER2：0 < b ≤ IntMax，b 为整数

TCOVER3：0 < c ≤ IntMax，c 为整数

TCOVER4：a<0，a 为整数

TCOVER5：a=0

TCOVER6：a>IntMax，a 为整数

TCOVER7：a 为浮点数

TCOVER8：a 为字母

TCOVER9：a 为特殊符号

TCOVER10：a 为空格

TCOVER11：a 为空白（即无输入）

TCOVER12：b<0，b 为整数

TCOVER13：b=0

TCOVER14：b>IntMax，b 为整数

TCOVER15：b 为浮点数

TCOVER16：b 为字母

TCOVER17：b 为特殊符号

TCOVER18：b 为空格

TCOVER19：b 为空白（即无输入）

TCOVER20：c<0，c 为整数

TCOVER21：c=0

TCOVER22：c>IntMax，c 为整数

TCOVER23：c 为浮点数

TCOVER24：c 为字母

TCOVER25：c 为特殊符号

TCOVER26：c 为空格

TCOVER27：c 为空白（即无输入）

TCOVER28：等腰非等边三角形, a=b≠c

TCOVER29：等腰非等边三角形,a=c≠b

TCOVER30：等腰非等边三角形, b=c≠a

TCOVER31：等边三角形

TCOVER32：一般三角形

TCOVER33：非三角形, a+b≤c

TCOVER34：非三角形, a+c≤b

TCOVER35：非三角形, b+c≤a

TCOVER36：输出为空值，a, b, c 均为空值

4. 导出测试用例

在得到测试覆盖项后，即可从中导出测试用例，用以执行测试。对等价类划分方法而言，一般采用下列步骤导出测试用例。

1）选择测试覆盖项的组合方式，用以导出测试用例。有下列两种常用的组合方式。

- 一对一方式，即每个测试用例覆盖一个特定的等价类（测试覆盖项）。采用该方法，测试用例的数目等于测试覆盖项的数目。
- 最小化方式，即使用最小数量的测试用例，覆盖所有的等价类至少一次。采用这种方法，每个测试用例可能覆盖多个等价类（测试覆盖项）。

注意，测试覆盖项的组合方式除上述两种外还有多种类型，在 2.2.2 节中介绍。

2）基于第一步选择的方法，确定当前测试用例包含的测试覆盖项（可能包括一个或多个等价类）。

3）根据当前测试用例所覆盖的测试覆盖项，找出执行这些覆盖项所需的输入数据的数值。如果测试用例还需要其他输入数据，则这些输入数据指派为任意的有效值，从而构成测试用例的输入数据部分。

4）根据输入数据，确定测试用例执行后的预期输出结果，从而构成测试用例的输出数据部分。

5）重复步骤 2）～4）步，直到满足预设的测试覆盖率指标为止。

5. 测试覆盖率计算

测试覆盖率（记为 Cov）由式（2-1）计算：

$$Cov = \left(\frac{N}{T} \times 100\right)\% \tag{2-1}$$

其中，T 为测试覆盖项的总数，N 为测试用例包含的测试覆盖项的数目。显然，测试覆盖率的范围为 0%～100%。

测试覆盖率指标一般在测试计划（见第 5 章）中定义。注意，有些测试覆盖项是不可行的，即该测试覆盖项不可能被执行，或不可能被测试用例包含。在计算测试覆盖率时，是否考虑不可行的测试覆盖项，也应在测试计划中指定。

【例 2-10】 针对【例 2-9】中得到的测试覆盖项，用等价类划分方法导出测试用例。

首先考虑用一对一的方式导出测试用例。在这种方式下，每个测试用例只覆盖一个测试覆盖项。因此有 36 个测试用例。

对边 a、b 和 c 的等价类划分，测试用例分别如表 2-3～表 2-5 所示。

表 2-3 边 a 的等价类划分得到的测试用例

测试用例编号	输入（a）	输入（b）	输入（c）	覆盖的测试覆盖项	测试的等价类	预期输出
1	10	9	8	TCOVER1	0＜a ≤ IntMax	一般三角形
2	−2	8	8	TCOVER4	a<0	提示错误信息
3	0	7	7	TCOVER5	a=0	提示错误信息
4	IntMax+1	6	6	TCOVER6	a>IntMax	提示错误信息
5	10.8	5	5	TCOVER7	a 为浮点数	提示错误信息
6	S	4	4	TCOVER8	a 为字母	提示错误信息
7	$	3	3	TCOVER9	a 为特殊符号	提示错误信息
8	空格	2	2	TCOVER10	a 为空格	提示错误信息
9	空白	1	1	TCOVER11	a 为空值	提示错误信息

注意，在表 2-3 中，边 b 和边 c 的值是在有效值中任意指定的。

表 2-4　边 b 的等价类划分得到的测试用例

测试用例编号	输入（a）	输入（b）	输入（c）	覆盖的测试覆盖项	测试的等价类	预期输出
10	3	10	9	TCOVER2	0＜b ≤ IntMax	一般三角形
11	4	−2	8	TCOVER12	b<0	提示错误信息
12	5	0	7	TCOVER13	b=0	提示错误信息
13	6	IntMax+1	6	TCOVER14	b>IntMax	提示错误信息
14	7	10.8	5	TCOVER15	b 为浮点数	提示错误信息
15	8	S	4	TCOVER16	b 为字母	提示错误信息
16	9	$	3	TCOVER17	b 为特殊符号	提示错误信息
17	10	空格	2	TCOVER12	b 为空格	提示错误信息
18	11	空白	1	TCOVER19	b 为空值	提示错误信息

注意，在表 2-4 中，边 a 和边 c 的值是在有效值中任意指定的。

表 2-5　边 c 的等价类划分得到的测试用例

测试用例编号	输入（a）	输入（b）	输入（c）	覆盖的测试覆盖项	测试的等价类	预期输出
19	10	9	10	TCOVER3	0＜c ≤ IntMax	等腰三角形
20	9	8	−3	TCOVER20	c<0	提示错误信息
21	8	7	0	TCOVER21	c=0	提示错误信息
22	7	6	IntMax+1	TCOVER22	c>IntMax	提示错误信息
23	6	5	10.8	TCOVER23	c 为浮点数	提示错误信息
24	5	4	S	TCOVER24	c 为字母	提示错误信息
25	4	3	$	TCOVER25	c 为特殊符号	提示错误信息
26	3	2	空格	TCOVER26	c 为空格	提示错误信息
27	2	1	空白	TCOVER27	c 为空值	提示错误信息

注意，在表 2-5 中，边 a 和边 b 的值是在有效值中任意指定的。

对输出域的等价类划分，测试用例如表 2-6 所示。

表 2-6　输出域的等价类划分得到的测试用例

测试用例编号	输入（a）	输入（b）	输入（c）	覆盖的测试覆盖项	测试的等价类	预期输出
28	5	5	6	TCOVER28	等腰非等边三角形	等腰非等边三角形
29	5	6	5	TCOVER29	等腰非等边三角形	等腰非等边三角形
30	6	5	5	TCOVER30	等腰非等边三角形	等腰非等边三角形
31	5	5	5	TCOVER31	等边三角形	等边三角形
32	5	6	7	TCOVER32	一般三角形	一般三角形
33	5	4	10	TCOVER33	非三角形	非三角形
34	5	10	4	TCOVER34	非三角形	非三角形
35	10	5	4	TCOVER35	非三角形	非三角形
36	空白	空白	空白	TCOVER36	输出为空值	输出为空值

其次考虑用最小化方式导出测试用例。从表 2-3～表 2-6 中可以看出，有些测试用例在测试功能上是完全一样的，例如测试用例 1、10 和 32。因此用一对一方法导出测试用例时，可能会导致冗余。下面用最小化方式导出测试用例，具体如表 2-7 所示。

表 2-7 用最小化方法得到的测试用例

测试用例编号	输入(a)	输入(b)	输入(c)	覆盖的测试覆盖项	测试的等价类	预期输出
1	5	5	6	TCOVER1 TCOVER2 TCOVER3 TCOVER28	0 < a ≤ IntMax 0 < b ≤ IntMax 0 < c ≤ IntMax 等腰非等边三角形, a=b≠c	等腰非等边三角形
2	5	6	5	TCOVER1 TCOVER2 TCOVER3 TCOVER29	0 < a ≤ IntMax 0 < b ≤ IntMax 0 < c ≤ IntMax 等腰非等边三角形, a=c≠b	等腰非等边三角形
3	6	5	5	TCOVER1 TCOVER2 TCOVER3 TCOVER30	0 < a ≤ IntMax 0 < b ≤ IntMax 0 < c ≤ IntMax 等腰非等边三角形, b=c≠a	等腰非等边三角形
4	5	5	5	TCOVER1 TCOVER2 TCOVER3 TCOVER31	0 < a ≤ IntMax 0 < b ≤ IntMax 0 < c ≤ IntMax 等边三角形	等边三角形
5	5	4	3	TCOVER1 TCOVER2 TCOVER3 TCOVER32	0 < a ≤ IntMax 0 < b ≤ IntMax 0 < c ≤ IntMax 一般三角形	一般三角形
6	5	4	10	TCOVER1 TCOVER2 TCOVER3 TCOVER33	0 < a ≤ IntMax 0 < b ≤ IntMax 0 < c ≤ IntMax 非三角形, a+b≤c	非三角形
7	5	10	4	TCOVER1 TCOVER2 TCOVER3 TCOVER34	0 < a ≤ IntMax 0 <b ≤ IntMax 0 < c ≤ IntMax 非三角形, a+c≤b	非三角形
8	10	5	4	TCOVER1 TCOVER2 TCOVER3 TCOVER35	0 < a ≤ IntMax 0 <b ≤ IntMax 0 < c ≤ IntMax 非三角形, b+c≤a	非三角形
9	−1	−2	−3	TCOVER4 TCOVER12 TCOVER20	a<0 b<0 c<0	提示错误信息
10	0	0	0	TCOVER5 TCOVER13 TCOVER21	a=0 b=0 c=0	提示错误信息
11	IntMax+1	IntMax+1	IntMax+1	TCOVER6 TCOVER14 TCOVER22	a>IntMax b>IntMax c>IntMax	提示错误信息
12	2.5	6.8	10.8	TCOVER7 TCOVER15 TCOVER23	a 为浮点数 b 为浮点数 c 为浮点数	提示错误信息
13	A	b	c	TCOVER8 TCOVER16 TCOVER24	a 为字母 b 为字母 c 为字母	提示错误信息
14	@	#	%	TCOVER9 TCOVER17 TCOVER25	a 为特殊符号 b 为特殊符号 c 为特殊符号	提示错误信息
15	空格	空格	空格	TCOVER10 TCOVER18 TCOVER26	a 为空格 b 为空格 c 为空格	提示错误信息
16	空白	空白	空白	TCOVER11 TCOVER19 TCOVER27 TCOVER36	a 为空白 b 为空白 c 为空白 输出为空值	输出为空值

2.2.2 组合测试设计方法

1. 概述

从【例 2-10】可以看出，在被测程序存在多个输入时，无论采用一对一方式还是最小化方式导出测试用例，都存在着一定的问题。采用一对一方式时，可能出现冗余的测试用例，而采用最小化方式时，测试用例覆盖测试覆盖项的方式多样，所得到的测试用例集的质量也不相同。为此，可以考虑采用组合测试设计（Combinatorial Test Design）方法加以规范化。

在动态黑盒测试中，组合测试设计方法通过对测试对象的参数及其取值进行特定组合的方式，系统化地导出有意义且可管理的测试用例集，覆盖测试条件和测试覆盖项。

在组合测试设计方法中，又包含完全组合测试（All Combinations Testing）、成对测试（Pair-wise Testing）、逐个选择测试（Each Choice Testing）及基本选择测试（Base Choice Testing）等几种主要方法，下面分别加以介绍。

2. 完全组合测试

（1）导出测试条件

1）识别测试对象的参数。首先，仔细阅读规格说明书，有条件的话可以参考待测程序（方法、模块）的实现细节，识别出所有参数，这些参数影响待测程序（方法、模块）的行为。一般而言，在识别参数时有以下几种典型情况。

- 对无状态的程序（方法、模块），参数就是输入参数。
- 对有状态的程序（方法、模块），状态必须包含到参数内。
- 程序（方法、模块）所依赖的条件也必须包含到参数内。

【例 2-11】 考虑【例 2-8】中给出的三角形判断程序，有几个参数？

解：该程序属于无状态的程序，参数为 3 个整数 a、b 和 c。

【例 2-12】 对一个二叉树类中的方法进行测试，该方法的原型为 insert(Comparable obj)，是否只考虑 obj 这一个参数？

解：该程序属于有状态的程序，还应考虑隐藏的状态变量，即 obj 是否已经在树内。对于面向对象程序，这种情况是很常见的，必须和开发人员沟通确认。

2）对识别出的参数进行等价类划分。具体的等价类划分方法请参见 2.2.1 节中的相关内容。

注意，在组合测试设计方法中，通过参数影响待测程序（模块）的行为，并不对程序的输出域额外进行等价类划分。因此在这一步中如果仍像等价类划分方法中那样独立地看待每个参数，则不一定能够反映所有可用信息。例如完成某些功能可能需要依赖几个接口参数值的特定组合，此时参数间的独立性就不存在了，在划分时需要仔细考虑。

【例 2-13】 考虑【例 2-8】中给出的三角形判断程序，对参数进行等价类划分。

解：在【例 2-11】中，已经指出参数为 3 个整数 a、b 和 c。在【例 2-8】中，已经对三者进行了等价类划分，但在组合测试设计方法中，为体现三角形判断程序的行为，3 个参数之间并不独立。为此，对【例 2-8】做出的等价划分进行修正，得到如下的等价类划分，如表 2-8～表 2-10 所示。

表 2-8 边 a 的等价类划分

数值						非数值			
整数					浮点数	字母	非字母		
$0 < a \leqslant IntMax$		a=0	a<0	a>IntMax	/	/	特殊符号	空格	空白（无输入）
A_1	A_2	/	/	/	/	/	/	/	/

其中，A_1 = {a | 0<a≤IntMax，a 与 b、c 构成等边三角形，或 a 与 b、c 构成等腰非等边三角形，包括 a≠b=c，b≠a=c，c≠a=b}；A_2 = {a | 0<a≤IntMax，a 与 b、c 构成一般三角形，或 a 与 b、c 不构成三角形，包括 a≥b+c，b≥a+c，c≥a+b}。

表 2-9　边 b 的等价类划分

数值						非数值			
整数					浮点数	字母	非字母		
0 < b ≤ IntMax		b=0	b<0	b>IntMax	/	/	特殊符号	空格	空白（无输入）
B1	B2	/	/	/	/	/	/	/	/

其中，B_1 = {b | 0<b≤IntMax，b 与 a、c 构成等边三角形，或 b 与 a、c 构成等腰非等边三角形，包括 a≠b=c，b≠a=c，c≠a=b}；B_2 ={b | 0<b≤IntMax，b 与 a、c 构成一般三角形，或 b 与 a、c 不构成三角形，包括 a≥b+c，b≥a+c，c≥a+b}

表 2-10　边 c 的等价类划分

数值						非数值			
整数					浮点数	字母	非字母		
0 < c≤ IntMax		c=0	c<0	c>IntMax	/	/	特殊符号	空格	空白（无输入）
C_1	C_2	/	/	/	/	/	/	/	/

其中，C_1 = {c | 0<c≤IntMax，c 与 a、b 构成等边三角形或 c 与 a、b 构成等腰非等边三角形，包括 a≠b=c，b≠a=c，c≠a=b}；C_2 ={c | 0<c≤IntMax，c 与 a、b 构成一般三角形，或 c 与 a、b 不构成三角形，包括 a≥b+c，b≥a+c，c≥a+b }。

注意，以上的等价类划分不是唯一的，请读者自行对上述等价类划分进行细化或做出新的等价类划分。

3）导出测试条件。

在组合测试设计方法中，测试条件为参数（P）及参数取值（V）构成的 P-V 对。其中，参数取值即参数从其等价类中选取的值。

【例 2-14】 假设需要对某软件的打印功能进行配置测试。测试小组选择了市面上常见的 4 种型号的打印机，分别为 HP LaserJet Pro CP1025、Canon LBP 2900+、Fuji Xerox CP105b 和 Lenovo S1801；测试用介质类型为普通纸和铜版纸；打印测试分辨率为 300dpi 和 600dpi；打印驱动程序为 1.0 版和 2.0 版。用完全组合测试方法导出测试条件。

解： 根据题设中给出的测试说明，影响被测程序行为的参数为打印机型号（记为 P）、介质（记为 M）、分辨率（记为 R）和驱动程序（记为 D）。说明中对每个参数都列出了取值，因此每个取值都对应一个等价类，也即是一个测试条件。为简便起见，将 4 种型号的打印机简记为 HP、Canon、Xerox 和 Lenovo，则测试条件为：

TCOND1：P—HP　　TCOND2：P—Canon　　TCOND3：P—Xerox

TCOND4：P—Lenovo　TCOND5：M—普通纸　TCOND6：M—铜版纸

TCOND7：R—300dpi　TCOND8：R—600dpi　TCOND9：D—1.0

TCOND10：D—2.0

以上每个 P-V 对，都是一个测试条件。

【例 2-15】 针对【例 2-13】中得到的参数及等价类划分，导出测试条件。

解：首先考虑参数 a 的等价类。A_1 中应选取 2 个值（分别参与等边三角形和等腰非等边三角形的构造，此处选取 5 和 6），A_2 中应选取 2 个值（分别参与一般三角形和非三角形的构造，此处选取 7 和 17）。对于其他等价类，每个等价类中选取 1 个值。由此可得 P-V 对为：

TCOND1：a—5　TCOND2：a—6　TCOND3：a—7　TCOND4：a—17
TCOND5：a—0　TCOND6：a—−5　TCOND7：a—IntMax+1　TCOND8：a—3.2
TCOND9：a—m　TCOND10：a—#　TCOND11：a—空格　TCOND12：a—空白

对于参数 b，类似可得 P-V 对为：

TCOND13：b—5　TCOND14：b—6　TCOND15：b—8　TCOND16：b—16
TCOND17：b—0　TCOND18：b—−5　TCOND19：b—IntMax+1　TCOND20：b—6.5
TCOND21：b—n　TCOND22：b—$　TCOND23：b—空格　TCOND24：b—空白

对于参数 c，类似可得 P-V 对为：

TCOND25：c—5　TCOND26：c—6　TCOND27：c—9　TCOND28：c—15
TCOND29：c—0　TCOND30：c—−5　TCOND31：c—IntMax+1　TCOND32：c—9.0
TCOND33：c—p　TCOND34：c—&　TCOND35：c—空格　TCOND36：c—空白

以上每个 P-V 对，都是一个测试条件。

（2）导出测试覆盖项

在完全组合测试中，覆盖项包括了所有 P-V 对的全部可能的有效组合。

【例 2-16】 针对【例 2-14】中得到的测试条件，用完全组合测试方法导出测试覆盖项。

解：由【例 2-14】中得到的测试条件，可以导出如下的测试覆盖项（省略了测试条件的说明）。

TCOVER1：P—HP，M—普通纸，R—300dpi，D—1.0
TCOVER2：P—HP，M—普通纸，R—300dpi，D—2.0
TCOVER3：P—HP，M—普通纸，R—600dpi，D—1.0
TCOVER4：P—HP，M—普通纸，R—600dpi，D—2.0
TCOVER5：P—HP，M—铜版纸，R—300dpi，D—1.0
TCOVER6：P—HP，M—铜版纸，R—300dpi，D—2.0
TCOVER7：P—HP，M—铜版纸，R—600dpi，D—1.0
TCOVER8：P—HP，M—铜版纸，R—600dpi，D—2.0
TCOVER9：P—Canon，M—普通纸，R—300dpi，D—1.0
TCOVER10：P—Canon，M—普通纸，R—300dpi，D—2.0
TCOVER11：P—Canon，M—普通纸，R—600dpi，D—1.0
TCOVER12：P—Canon，M—普通纸，R—600dpi，D—2.0
TCOVER13：P—Canon，M—铜版纸，R—300dpi，D—1.0
TCOVER14：P—Canon，M—铜版纸，R—300dpi，D—2.0
TCOVER15：P—Canon，M—铜版纸，R—600dpi，D—1.0
TCOVER16：P—Canon，M—铜版纸，R—600dpi，D—2.0
TCOVER17：P—Xerox，M—普通纸，R—300dpi，D—1.0
TCOVER18：P—Xerox，M—普通纸，R—300dpi，D—2.0
TCOVER19：P—Xerox，M—普通纸，R—600dpi，D—1.0

TCOVER20：P—Xerox，M—普通纸，R—600dpi，D—2.0

TCOVER21：P—Xerox，M—铜版纸，R—300dpi，D—1.0

TCOVER22：P—Xerox，M—铜版纸，R—300dpi，D—2.0

TCOVER23：P—Xerox，M—铜版纸，R—600dpi，D—1.0

TCOVER24：P—Xerox，M—铜版纸，R—600dpi，D—2.0

TCOVER25：P—Lenovo，M—普通纸，R—300dpi，D—1.0

TCOVER26：P—Lenovo，M—普通纸，R—300dpi，D—2.0

TCOVER27：P—Lenovo，M—普通纸，R—600dpi，D—1.0

TCOVER27：P—Lenovo，M—普通纸，R—600dpi，D—2.0

TCOVER29：P—Lenovo，M—铜版纸，R—300dpi，D—1.0

TCOVER30：P—Lenovo，M—铜版纸，R—300dpi，D—2.0

TCOVER31：P—Lenovo，M—铜版纸，R—600dpi，D—1.0

TCOVER32：P—Lenovo，M—铜版纸，R—600dpi，D—2.0

从【例 2-16】中可以看到，假设有 n 个参数，每个参数记为 R_i，则采用完全组合测试，理论上测试覆盖项的个数为：

$$\prod_{i=1}^{n}|R_i| \tag{2-2}$$

其中，$|R_i|$代表 R_i 的取值个数。

显然，在 P-V 对较多时，用完全组合测试方法得到的测试覆盖项的数目是非常大的。同时也应该注意到，在导出测试覆盖项这一步中，必须识别组合所应满足的约束条件，即不是每一个组合都是有意义的，必须参照测试条件中存在的约束进行鉴别。

【例 2-17】 针对【例 2-15】中得到的测试条件，用完全组合测试方法导出测试覆盖项。

解： 由式（2-2）得，测试覆盖项理论上应有 12×12×12 = 1728 组，限于篇幅不一一列出。但其中大量的组合并没有必要保留，下面分别叙述。

1）有效等价类产生的组合。

在所有的有效等价类产生的组合中，只需要保留 8 组即可，分别是：

a—5，b—5，c—5；a—5，b—6，c—6；a—6，b—5，c—6；a—6，b—6，c—5；

a—7，b—8，c—9；a—17，b—8，c—9；a—7，b—16，c—9；a—7，b—8，c—15。

其余的组合或者不符合约束，或者在测试效果上是重复的，因此都没有保留在最终的组合结果里。

例如，考虑 TCOND1，即 a—5，来自于【例 2-13】中的等价类 A_1，其定义为 A_1 = {a | 0<a≤IntMax，a 与 b、c 构成等边三角形，或 a 与 b、c 构成等腰非等边三角形，a≠b=c}。因此 A_1 的取值只有与来自 B_1 和 C_1 的值组合才有意义。所以 a—5，b—5，c—5 是符合约束的，予以保留；而 a—5，b—8，c—15 这个组合违反了约束，不应保留在最后的组合结果中；a—6，b—6，c—6 这个组合虽然也是符合约束的，但在测试效果上与 a—5，b—5，c—5 是重复的，因此也不应保留在最后的组合结果中。

2）有效等价类和无效等价类产生的组合。

考虑下面 4 组组合：a—5，b—0，c—p；a—6，b—0，c—p；a—7，b—0，c—p；a—17，b—0，c—p。显然，它们考察的目的都是一样的，即检查 a 取值为有效值，b 和 c 取值分别为 0 和字母的情况。从测试有效性的角度上来说，希望各个测试没有重复，因此这 4 个组合可以合并为 1 组。将上述情况略做推广，可以得到如下结论：在涉及有效等价类和无效等价类的组合时，可以将所有的有效等价类视为 1 个等价类，从中选择 1 个有效值参与组合。

因此，本例中，有效等价类和无效等价类产生的组合共有 9×9×9−8×8×8−1=216 组，限于篇幅不一一列出。

3）无效等价类产生的组合。

对任意一条边，其某个无效等价类，并没有规定必须和其他边的某个特定无效等价类组合在一起或不能和其他边的某个特定无效等价类组合在一起，因此本例中，无效等价类和产生的组合共有 8×8×8= 512 组。

综上，用完全组合测试方法，有效的测试覆盖项实际上有 8+216+512 = 736 个。限于篇幅不一一列出。

（3）导出测试用例

完全组合测试方法在导出测试用例时，每个测试用例执行一个测试覆盖项（P-V 对的组合）。具体而言有以下 3 个步骤。

1）选择一个或多个没有被测试用例包含的测试覆盖项，使其包含在当前的测试用例中。

2）根据输入数据，确定测试用例执行后的预期输出结果。

3）重复步骤 1）和 2），直到满足预设的测试覆盖率指标为止。测试覆盖率的计算见式（2−1）。

【例 2−18】 针对【例 2−16】中得到的测试覆盖项，用完全组合测试方法导出测试用例。

采用完全组合测试方法，【例 2−16】中得到的每一个测试覆盖项都对应一个测试用例，因此共有 32 个测试用例，具体如表 2−11 所示。

表 2−11 打印功能配置测试问题的测试用例（由完全组合测试方法导出）

测试用例编号	打印机型号	介质	分辨率	驱动程序版本	覆盖的测试覆盖项	预期输出
1	P—HP	M—普通纸	R—300dpi	D—1.0	TCOVER 1	打印测试文档
2	P—HP	M—普通纸	R—300dpi	D—2.0	TCOVER 2	打印测试文档
3	P—HP	M—普通纸	R—600dpi	D—1.0	TCOVER 3	打印测试文档
4	P—HP	M—普通纸	R—600dpi	D—2.0	TCOVER 4	打印测试文档
5	P—HP	M—铜版纸	R—300dpi	D—1.0	TCOVER 5	打印测试文档
6	P—HP	M—铜版纸	R—300dpi	D—2.0	TCOVER 6	打印测试文档
7	P—HP	M—铜版纸	R—600dpi	D—1.0	TCOVER 7	打印测试文档
8	P—HP	M—铜版纸	R—600dpi	D—2.0	TCOVER 8	打印测试文档
9	P—Canon	M—普通纸	R—300dpi	D—1.0	TCOVER 9	打印测试文档
10	P—Canon	M—普通纸	R—300dpi	D—2.0	TCOVER 10	打印测试文档
11	P—Canon	M—普通纸	R—600dpi	D—1.0	TCOVER 11	打印测试文档
12	P—Canon	M—普通纸	R—600dpi	D—2.0	TCOVER 12	打印测试文档
13	P—Canon	M—铜版纸	R—300dpi	D—1.0	TCOVER 13	打印测试文档
14	P—Canon	M—铜版纸	R—300dpi	D—2.0	TCOVER 14	打印测试文档
15	P—Canon	M—铜版纸	R—600dpi	D—1.0	TCOVER 15	打印测试文档
16	P—Canon	M—铜版纸	R—600dpi	D—2.0	TCOVER 16	打印测试文档
17	P—Xerox	M—普通纸	R—300dpi	D—1.0	TCOVER 17	打印测试文档
18	P—Xerox	M—普通纸	R—300dpi	D—2.0	TCOVER 18	打印测试文档

（续）

测试用例编号	打印机型号	介质	分辨率	驱动程序版本	覆盖的测试覆盖项	预期输出
19	P—Xerox	M—普通纸	R—600dpi	D—1.0	TCOVER 19	打印测试文档
20	P—Xerox	M—普通纸	R—600dpi	D—2.0	TCOVER 20	打印测试文档
21	P—Xerox	M—铜版纸	R—300dpi	D—1.0	TCOVER 21	打印测试文档
22	P—Xerox	M—铜版纸	R—300dpi	D—2.0	TCOVER 22	打印测试文档
23	P—Xerox	M—铜版纸	R—600dpi	D—1.0	TCOVER 23	打印测试文档
24	P—Xerox	M—铜版纸	R—600dpi	D—2.0	TCOVER 24	打印测试文档
25	P—Lenovo	M—普通纸	R—300dpi	D—1.0	TCOVER 25	打印测试文档
26	P—Lenovo	M—普通纸	R—300dpi	D—2.0	TCOVER 26	打印测试文档
27	P—Lenovo	M—普通纸	R—600dpi	D—1.0	TCOVER 27	打印测试文档
28	P—Lenovo	M—普通纸	R—600dpi	D—2.0	TCOVER 28	打印测试文档
29	P—Lenovo	M—铜版纸	R—300dpi	D—1.0	TCOVER 29	打印测试文档
30	P—Lenovo	M—铜版纸	R—300dpi	D—2.0	TCOVER 30	打印测试文档
31	P—Lenovo	M—铜版纸	R—600dpi	D—1.0	TCOVER 31	打印测试文档
32	P—Lenovo	M—铜版纸	R—600dpi	D—2.0	TCOVER 32	打印测试文档

【例 2-19】 针对【例 2-17】中得到的测试覆盖项，用完全组合测试方法导出测试用例。

解：采用完全组合测试方法，【例 2-17】中产生的每一个测试覆盖项都对应一个测试用例，因此共有 736 个测试用例，限于篇幅不一一列出。

3. 成对测试

该方法也称为“全部对测试（All Pairs Testing）”。这种方法覆盖了不同参数所有可能的取值所构成的值对，可以在获得较好的覆盖的同时减少测试用例的数目。

（1）导出测试条件

在成对测试方法中，导出测试条件与完全组合测试方法相同，不再赘述。

（2）导出测试覆盖项

在成对测试中，每个测试覆盖项是由两个 P-V 对组成的值对，其中的每个 P-V 对来自不同的两个参数的取值空间。

【例 2-20】 针对【例 2-14】中得到的测试条件，用成对测试方法导出测试覆盖项。

解：由【例 2-14】中得到的测试条件，可以导出如下的测试覆盖项。

TCOVER1：P—HP，M—普通纸 (TCOND1, TCOND5)
TCOVER2：P—HP，M—铜版纸 (TCOND1, TCOND6)
TCOVER3：P—Canon，M—普通纸 (TCOND2, TCOND5)
TCOVER4：P—Canon，M—铜版纸 (TCOND2, TCOND6)
TCOVER5：P—Xerox，M—普通纸 (TCOND3, TCOND5)
TCOVER6：P—Xerox，M—铜版纸 (TCOND3, TCOND6)
TCOVER7：P—Lenovo，M—普通纸 (TCOND4, TCOND5)
TCOVER8：P—Lenovo，M—铜版纸 (TCOND4, TCOND6)
TCOVER9：P—HP，R—300dpi (TCOND1, TCOND7)
TCOVER10：P—HP，R—600dpi (TCOND1, TCOND8)

TCOVER11：P—Canon，R—300dpi　(TCOND2, TCOND7)
TCOVER12：P—Canon，R—600dpi　(TCOND2, TCOND8)
TCOVER13：P—Xerox，R—300dpi　(TCOND3, TCOND7)
TCOVER14：P—Xerox，R—600dpi　(TCOND3, TCOND8)
TCOVER15：P—Lenovo，R—300dpi　(TCOND4, TCOND7)
TCOVER16：P—Lenovo，R—600dpi　(TCOND4, TCOND8)
TCOVER17：P—HP，D—1.0　(TCOND1, TCOND9)
TCOVER18：P—HP，D—2.0　(TCOND1, TCOND10)
TCOVER19：P—Canon，D—1.0　(TCOND2, TCOND9)
TCOVER20：P—Canon，D—2.0　(TCOND2, TCOND10)
TCOVER21：P—Xerox，D—1.0　(TCOND3, TCOND9)
TCOVER22：P—Xerox，D—2.0　(TCOND3, TCOND10)
TCOVER23：P—Lenovo，D—1.0　(TCOND4, TCOND9)
TCOVER24：P—Lenovo，D—2.0　(TCOND4, TCOND10)
TCOVER25：M—普通纸，R—300dpi　(TCOND5，TCOND7)
TCOVER26：M—普通纸，R—600dpi　(TCOND5, TCOND8)
TCOVER27：M—铜版纸，R—300dpi　(TCOND6, TCOND7)
TCOVER28：M—铜版纸，R—600dpi　(TCOND6, TCOND8)
TCOVER29：M—普通纸，D—1.0　(TCOND5, TCOND9)
TCOVER30：M—普通纸，D—2.0　(TCOND5, TCOND10)
TCOVER31：M—铜版纸，D—1.0　(TCOND6, TCOND9)
TCOVER32：M—铜版纸，D—2.0　(TCOND6, TCOND10)
TCOVER33：R—300dpi，D—1.0　(TCOND7, TCOND9)
TCOVER34：R—300dpi，D—2.0　(TCOND7, TCOND10)
TCOVER35：R—600dpi，D—1.0　(TCOND8, TCOND9)
TCOVER36：R—600dpi，D—2.0　(TCOND8, TCOND10)

从【例 2-20】不难得出，假设有 n 个参数，每个参数记为 R_i，则采用成对测试，理论上测试覆盖项的个数为：

$$\sum_{i \neq j} |R_i| \times |R_j| \qquad (2\text{-}3)$$

其中，$|R_i|$代表 R_i 的取值个数。

与完全组合测试类似，用成对测试方法得到的测试覆盖项的数目同样可能很大。同时也应该注意到，在导出测试覆盖项这一步中，也必须识别值对所应满足的约束条件，保留有意义的值对。

【例 2-21】 针对【例 2-15】中得到的测试条件，用成对测试方法导出测试覆盖项。

解： 由式（2-3），测试覆盖项理论上应有 12×12×3 = 432 组，比完全组合测试方法产生的测试覆盖项少了很多。与【例 2-17】类似，因为约束的存在，其中大量的值对是没有意义的，下面分别叙述。

1）有效等价类产生的测试覆盖项。

由【例 2-13】中对各等价类的描述，可知 A_1、B_1、C_1 的各取值之间的两两组合是符合约束的，可得下面的测试覆盖项。

TCOVER1：a—5，b—5　　(TCOND1, TCOND13)
TCOVER2：a—5，b—6　　(TCOND1, TCOND14)
TCOVER3：a—6，b—5　　(TCOND2, TCOND13)
TCOVER4：a—6，b—6　　(TCOND2, TCOND14)
TCOVER5：a—5，c—5　　(TCOND1, TCOND25)
TCOVER6：a—5，c—6　　(TCOND1, TCOND26)
TCOVER7：a—6，c—5　　(TCOND2, TCOND25)
TCOVER8：a—6，c—6　　(TCOND2, TCOND26)
TCOVER9：b—5，c—5　　(TCOND13, TCOND25)
TCOVER10：b—5，c—6　　(TCOND13, TCOND26)
TCOVER11：b—6，c—5　　(TCOND14, TCOND25)
TCOVER12：b—6，c—6　　(TCOND14, TCOND26)

同理，A_2、B_2、C_2 的各取值之间的两两组合是符合约束的，可得下面的测试覆盖项。

TCOVER13：a—7，b—8　　(TCOND3, TCOND15)
TCOVER14：a—7，b—16　　(TCOND3, TCOND16)
TCOVER15：a—17，b—8　　(TCOND4, TCOND15)
TCOVER16：a—17，b—16　　(TCOND4, TCOND16)
TCOVER17：a—7，c—9　　(TCOND3, TCOND27)
TCOVER18：a—7，c—15　　(TCOND3, TCOND28)
TCOVER19：a—17，c—9　　(TCOND4, TCOND27)
TCOVER20：a—17，c—15　　(TCOND4, TCOND28)
TCOVER21：b—8，c—9　　(TCOND15, TCOND27)
TCOVER22：b—8，c—15　　(TCOND15, TCOND28)
TCOVER23：b—16，c—9　　(TCOND16, TCOND27)
TCOVER24：b—16，c—15　　(TCOND16, TCOND28)

2）其他测试覆盖项。

这些覆盖项包括有效等价类与无效等价类之间的组合产生的值对，以及无效等价类之间的组合产生的值对。类似【例 2-17】，无论对 a、b 或 c，所有的有效等价类都可以视为一个等价类，从中选择一个有效值参与值对的组成，本例中，a、b 和 c 均取值为 5。因此在这里，出现的 a—5，b—5、b—5，c—5、a—5，c—5 这 3 个值对分别与 TCOVER1、TCOVER9 和 TCOVER5 重复，因此不再列出。这样，共有 9×9×3−3= 240 个值对。限于篇幅，仅列出 a 和 b 的各取值之间的两两组合情况（省略了测试条件的说明）。

TCOVER25：a—5，b—0　　TCOVER26：a—5，b—−5
TCOVER27：a—5，b—IntMax+1　　TCOVER28：a—5，b—6.5
TCOVER29：a—5，b—n　　TCOVER30：a—5，b—$
TCOVER31：a—5，b—空格　　TCOVER32：a—5，b—空白
TCOVER33：a—0，b—5　　TCOVER34：a—0，b—0
TCOVER35：a—0，b—−5　　TCOVER36：a—0，b—IntMax+1

TCOVER37：a—0，b—6.5

TCOVER38：a—0，b—n

TCOVER39：a—0，b—$

TCOVER40：a—0，b—空格

TCOVER41：a—0，b—空白

TCOVER42：a—-5，b—5

TCOVER43：a—-5，b—0

TCOVER44：a—-5，b—-5

TCOVER45：a—-5，b—IntMax+1

TCOVER46：a—-5，b—6.5

TCOVER47：a—-5，b—n

TCOVER48：a—-5，b—$

TCOVER49：a—-5，b—空格

TCOVER50：a—-5，b—空白

TCOVER51：a—IntMax+1，b—5

TCOVER52：a—IntMax+1，b—0

TCOVER53：a—IntMax+1，b—-5

TCOVER54：a—IntMax+1，b—IntMax+1

TCOVER55：a—IntMax+1，b—6.5

TCOVER56：a—IntMax+1，b—n

TCOVER57：a—IntMax+1，b—$

TCOVER58：a—IntMax+1，b—空格

TCOVER59：a—IntMax+1，b—空白

TCOVER60：a—3.2，b—5

TCOVER61：a—3.2，b—0

TCOVER62：a—3.2，b—-5

TCOVER63：a—3.2，b—IntMax+1

TCOVER64：a—3.2，b—6.5

TCOVER65：a—3.2，b—n

TCOVER66：a—3.2，b—$

TCOVER67：a—3.2，b—空格

TCOVER68：a—3.2，b—空白

TCOVER69：a—m，b—5

TCOVER70：a—m，b—0

TCOVER71：a—m，b—-5

TCOVER72：a—m，b—IntMax+1

TCOVER73：a—m，b—6.5

TCOVER74：a—m，b—n

TCOVER75：a—m，b—$

TCOVER76：a—m，b—空格

TCOVER77：a—m，b—空白

TCOVER78：a—#，b—5

TCOVER79：a—#，b—0

TCOVER80：a—#，b—-5

TCOVER81：a—#，b—IntMax+1

TCOVER82：a—#，b—6.5

TCOVER83：a—#，b—n

TCOVER84：a—#，b—$

TCOVER85：a—#，b—空格

TCOVER86：a—#，b—空白

TCOVER87：a—空格，b—5

TCOVER88：a—空格，b—0

TCOVER89：a—空格，b—-5

TCOVER90：a—空格，b—IntMax+1

TCOVER91：a—空格，b—6.5

TCOVER92：a—空格，b—n

TCOVER93：a—空格，b—$

TCOVER94：a—空格，b—空格

TCOVER95：a—空格，b—空白

TCOVER96：a—空白，b—5

TCOVER97：a—空白，b—0

TCOVER98：a—空白，b—-5

TCOVER99：a—空白，b—IntMax+1

TCOVER100：a—空白，b—6.5

TCOVER101：a—空白，b—n

TCOVER102：a—空白，b—$

TCOVER103：a—空白，b—空格

TCOVER104：a—空白，b—空白

综上，应用成对测试方法，在考虑到约束的情况下，有效的测试覆盖项有 24+240 = 264 个，少于理论上应有的测试覆盖项数目。

（3）导出测试用例

在导出测试覆盖项这一步中，已经得到了所有有意义的 P-V 对。在导出测试用例时，每个测试用例都用于执行一个或多个 P-V 对。具体而言，有以下 4 个步骤。

1）选择一个或多个尚未被已有的测试用例所包含的测试覆盖项，使其包含在当前的测试用例中。

2）如果还有其他的输入需要赋值，则对其赋予其有效值中的一个值。

3）根据输入数据，确定测试用例执行后的预期输出结果。

4）重复步骤 1）～3），直到所有的 P-V 对均被执行为止。

目前还没有通用的方法使用最少的测试用例完成 100%的成对测试。一般只能通过人工或自动化方法得到次优测试用例集，例如在某些情况下可以使用正交表（Orthogonal Arrays）来设计测试用例集。

【例 2-22】 针对【例 2-20】中得到的测试覆盖项，导出测试用例。

解： 由【例 2-20】中得到的测试覆盖项，可以导出测试用例，如表 2-12 所示。

表 2-12　打印功能配置测试问题的测试用例（由成对测试方法导出）

测试用例编号	打印机型号	介质	分辨率	驱动程序版本	覆盖的测试覆盖项	预期输出
1	HP	普通纸	300dpi	1.0	TCOVER1，TCOVER9，TCOVER17 TCOVER25，TCOVER29，TCOVER33	打印测试文档
2	HP	铜版纸	600dpi	2.0	TCOVER2，TCOVER10，TCOVER18 TCOVER28，TCOVER32，TCOVER36	打印测试文档
3	Canon	普通纸	300dpi	2.0	TCOVER3，TCOVER11，TCOVER20 TCOVER25，TCOVER30，TCOVER34	打印测试文档
4	Canon	铜版纸	600dpi	1.0	TCOVER4，TCOVER12，TCOVER19 TCOVER28，TCOVER31，TCOVER35	打印测试文档
5	Xerox	普通纸	600dpi	1.0	TCOVER5，TCOVER14，TCOVER21 TCOVER26，TCOVER29，TCOVER35	打印测试文档
6	Xerox	铜版纸	300dpi	2.0	TCOVER6，TCOVER13，TCOVER22 TCOVER27，TCOVER32，TCOVER34	打印测试文档
7	Lenovo	普通纸	600dpi	2.0	TCOVER7，TCOVER16，TCOVER24 TCOVER26，TCOVER30，TCOVER36	打印测试文档
8	Lenovo	铜版纸	300dpi	1.0	TCOVER8，TCOVER15，TCOVER23 TCOVER27，TCOVER31，TCOVER33	打印测试文档

从表 2-12 中可以看到，由于每个测试用例可以覆盖多个测试覆盖项，因此所需测试用例的数目比完全组合测试方法要少很多。另外，表 2-12 中列出的测试用例并不唯一，请读者自行导出测试用例并进行比较。

在导出测试用例的第 1）步选择 P-V 对时，同样需要注意在同一个测试用例中的 P-V 值对一定要符合显式或隐式的约束条件。

【例 2-23】 针对【例 2-21】中得到的测试覆盖项，导出测试用例。

解： 在设计测试用例时，需考虑测试用例所包含的值对是否满足约束条件。例如，按照各参数等价划分时引入的约束条件，值对 a—5，b—5 能够和 b—5，c—5、a—5，c—5 组成测试用例，其余的可能组合或者不符合约束条件，或者在测试效果上是重复的，因此都不应保留在最后的组合结果中。例如 a—5，b—5、b—5，c—6、a—5，c—6 的组合与 a—6，b—6、b—6，c—5、a—6，c—5 都是测试等边三角形中 a=b≠c 的情况，在后者作为测试用例后，就无须保留前者了。

其他类似情况不再一一说明。最终得到的测试用例如表 2-13 所示。

表 2-13　三角形判定问题的测试用例（由成对测试方法导出）

测试用例编号	输入（a）	输入（b）	输入（c）	预期输出
1	5	5	5	等边三角形
2	5	6	6	等腰三角形
3	6	5	6	等腰三角形
4	6	6	5	等腰三角形
5	7	8	9	一般三角形
6	17	8	9	非三角形
7	7	16	9	非三角形
8	7	8	15	非三角形
9	空格	0	9	提示错误信息
10	m	空白	9	提示错误信息
11	3.2	IntMax+1	空白	提示错误信息
12	空格	空格	&	提示错误信息
13	0	5	IntMax+1	提示错误信息
14	空白	IntMax+1	−5	提示错误信息
15	3.2	5	5	提示错误信息
16	IntMax+1	空白	IntMax+1	提示错误信息
17	0	6.5	−5	提示错误信息
18	#	空格	−5	提示错误信息
19	5	空白	空白	提示错误信息
20	空格	−5	空白	提示错误信息
21	3.2	−5	空格	提示错误信息
22	−5	n	−5	提示错误信息
23	IntMax+1	−5	&	提示错误信息
24	IntMax+1	5	9	提示错误信息
25	空格	6.5	空格	提示错误信息
26	IntMax+1	IntMax+1	空格	提示错误信息
27	空白	−5	0	提示错误信息
28	空白	空格	空白	提示错误信息
29	5	$	−5	提示错误信息
30	#	n	空白	提示错误信息
31	m	5	空白	提示错误信息
32	−5	−5	IntMax+1	提示错误信息
33	m	空格	p	提示错误信息
34	−5	空格	9	提示错误信息
35	5	IntMax+1	0	提示错误信息
36	#	0	&	提示错误信息
37	5	5	p	提示错误信息
38	#	空白	0	提示错误信息
39	5	空格	IntMax+1	提示错误信息

（续）

测试用例编号	输入（a）	输入（b）	输入（c）	预期输出
40	m	0	−5	提示错误信息
41	#	$	p	提示错误信息
42	#	−5	9	提示错误信息
43	#	IntMax+1	5	提示错误信息
44	空白	6.5	p	提示错误信息
45	−5	5	空格	提示错误信息
46	空白	$	9	提示错误信息
47	IntMax+1	$	空白	提示错误信息
48	#	5	0	提示错误信息
49	3.2	$	IntMax+1	提示错误信息
50	#	6.5	IntMax+1	提示错误信息
51	0	0	空白	提示错误信息
52	0	$	0	提示错误信息
53	0	IntMax+1	&	提示错误信息
54	3.2	6.5	&	提示错误信息
55	3.2	空格	0	提示错误信息
56	空格	n	IntMax+1	提示错误信息
57	空白	0	空格	提示错误信息
58	空格	$	5	提示错误信息
59	m	n	空格	提示错误信息
60	5	−5	空格	提示错误信息
61	5	0	5	提示错误信息
62	3.2	空白	p	提示错误信息
63	0	空格	5	提示错误信息
64	5	IntMax+1	9	提示错误信息
65	−5	0	0	提示错误信息
66	IntMax+1	6.5	5	提示错误信息
67	m	$	&	提示错误信息
68	−5	6.5	空白	提示错误信息
69	m	IntMax+1	IntMax+1	提示错误信息
70	−5	空白	5	提示错误信息
71	m	−5	5	提示错误信息
72	空白	n	5	提示错误信息
73	IntMax+1	n	−5	提示错误信息
74	#	$	空格	提示错误信息
75	m	6.5	0	提示错误信息
76	5	6.5	&	提示错误信息
77	0	6.5	9	提示错误信息
78	0	n	0	提示错误信息

（续）

测试用例编号	输入（a）	输入（b）	输入（c）	预期输出
79	-5	IntMax+1	p	提示错误信息
80	空格	5	-5	提示错误信息
81	空格	IntMax+1	p	提示错误信息
82	0	-5	p	提示错误信息
83	空白	5	&	提示错误信息
84	-5	n	&	提示错误信息
85	IntMax+1	n	p	提示错误信息
86	3.2	n	9	提示错误信息
87	IntMax+1	空格	空格	提示错误信息
88	IntMax+1	0	p	提示错误信息
89	-5	$	0	提示错误信息
90	空白	空白	&	提示错误信息
91	3.2	空白	-5	提示错误信息
92	0	空白	空格	提示错误信息
93	空白	0	IntMax+1	提示错误信息
94	3.2	0	空格	提示错误信息
95	IntMax+1	空白	0	提示错误信息
96	5	n	0	提示错误信息
97	空格	空白	0	提示错误信息
98	3.2	-5	-5	提示错误信息

在本例中，导出测试用例使用的是简单的贪婪算法（构成新的测试用例时尽量选取没有出现在测试用例集中的值对），读者也可以自行编写自己的算法生成测试用例并进行比较。

4. 逐个选择测试

逐个选择测试方法中，对于每个属性，来自其每个等价类的值都必须至少在一个测试用例中使用，即测试覆盖项是所有 P-V 对组成的集合。

（1）导出测试条件

在逐个选择测试方法中，导出测试条件与完全组合测试方法相同，不再赘述。

（2）导出测试覆盖项

测试覆盖项是所有 P-V 对的集合。因此，测试覆盖项的数目比完全组合测试和成对测试都要少。

【例 2-24】 假设程序有 3 个参数，其测试条件为：a—A_1，a—A_2；b—B_1，b—B_2，b—B_3；c—C_1，c—C_2，使用逐个选择测试方法导出测试覆盖项。

解：测试条件记为：

TCOND1：a—A_1　TCOND2：a—A_2　TCOND3：b—B_1　TCOND4：b—B_2

TCOND5：b—B_3　TCOND6：c—C_1　TCOND7：c—C_2

则相应的测试覆盖项如下。

TCOVER1：a—A_1　TCOND1　TCOVER2：a—A_2　TCOND2

TCOVER3：b—B_1　TCOND3　TCOVER4：b—B_2　TCOND4

TCOVER5：b—B_3　TCOND5　　　TCOVER6：c—C_1　TCOND6

TCOVER7：c—C2　TCOND7

从【例 2-24】中不难得出，假设有 n 个参数，每个参数记为 R_i，则采用逐个选择测试，理论上测试覆盖项的个数为：

$$\sum_{i=1}^{n}|R_i| \tag{2-4}$$

其中，$|R_i|$代表 R_i 的取值个数。

【例 2-25】 针对【例 2-15】中得到的测试条件，用逐个选择测试方法导出测试覆盖项。

解：测试覆盖项为（略去测试条件说明部分）：

TCOVER1：a—5	TCOVER2：a—6	TCOVER3：a—7
TCOVER4：a—17	TCOVER5：a—0	TCOVER6：a— -5
TCOVER7：a—IntMax+1	TCOVER8：a—3.2	TCOVER9：a—m
TCOVER10：a—#	TCOVER11：a—空格	TCOVER12：a—空白
TCOVER13：b—5	TCOVER14：b— 6	TCOVER15：b—8
TCOVER16：b—16	TCOVER17：b—0	TCOVER18：b— -5
TCOVER19：b—IntMax+1	TCOVER20：b—6.5	TCOVER21：b—n
TCOVER22：b—$	TCOVER23：b—空格	TCOVER24：b—空白
TCOVER25：c—5	TCOVER26：c—6	TCOVER27：c—9
TCOVER28：c—15	TCOVER29：c—0	TCOVER30：c— -5
TCOVER31：c—IntMax+1	TCOVER32：c—9.0	TCOVER33：c—p
TCOVER34：c—&	TCOVER35：c—空格	TCOVER36：c—空白

（3）导出测试用例

逐个选择测试法在导出测试用例时，在每个测试用例中都应包含一个或多个 P-V 对。具体而言，有以下 4 个步骤。

1）选择一个或多个尚未被已有的测试用例所包含的测试覆盖项，使其包含在当前的测试用例中。

2）如果还有其他的输入需要赋值，则对其赋予其有效值中的一个值。

3）根据输入数据，确定测试用例执行后的预期输出结果。

4）重复步骤 1）～3），直到满足预设的测试覆盖率指标为止。测试覆盖率的计算见式（2-1）。

【例 2-26】 针对【例 2-24】中得到的测试覆盖项，用逐个选择测试方法导出测试用例。

解：根据逐个选择测试法在导出测试用例时的步骤，首先选择 TCOVER1 包含在第 1 个测试用例中，即 $a=A_1$，接下来任意选择 $b=B_1$、$c=C_1$，从而构成完整的测试用例。重复以上步骤，最终可以得到一个测试用例集。

$a=A_1$、$b=B_1$、$c=C_1$；$a=A_2$、$b=B_2$、$c=C_2$；$a=A_1$、$b=B_3$、$c=C_2$；

同理，下面的测试用例集也满足要求。

$a=A_1$、$b=B_1$、$c=C_1$；$a=A_1$、$b=B_2$、$c=C_1$；$a=A_2$、$b=B_3$、$c=C_2$；

从【例 2-26】中不难得出，假设有 n 个参数，每个参数记为 R_i，则采用逐个选择测试方法，达到 100%覆盖所需的最小测试用例的数目为：

$$\max_{i=1}^{n} |R_i| \tag{2-5}$$

其中，$|R_i|$代表R_i的取值个数。

从【例 2-26】中还可以看出，理论上用逐个选择测试方法导出测试用例时各输入值的选取有较大的自由度，但实际测试中，导出测试用例时还应该考虑显式或隐式的约束及测试的有效性，如【例 2-27】中所示。

【例 2-27】 针对【例 2-25】中得到的测试覆盖项，用逐个选择测试方法导出测试用例。

解：根据【例 2-13】中对等价类的描述，在导出测试用例时需要考虑测试用例所包含的 P-V 对之间是否满足约束条件。例如，P-V 对 a—6 就只能够和取值来自等价类 B_1 和 C_1 的 P-V 对组成测试用例。

测试用例如表 2-14 所示。

表 2-14　三角形判定问题的测试用例（由逐个选择测试方法导出）

测试用例编号	输入 (a)	输入 (b)	输入 (c)	覆盖的测试覆盖项	预期输出
1	5	5	5	TCOVER1，TCOVER13，TCOVER25	等边三角形
2	6	6	6	TCOVER2，TCOVER14，TCOVER26	等边三角形
3	7	8	9	TCOVER3，TCOVER15，TCOVER27	一般三角形
4	17	16	15	TCOVER4，TCOVER16，TCOVER28	一般三角形
5	0	0	0	TCOVER5，TCOVER17，TCOVER29	提示错误信息
6	−5	−5	−5	TCOVER6，TCOVER18，TCOVER30	提示错误信息
7	IntMax+1	IntMax+1	IntMax+1	TCOVER7，TCOVER19，TCOVER31	提示错误信息
8	3.2	6.5	9.0	TCOVER8，TCOVER20，TCOVER32	提示错误信息
9	m	n	p	TCOVER9，TCOVER21，TCOVER33	提示错误信息
10	#	$	&	TCOVER10，TCOVER22，TCOVER34	提示错误信息
11	空格	空格	空格	TCOVER11，TCOVER23，TCOVER35	提示错误信息
12	空白	空白	空白	TCOVER12，TCOVER24，TCOVER36	提示错误信息

注意，表 2-14 中给出的测试用例并不唯一，请读者自行导出测试用例并加以比较。

从【例 2-27】中可以看出，采用逐个选择测试方法设计测试用例时，可以极大程度地降低测试用例的数目，但测试用例即使 100%覆盖测试覆盖项，其有效性也不一定高，例如表 2-14 中给出的测试用例就没有包含等腰非等边三角形和不构成三角形的情况。

那么有没有一种折中的方式，在覆盖的有效性和测试用例的数目之间达到一定的平衡呢？下面介绍的基本选择测试方法就是一种解决方案。

5. 基本选择测试

基本选择测试的主要特点是在各个参数的取值中，需要选择“基本值”并以其作为测试用例设计的主要入手点。

（1）导出测试条件

在基本选择测试方法中，导出测试条件与完全组合测试相同，不再赘述。

（2）导出测试覆盖项

在基本选择测试中，首先需要从每个属性的划分中选取基本选择块（一般可以选择有效等价类)，对每个属性从基本选择块中取值（称为基本值）构成基本测试覆盖项。

其次，针对基本测试覆盖项，每次选取一个属性，在它的各个非基本选择块中选取值（称为非基本值）依次取代原值，而其他属性的取值不变，仍保持原来的基本值，这样可以构成若干个测试覆盖项，称为非基本测试覆盖项。

注意，选取基本值并没有固定的方法，除了从属性的有效等价类中选取外，还可以从最典型的运行路径（从用例中得到）、程序的缺省值（一般是最常用的数值）等方面着手选取基本值，或者直接从用户的角度出发，选择常用值作为基本值。

【例 2-28】 针对【例 2-24】中给出的测试条件，用基本选择测试方法导出测试覆盖项。

解：测试条件记为：

TCOND1：a—A_1　TCOND2：a—A_2　TCOND3：b—B_1　TCOND4：b—B_2

TCOND5：b—B_3　TCOND6：c—C_1　TCOND7：c—C_2

假设 a 的基本值为 A_1，b 的基本值为 B_1，c 的基本值为 C_1，则相应的基本测试覆盖项为：

TCOVER1：a—A_1，b—B_1，c—C_1，　TCOND1，TCOND3，TCOND6

非基本测试覆盖项为：

TCOVER2：a—A_1，b—B_1，c—C_2，　TCOND1，TCOND3，TCOND7

TCOVER3：a—A_1，b—B_2，c—C_1，　TCOND1，TCOND4，TCOND6

TCOVER4：a—A_1，b—B_3，c—C_1，　TCOND1，TCOND5，TCOND6

TCOVER5：a—A_2，b—B_1，c—C_1，　TCOND2，TCOND3，TCOND6

从【例 2-28】可以得出，假设有 n 个参数，每个参数记为 R_i，则采用基本选择测试方法，在仅有 1 个基本测试覆盖项的情况下，测试覆盖项的数目为：

$$1+\sum_{i=1}^{n}(|R_i|-1) \tag{2-6}$$

其中，$|R_i|$ 代表 R_i 的取值个数。

在很多时候，每个属性都可能有不止一个基本值，则在构造基本测试覆盖项时应该让每个属性的所有基本值都使用上，这样可以得到多个基本测试覆盖项（视具体情况可以删减），然后针对每个基本测试覆盖项构造非基本测试覆盖项（同样应视具体情况进行删减），步骤类似，不再赘述。注意，这种方式可能导致测试覆盖项的重复，应该注意去除冗余项。

【例 2-29】 针对【例 2-24】中给出的测试条件，用基本选择测试方法导出测试覆盖项（其中属性 b 有 2 个基本值）。

解：测试条件记为：

TCOND1：a—A_1　TCOND2：a—A_2　TCOND3：b—B_1　TCOND4：b—B_2

TCOND5：b—B_3　TCOND6：c—C_1　TCOND7：c—C_2

假设 a 的基本值为 A_1，b 的基本值为 B_1 和 B_2，c 的基本值为 C_1，则相应的基本测试覆盖项为：

TCOVER1：a—A_1，b—B_1，c—C_1　TCOND1，TCOND3，TCOND6

TCOVER2：a—A_1，b—B_2，c—C_1　TCOND1，TCOND4，TCOND6

由 TCOVER1 得到的非基本测试覆盖项为：

TCOVER3：a—A_1，b—B_1，c—C_2　TCOND1，TCOND3，TCOND7

TCOVER4：a—A_1，b—B_3，c—C_1　　TCOND1，TCOND5，TCOND6

TCOVER5：a—A_2，b—B_1，c—C_1　　TCOND2，TCOND3，TCOND6

由 TCOVER2 得到的非基本测试覆盖项为：

TCOVER6：a—A_1，b—B_2，c—C_2　　TCOND1，TCOND4，TCOND7

TCOVER7：a—A_1，b—B_3，c—C_1　　TCOND1，TCOND5，TCOND6

TCOVER8：a—A_2，b—B_2，c—C_1　　TCOND2，TCOND4，TCOND6

其中，TCOVER4 与 TCOVER7 重复，应该删去一个。最终得到的非基本测试覆盖项为：

TCOVER3：a—A_1，b—B_1，c—C_2　　TCOND1，TCOND3，TCOND7

TCOVER4：a—A_1，b—B_3，c—C_1　　TCOND1，TCOND5，TCOND6

TCOVER5：a—A_2，b—B_1，c—C_1　　TCOND2，TCOND3，TCOND6

TCOVER6：a—A_1，b—B_2，c—C_2　　TCOND1，TCOND4，TCOND7

TCOVER7：a—A_2，b—B_2，c—C_1　　TCOND2，TCOND4，TCOND6

同样，在导出测试覆盖项时，也需要考虑约束的影响。

【例 2-30】 针对【例 2-15】中得到的测试条件，用基本选择测试方法导出测试覆盖项。

解：由等价划分时引入的约束条件，同时考虑到测试的有效性，可以得到基本测试覆盖项为（略去测试条件的说明）：

TCOVER1：a—5，b—5，c—5　　TCOVER2：a—5，b—6，c—6

TCOVER3：a—6，b—5，c—6　　TCOVER4：a—6，b—6，c—5

TCOVER5：a—7，b—8，c—9　　TCOVER6：a—17，b—8，c—9

TCOVER7：a—7，b—16，c—9　　TCOVER8：a—7，b—8，c—15

从理论上来说，应该针对以上 8 个基本测试覆盖项分别构造非基本测试覆盖项。但从测试有效性的角度而言，类似【例 2-17】，也允许从这 8 个基本测试覆盖项中选择一个构造非基本测试覆盖项。此处选择 a—5，b—5，c—5，则非基本测试覆盖项为：

TCOVER9：a—5，b—5，c—0　　TCOVER10：a—5，b—5，c— -5

TCOVER11：a—5，b—5，c—IntMax+1　　TCOVER12：a—5，b—5，c—9.0

TCOVER13：a—5，b—5，c—p　　TCOVER14：a—5，b—5，c—&

TCOVER15：a—5，b—5，c—空格　　TCOVER16：a—5，b—5，c—空白

TCOVER17：a—5，b—0，c—5　　TCOVER18：a—5，b— -5，c—5

TCOVER19：a—5，b—IntMax+1，c—5　　TCOVER20：a—5，b—6.5，c—5

TCOVER21：a—5，b—n，c—5　　TCOVER22：a—5，b—$，c—5

TCOVER23：a—5，b—空格，c—5　　TCOVER24：a—5，b—空白，c—5

TCOVER25：a—0，b—5，c—5　　TCOVER26：a— -5，b—5，c—5

TCOVER27：a—IntMax+1，b—5，c—5　　TCOVER28：a—3.2，b—5，c—5

TCOVER29：a—m，b—5，c—5　　TCOVER30：a—#，b—5，c—5

TCOVER31：a—空格，b—5，c—5　　TCOVER32：a—空白，b—5，c—5

（3）导出测试用例

在得出测试覆盖项后，即可导出相应的测试用例。具体而言，有以下几个步骤。

1）选择一个基本测试覆盖项包含在当前的测试用例中。

2）根据输入数据，确定测试用例执行后的预期输出结果。

3）选择基本测试覆盖对应的非基本测试覆盖项，包含在当前的测试用例中。

4）根据输入数据，确定测试用例执行后的预期输出结果。

5）重复步骤 1）～4），直到满足预设的测试覆盖率指标为止。测试覆盖率的计算见式（2-1）。

【例 2-31】 针对【例 2-30】中得到的测试覆盖项，用基本选择测试方法导出测试用例。

解： 测试用例如表 2-15 所示。

表 2-15　三角形判定问题的测试用例（由基本选择测试方法导出）

测试用例编号	输入（a）	输入（b）	输入（c）	覆盖的测试覆盖项	预期输出
1	5	5	5	TCOVER1	等边三角形
2	5	6	6	TCOVER2	等腰三角形
3	6	5	6	TCOVER3	等腰三角形
4	6	6	5	TCOVER4	等腰三角形
5	7	8	9	TCOVER5	一般三角形
6	17	8	9	TCOVER6	非三角形
7	7	16	9	TCOVER7	非三角形
8	7	8	15	TCOVER8	非三角形
9	5	5	0	TCOVER9	提示错误信息
10	5	5	−5	TCOVER10	提示错误信息
11	5	5	IntMax+1	TCOVER11	提示错误信息
12	5	5	9.0	TCOVER12	提示错误信息
13	5	5	p	TCOVER13	提示错误信息
14	5	5	&	TCOVER14	提示错误信息
15	5	5	空格	TCOVER15	提示错误信息
16	5	5	空白	TCOVER16	提示错误信息
17	5	0	5	TCOVER17	提示错误信息
18	5	−5	5	TCOVER18	提示错误信息
19	5	IntMax+1	5	TCOVER19	提示错误信息
20	5	6.5	5	TCOVER20	提示错误信息
21	5	n	5	TCOVER21	提示错误信息
22	5	$	5	TCOVER22	提示错误信息
23	5	空格	5	TCOVER23	提示错误信息
24	5	空白	5	TCOVER24	提示错误信息
25	0	5	5	TCOVER25	提示错误信息
26	−5	5	5	TCOVER26	提示错误信息
27	IntMax+1	5	5	TCOVER27	提示错误信息
28	3.2	5	5	TCOVER28	提示错误信息
29	m	5	5	TCOVER29	提示错误信息
30	#	5	5	TCOVER30	提示错误信息
31	空格	5	5	TCOVER31	提示错误信息
32	空白	5	5	TCOVER32	提示错误信息

6. 单缺陷假设与多缺陷假设

在软件测试中，常用到单缺陷假设与多缺陷假设这两个概念。单缺陷假设是指软件失效极少是由两个或多个缺陷同时发生而引起的，绝大多数情况下是由单一缺陷引发的。而多缺陷假设是指失效是由两个或多个缺陷同时发生而引起的。

结合本节介绍的 4 种测试方法，不难有如下结论。

1）完全组合测试和成对测试基于多缺陷假设。

2）基本选择测试基于单缺陷假设。

3）逐个选择测试视导出测试用例的情况，既可以是基于单缺陷假设的，也可以是基于多缺陷假设的。

2.2.3 分类树方法

1. 概述

在等价类划分方法中可以看到，在某些时候等价类划分可能比较复杂，划分结果容易违反等价类划分的原则。在组合测试设计方法中也可以注意到，测试条件之间存在约束是很常见的情况，有时候某些测试条件不能组合在一起进行测试，而有些时候又希望某些测试条件组合在一起做更为细致的测试。

分类树（Classification Tree）方法是解决上述两个问题的一个有效途径。对于较复杂的等价类划分，它提供了一种直观的方式，使得划分不易遗漏或重复；对于受约束限制的测试条件组合，或对某些测试条件进行重点测试，也提供了一种直观的测试设计手段。

2. 导出测试条件

分类树方法中，导出测试条件类似于等价类划分方法和组合测试设计方法，此处不再赘述。但分类树方法中，采用树状结构图形化地表示划分的层次，可以减轻导出测试条件的难度，减少出错的可能性。

从根结点开始，分类树首先识别测试对象的参数，然后视测试的严格性要求，将各参数逐层划分子类，最终得到一个树状结构。该树的叶子结点即为最终得到的分类，这些分类也就是最终得到的测试条件。

【例 2-32】 被测程序为连锁酒店预订系统，通过界面选择城市、入住天数、房间类型和早餐类型，只有在全部选择后才能进入下一步。用分类树方法导出测试条件。以上各项分别有如下选项。

城市：北京，上海，重庆，南京，成都，广州。

入住天数：1 天，2~5 天，5 天以上。

房间类型：单人间，标准间，套房。

早餐类型：含早餐，无早餐。

解：对各属性进行划分后，得到的分类树如图 2-3 所示。

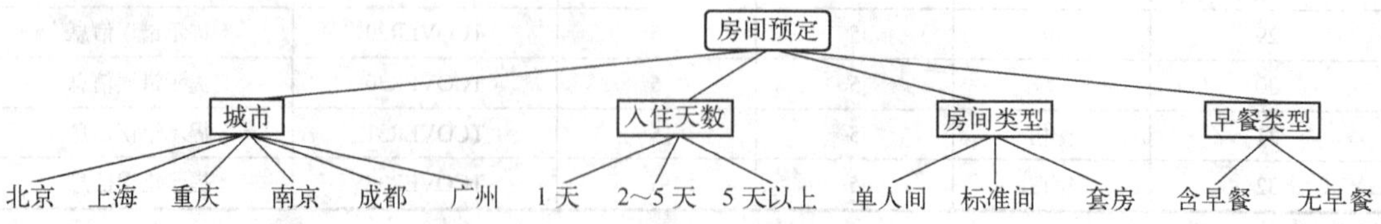

图 2-3　房间预定系统的分类树

测试条件为：

TCOND1：城市—北京　　TCOND2：城市—上海
TCOND3：城市—南京　　TCOND4：城市—成都
TCOND5：城市—广州　　TCOND6：城市—重庆
TCOND7：入住天数—1 天　　TCOND8：入住天数—2～5 天
TCOND9：入住天数—5 天以上　　TCOND10：房间类型—单人间
TCOND11：房间类型—标准间　　TCOND12：房间类型—套房
TCOND13：早餐类型—含早餐　　TCOND14：早餐类型—无早餐

3. 导出测试覆盖项

在分类树方法中，测试覆盖项由下述步骤得到。

1）选择一种组合方式，将各等价类进行组合。典型的组合方式如下。

- 最小化方法。即采用最小数目的测试覆盖项覆盖所有的等价类至少 1 次。
- 最大化方法。即各等价类的每一种可能的组合方式均至少被 1 个测试覆盖项所覆盖。

此外，还可以采用更为灵活的方式，例如对部分等价类采用最大化方法（希望对这些类的组合进行完整的测试，即 2.2.2 节中介绍的完全组合覆盖），或者采用 2.2.2 节中介绍的其他组合方式。

2）利用图形化的“组合表”（一般直接列在分类树之下）将各个组合表示出来，每一个组合（即每一行）所包含的测试条件用圆点表示。

【例 2-33】 根据【例 2-32】中得到的测试条件，用分类树方法导出测试覆盖项。

解： 首先采用最小化方法，得到 6 个测试覆盖项，如图 2-4 所示。

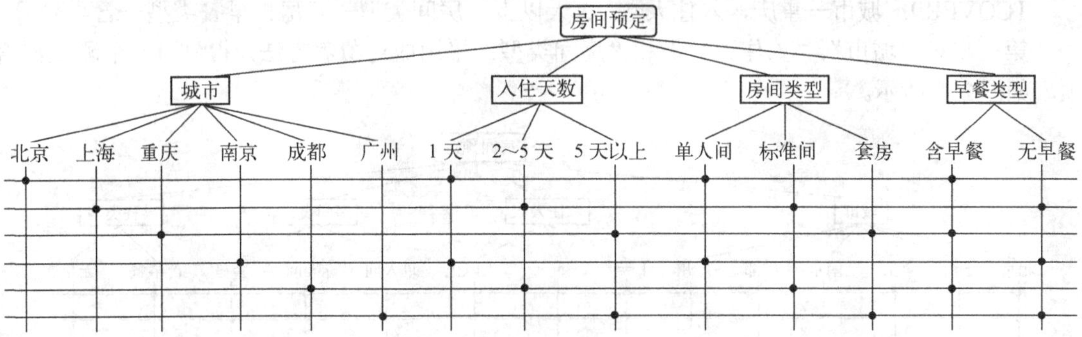

图 2-4　由最小化方法得到的测试覆盖项

具体为：

TCOVER1：城市—北京，入住天数—1 天，房间类型—单人间，早餐类型—含早餐
TCOVER2：城市—上海，入住天数—2～5 天，房间类型—标准间，早餐类型—无早餐
TCOVER3：城市—重庆，入住天数—5 天以上，房间类型—套房，早餐类型—含早餐
TCOVER4：城市—南京，入住天数—1 天，房间类型—单人间，早餐类型—无早餐
TCOVER5：城市—成都，入住天数—2～5 天，房间类型—标准间，早餐类型—含早餐
TCOVER6：城市—广州，入住天数—5 天以上，房间类型—套房，早餐类型—无早餐

其次，仅对“入住天数”和“房间类型”采用最大化方法，得到 9 个测试覆盖项，如图 2-5 所示。

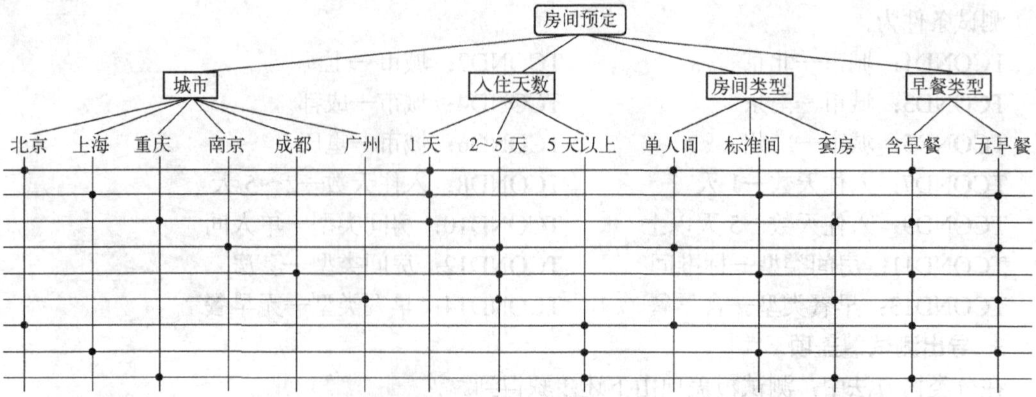

图 2-5　对“入住天数”和“房间类型”采用最大化方法得到的测试覆盖项

具体为：

TCOVER1：城市—北京，入住天数—1 天，房间类型—单人间，早餐类型—含早餐

TCOVER2：城市—上海，入住天数—1 天，房间类型—标准间，早餐类型—无早餐

TCOVER3：城市—重庆，入住天数—1 天，房间类型—套房，早餐类型—含早餐

TCOVER4：城市—南京，入住天数—2～5 天，房间类型—单人间，早餐类型—无早餐

TCOVER5：城市—成都，入住天数—2～5 天，房间类型—标准间，早餐类型—含早餐

TCOVER6：城市—广州，入住天数—2～5 天，房间类型—套房，早餐类型—无早餐

TCOVER7：城市—北京，入住天数—5 天以上，房间类型—单人间，早餐类型—含早餐

TCOVER8：城市—上海，入住天数—5 天以上，房间类型—标准间，早餐类型—无早餐

TCOVER9：城市—重庆，入住天数—5 天以上，房间类型—套房，早餐类型—含早餐

第三，对“城市”、“入住天数”和“房间类型”采用成对覆盖方法，得到 18 个测试覆盖项，如图 2-6 所示。

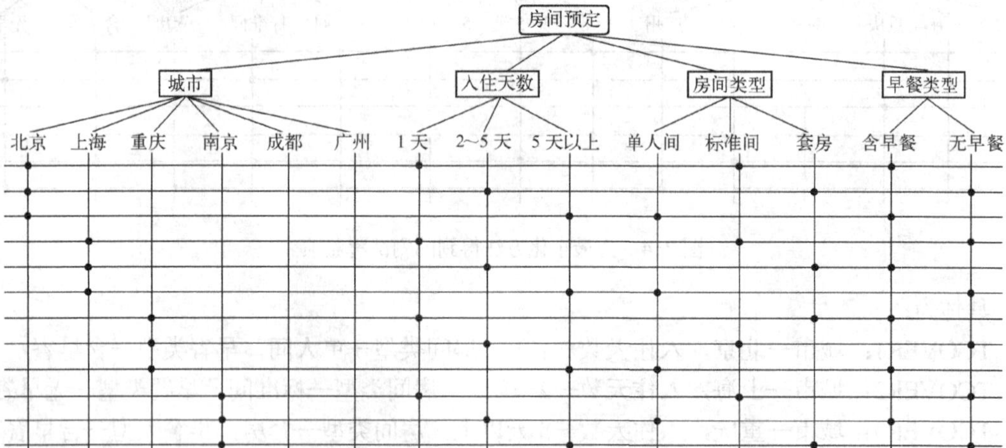

图 2-6　对“城市”、“入住天数”和“房间类型”采用成对覆盖方法得到的测试覆盖项

具体为：

TCOVER1：城市—北京，入住天数—1 天，房间类型—标准间，早餐类型—含早餐
TCOVER2：城市—北京，入住天数—2～5 天，房间类型—套房，早餐类型—无早餐
TCOVER3：城市—北京，入住天数—5 天以上，房间类型—单人间，早餐类型—含早餐
TCOVER4：城市—上海，入住天数—1 天，房间类型—标准间，早餐类型—无早餐
TCOVER5：城市—上海，入住天数—2～5 天，房间类型—套房，早餐类型—含早餐
TCOVER6：城市—上海，入住天数—5 天以上，房间类型—单人间，早餐类型—无早餐
TCOVER7：城市—重庆，入住天数—1 天，房间类型—套房，早餐类型—含早餐
TCOVER8：城市—重庆，入住天数—2～5 天，房间类型—标准间，早餐类型—无早餐
TCOVER9：城市—重庆，入住天数—5 天以上，房间类型—单人间，早餐类型—含早餐
TCOVER10：城市—南京，入住天数—1 天，房间类型—标准间，早餐类型—无早餐
TCOVER11：城市—南京，入住天数—2～5 天，房间类型—单人间，早餐类型—含早餐
TCOVER12：城市—南京，入住天数—5 天以上，房间类型—套房，早餐类型—无早餐
TCOVER13：城市—成都，入住天数—1 天，房间类型—套房，早餐类型—含早餐
TCOVER14：城市—成都，入住天数—2～5 天，房间类型—单人间，早餐类型—无早餐
TCOVER15：城市—成都，入住天数—5 天以上，房间类型—标准间，早餐类型—含早餐
TCOVER16：城市—广州，入住天数—1 天，房间类型—单人间，早餐类型—无早餐
TCOVER17：城市—广州，入住天数—2～5 天，房间类型—套房，早餐类型—含早餐
TCOVER18：城市—广州，入住天数—5 天以上，房间类型—标准间，早餐类型—无早餐

4. 导出测试用例

分类树法在导出测试用例时，在每个测试用例中都应至少执行一个测试覆盖项。具体而言，有以下 4 个步骤。

1）选择一个或多个尚未被已有的测试用例所包含的测试覆盖项，使其包含在当前的测试用例中。

2）如果还有其他的输入需要赋值，则对其赋予一个值。

3）根据输入数据，确定测试用例执行后的预期输出结果。

4）重复步骤 1）～3），直到满足预设的测试覆盖率指标为止。测试覆盖率的计算见式（2-1）。

【例 2-34】 根据【例 2-33】中得到的测试覆盖项，用分类树方法导出测试用例。

解： 根据【例 2-32】中对此程序的描述，所有【例 2-33】中得到的测试覆盖项的运行结果都应该是在界面上允许进入下一步。此处仅给出采用最小化方法得到的测试覆盖项所对应的测试用例，具体如表 2-16 所示。其他两种情况对应的测试用例请读者自行导出。

表 2-16 酒店预定系统的测试用例（由分类树方法方法导出）

测试用例编号	输入				覆盖的测试覆盖项	预期输出
	城市	入住天数	房间类型	早餐类型		
1	北京	1 天	单人间	含早餐	TCOVER1	允许进入下一步
2	上海	2~5 天	标准间	无早餐	TCOVER2	允许进入下一步
3	重庆	5 天以上	套房	含早餐	TCOVER3	允许进入下一步
4	南京	1 天	单人间	无早餐	TCOVER4	允许进入下一步
5	成都	2~5 天	标准间	含早餐	TCOVER5	允许进入下一步
6	广州	5 天以上	套房	无早餐	TCOVER6	允许进入下一步

2.2.4 边界值分析方法

1. 概述

前文介绍的动态黑盒测试方法中，在导出测试条件时常用等价类划分技术。但从等价类中选择测试数据时，除了某些特殊情况外，只要求在有效等价类中或无效等价类中选取即可，并未规定特定的选取方式，因为理论上一个等价类中的所有数据都是等价的。但是这种假定在实践中还不能有效地发现缺陷。

边界值分析（Boundary Value Analysis）方法是对输入或输出的边界值进行测试的一种黑盒测试方法。通常边界值分析方法作为对等价类划分法的补充。

边界值分析方法背后的基本原理是大量的错误发生在输入或输出范围的边界上，而不是在范围的内部。这是人们从长期的测试工作经验中总结出的。例如，美国陆军对其软件的研究表明，大量缺陷都是边界值缺陷，如循环条件可能由“<=”误写为“<”，计数器也经常发生“少记一次”的错误等。因此针对各种边界情况设计测试用例，可以查出更多的错误。

【例 2-35】 分析下面的代码片段在边界值附近测试能发现的典型错误。假设函数 func1 和 func2 的执行结果不同。

```
public void func (int x) {
        if(x>100) {
                func1();
        }
        else{
                func2();
        }
}
```

解：示例代码中给出的判定条件是 x>100，则 x = 99，x = 100，x = 101 均在边界附近。分析这 3 个取值能发现的错误。

1）x = 100 可以发现以下错误。

x>100 写成 x>=100，x>100 写成 x<=100，x>100 写成 x<1000，x>100 写成 x<=1000。

2）x = 99 可以发现以下错误。

x>100 写成 x<100，x>100 写成 x<1000，x>100 写成 x<=1000。

3）x = 101 可以发现以下错误。

x>100 写成 x<100，x>100 写成 x<=100，x>100 写成 x>1000，x>100 写成 x>=1000。

在上述列出的错误中，将“>”写为“>=”、“<”或“<=”是易发生的逻辑错误，而将 100 写成 1000 是易发生的输入错误。

从【例 2-35】中不难看到，只要在边界值附近增加几个用例，就可以检查出大量的错误，而这些错误靠等价类中任取一个值往往是检测不到的。

通常边界值分析方法作为对等价类划分方法的补充。对【例 2-35】，假设 x>100 为有效输入数据，则无效等价类为{100，99，98，...}，有效等价类为{101，102，103，...}。以上划分可以细化为{小于 99}，{99}，{100}，{101}，{大于 101}，这样就可发现【例 2-35】中所述的典型错误。注意增加的划分正好位于原等价类的边界值及其附近。

将【例 2-35】中所述的情况略加推广，可以得出以下结论：等价类边界及其附近的元素与等价类内部的元素在检测错误方面往往是不等价的，必须将它们划分为新的等价类，才能有效测试。

下面介绍边界值分析方法的具体步骤。

2. 导出测试条件

对边界值分析方法，测试条件是边界值，而边界值一般来自于等价类的边界。因此应先进行等价类划分，然后导出测试条件。

（1）等价类划分

等价类的划分分别从输入域和输出域得到，在进行等价类划分时，对有效数据和无效数据都应该予以考虑。具体步骤同等价类划分方法，此处不再赘述。

在这一步中，应特别注意识别各参数的所有可能的边界。除在等价类划分方法中列出的典型情况外，以下情况也应注意。

1）在规格说明中出现：第一个/最后一个、最小值/最大值、开始/完成、超过/在内、空/满、最短/最长、最慢/最快、最早/最迟、最大/最小或最高/最低等用语时，存在边界。

2）数值存在极限边界。极限边界是数据取值达到极限情况下的边界。例如，在 C/C++语言中的有符号整型数，当取值超过其范围时，如果代码中进行了强制类型转换，很容易出错。一般对于有可能造成溢出情况的运算都要考虑极限边界。表 2-17 列出了典型情况。

表 2-17　常见整数类型的极限值

类　型	位　数	最小极限值	最大极限值
无符号整型	8	0	255
	16	0	65535
	32	0	4294967295
有符号整型	8	−128	127
	16	−32768	32767
	32	−2147483648	2147483647

3）对字符串类型数据，应注意字符串的前后是否有空格、〈Tab〉键和〈Enter〉键等特殊字符；对于字符串的长度，除考虑最大长度和空字符串的情况外，还应该注意缓冲区溢出的问题，需要使用超长字符串测试。此外，C 和 C++ 程序易犯覆盖或忘记添加结尾字符 '\0' 而引发内存越界错误。

（2）测试条件导出

在对输入域和输出域做等价类划分后，等价类的边界即可作为测试条件。请注意，为保证测试的严格性和有效性，应和开发人员一起确定边界值的有效性。

【例 2-36】 程序接受两个整型数作为输入，分别代表考试成绩（占 75 分）和平时成绩（占 25 分）。程序按照上述两种成绩相加得到的总成绩评级并输出该评级。具体有以下规则：大于等于 85 分，为 A 级；大于等于 75 分，小于 85 分，为 B 级；大于等于 60 分，小于 75 分，为 C 级；小于 60 分，为 D 级。对于两个输入，如果在范围之外，则输出出错信息。根据上述规格说明导出测试条件。

解： 首先进行输入域的等价类划分。以下，考试成绩记为 EM，平时成绩记为 CM。

在进行等价类划分时，应考虑整数的极限边界。假设通过审查开发文档，得知 EM 和 CM

均由 16 位有符号整形数表示，则可以做出对二者的等价类划分，如图 2-7 与图 2-8 所示。

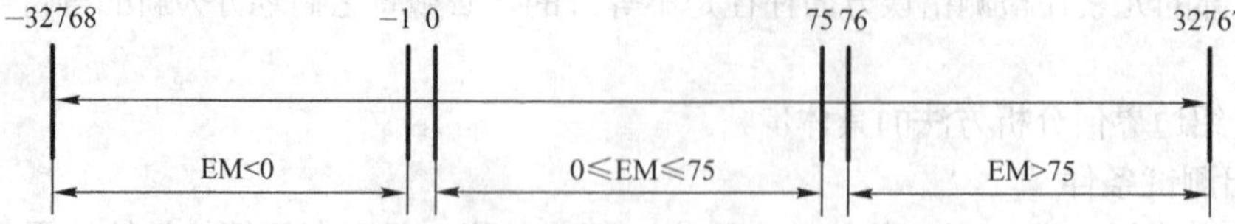

图 2-7　EM 的等价类划分

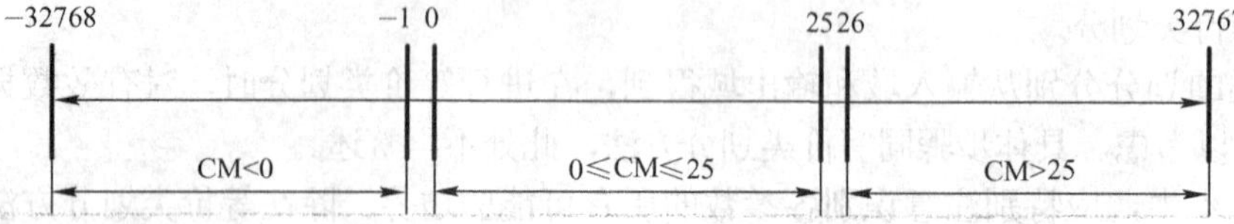

图 2-8　CM 的等价类划分

有效等价类为：0≤EM≤75；0≤CM≤25。

无效等价类为：75<EM≤32767；-32768≤EM<0；25<CM≤32767；-32768≤CM<0。

其次，进行输出域的等价类划分。以下，总成绩记为 TM，可以做出对它的等价类划分，如图 2-9 所示。

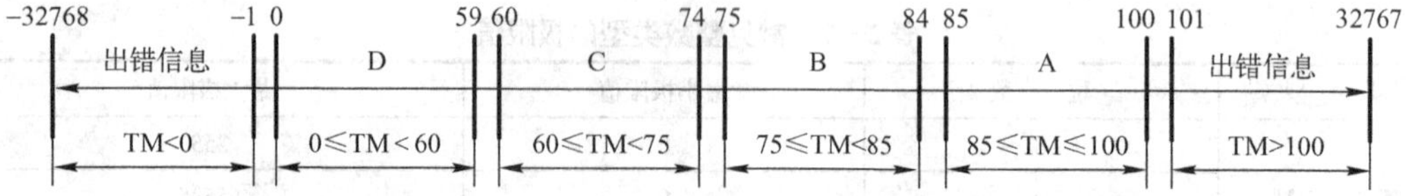

图 2-9　TM 的等价类划分

有效等价类为：0≤TM< 60；60≤TM < 75；75≤TM < 85；85≤TM≤100。

无效等价类为：-32768≤TM < 0；100<TM≤32767。

综上，可得如下的测试条件。

TCOND1：EM=0　TCOND2：EM=75　TCOND3：CM=0

TCOND4：CM=25　TCOND5：TM=0　TCOND6：TM=59

TCOND7：TM=60　TCOND8：TM=74　TCOND9：TM=75

TCOND10：TM=84　TCOND11：TM=85　TCOND12：TM=100

TCOND13：EM= -32768　TCOND14：EM= 32767

TCOND15：CM= -32768　TCOND16：CM= 32767

TCOND17：TM= -32768　TCOND18：TM= 32767

3. 导出测试覆盖项

在由测试条件导出测试覆盖项时，主要有下述两种方法。

（1）普通边界值测试（也称 2 值边界值测试，Two-value Boundary Testing）

这种测试中，如果测试条件是等价类的下边界（最小值），用下边界值（min）和稍大于下边界值的数值（min+）作为测试覆盖项；如果测试条件是等价类的上边界（最大值），用稍小于上边界值的数值（max-）和上边界值（max）作为测试覆盖项。

（2）健壮性边界值测试（也称 3 值边界值测试，Three-value Boundary Testing）

健壮性边界值测试是普通边界值测试的一种扩展。如果测试条件是等价类的下边界（最小值），用稍小于下边界值的数值（min-）、下边界值（min）和稍大于下边界值的数值（min+）作为测试覆盖项；如果测试条件是等价类的上边界（最大值），利用稍小于上边界值的数值（max-）、上边界值（max）和稍大于最大值的数值（max+）以作为测试覆盖项。max+和 min-作为测试覆盖项，其目的是测试超过上下边界值的情况下系统会出现什么情况。

📖 如果不特别指出，边界值测试均指健壮性边界值测试。

【例 2-37】 根据【例 2-36】中得到的测试条件，用边界值分析方法导出测试覆盖项。

解： 由 TCOND1～TCOND4（输入域有效等价类的边界）导出的测试覆盖项如下。

TCOVER1：EM= -1	TCOVER2：EM= 0	TCOVER3：EM= 1
TCOVER4：EM=74	TCOVER5：EM=75	TCOVER6：EM=76
TCOVER7：CM= -1	TCOVER8：CM=0	TCOVER9：CM=1
TCOVER10：CM=24	TCOVER11：CM=25	TCOVER12：CM=26

由 TCOND5～TCOND12（输出域有效等价类的边界）导出的测试覆盖项如下。

TCOVER13：TM= -1	TCOVER14：TM= 0	TCOVER15：TM= 1
TCOVER16：TM=58	TCOVER17：TM=59	TCOVER18：TM=60
TCOVER19：TM= 61	TCOVER20：TM=73	TCOVER21：TM=74
TCOVER22：TM=75	TCOVER23：TM=76	TCOVER24：TM=83
TCOVER25：TM=84	TCOVER26：TM=85	TCOVER27：TM=86
TCOVER28：TM=99	TCOVER29：TM=100	TCOVER30：TM=101

由 TCOND13～TCOND16（输入域无效等价类的边界）导出的测试覆盖项如下。

TCOVER31：EM=-32769	TCOVER32：EM=-32768	TCOVER33：EM=-32767
TCOVER34：EM=32766	TCOVER35：EM=32767	TCOVER36：EM=32768
TCOVER37：CM=-32769	TCOVER38：CM=-32768	TCOVER39：CM=-32767
TCOVER40：CM=32766	TCOVER41：CM=32767	TCOVER42：CM=32768

由 TCOND17～TCOND18（输出域无效等价类的边界）导出的测试覆盖项如下。

TCOVER43：TM= -32769	TCOVER44：TM=-32768	TCOVER45：TM=-32767
TCOVER46：TM= 32766	TCOVER47：TM=32767	TCOVER48：TM=32768

在等价类划分是连续的情况下，可能导致重复的测试覆盖项。例如，由 TCOND6 可以导出 3 个测试覆盖项：TM=58、TM=59 和 TM=60；而由 TCOND7 可以导出 3 个测试覆盖项：TM=59、TM=60 和 TM=61。在这种情况下应合并相同的测试覆盖项。

4. 导出测试用例

边界值分析方法在导出测试用例时，在每个测试用例中都应至少执行一个测试覆盖项。具体而言，有以下 5 个步骤。

1）选择一个尚未被已有的测试用例所包含的测试覆盖项，使其包含在当前的测试用例中。

2）如果还有其他的输入需要赋值，则赋予其等价类内部的取值。

3）根据输入数据，确定测试用例执行后的预期输出结果。

4）重复步骤 1）～3），直到满足预设的测试覆盖率指标为止。测试覆盖率的计算见式（2-1）。

5）将所有输入数据均赋值为其等价类内部的取值并加入测试用例集合。

简而言之，对于普通边界值测试，只令一个输入分别取 min、min+、max−和 max，而令其他所有输入取区间（等价类）内的正常值构造测试用例。对于普通边界值测试，需要 4n+1 个测试对象，其中 n 为属性的个数。

对于健壮性边界值测试，只令一个输入分别取 min−、min、min+、max−、max 和 max+，而令其他所有输入取区间（等价类）内的正常值构造测试用例。对于健壮性边界值测试，需要 6n+1 个测试对象，其中 n 为属性的个数。

【例 2-38】 假设程序有两个变量 x_1 和 x_2，假设输入变量在下列范围内取值：$a \leqslant x_1 \leqslant b$，$c \leqslant x_2 \leqslant d$，分析使用普通边界值测试和健壮性边界值测试，需要哪些测试用例。

解：使用普通边界值测试，需要 9 个测试用例（只给出输入数据部分），分别如下。

($x_1$nom，$x_2$min)，($x_1$nom，$x_2$min+)，($x_1$nom，$x_2$nom)，($x_1$nom, $x_2$max−), ($x_1$nom, $x_2$max), ($x_1$min, $x_2$nom), ($x_1$min+, $x_2$nom), ($x_1$max−, $x_2$nom), ($x_1$max, $x_2$nom)，如图 2-10 所示。

使用健壮性边界值分析法，需要 13 个测试用例，分别如下。

($x_1$nom, $x_2$min−), ($x_1$nom, $x_2$min), ($x_1$nom, $x_2$min+), ($x_1$nom, $x_2$nom), ($x_1$nom, $x_2$max−), ($x_1$nom,$x_2$max), ($x_1$nom,$x_2$max+), ($x_1$min−, $x_2$nom), ($x_1$min, $x_2$nom), ($x_1$min+, $x_2$nom), ($x_1$max−, $x_2$nom), ($x_1$max, $x_2$nom), ($x_1$max+, $x_2$nom)，如图 2-11 所示。

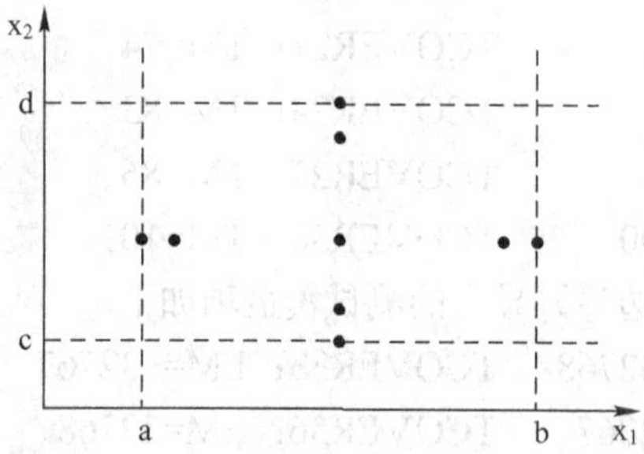

图 2-10 普通边界值测试的测试用例

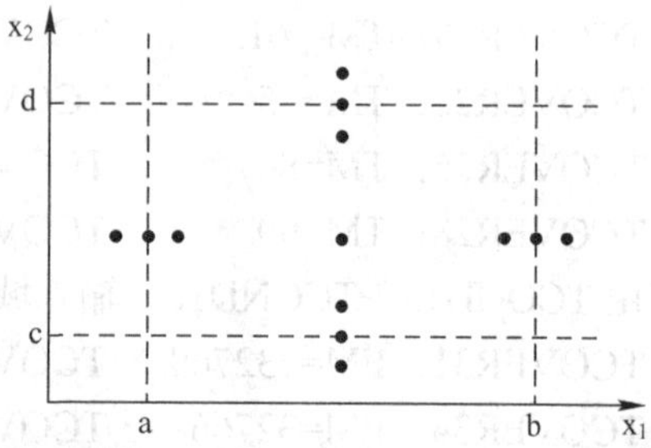

图 2-11 健壮性边界值测试的测试用例

其中，$x_1$nom 和 $x_2$nom 分别指在 x_1 和 x_2 的区间内的正常值。

【例 2-39】 根据【例 2-37】中得到的测试覆盖项，用边界值分析方法导出测试用例。

解：对于考试成绩，测试用例如表 2-18 所示。

表 2-18 考试成绩的测试用例

测试用例编号	输入			覆盖的测试覆盖项	预期输出
	考试成绩	平时成绩	总成绩（计算得到）		
1	−1	15	14	TCOVER1	出错信息
2	0	15	15	TCOVER2	D
3	1	15	16	TCOVER3	D
4	74	15	89	TCOVER4	A
5	75	15	90	TCOVER5	A
6	76	15	91	TCOVER6	出错信息
7	50	15	65	/	C

对于平时成绩，测试用例如表 2-19 所示。

表 2-19　平时成绩的测试用例

测试用例编号	输　入			覆盖的测试覆盖项	预期输出
	考试成绩	平时成绩	总成绩（计算得到）		
8	50	-1	49	TCOVER7	出错信息
9	50	0	50	TCOVER8	D
10	50	1	51	TCOVER9	D
11	50	24	74	TCOVER10	C
12	50	25	75	TCOVER11	B
13	50	26	76	TCOVER12	出错信息

对于总成绩，测试用例如表 2-20 所示。

表 2-20　总成绩的测试用例

测试用例编号	输　入			覆盖的测试覆盖项	预期输出
	考试成绩	平时成绩	总成绩（计算得到）		
14	0	-1	-1	TCOVER13	出错信息
15	0	0	0	TCOVER14	D
16	0	1	1	TCOVER15	D
17	50	8	58	TCOVER16	D
18	50	9	59	TCOVER17	D
19	50	10	60	TCOVER18	C
20	40	10	50	/	D
21	50	11	61	TCOVER19	C
22	50	23	73	TCOVER20	C
23	50	24	74	TCOVER21	C
24	50	25	75	TCOVER22	B
25	50	20	70	/	C
26	56	20	76	TCOVER23	B
27	63	20	83	TCOVER24	B
28	64	20	84	TCOVER25	B
29	65	20	85	TCOVER26	A
30	60	20	80	/	B
31	66	20	86	TCOVER27	A
32	75	24	99	TCOVER28	A
33	75	25	100	TCOVER29	A
34	76	25	101	TCOVER30	出错信息
35	70	20	90	/	A

对于各个极限值，测试用例如表 2-21 所示。

表 2-21　极限值的测试用例

测试用例编号	输　入			覆盖的测试覆盖项	预期输出
	考试成绩	平时成绩	总成绩（计算得到）		
36	32766	20	32786	TCOVER34	出错信息
37	32767	20	32787	TCOVER35	出错信息
38	32768	20	32788	TCOVER36	出错信息
39	−32769	20	−32749	TCOVER31	出错信息
40	−32768	20	−32748	TCOVER32	出错信息
41	−32767	20	−32747	TCOVER33	出错信息
42	20	32766	32786	TCOVER40	出错信息
43	20	32767	32787	TCOVER41	出错信息
44	20	32768	32788	TCOVER42	出错信息
45	20	−32769	−32749	TCOVER37	出错信息
46	20	−32768	−32748	TCOVER38	出错信息
47	20	−32767	−32747	TCOVER39	出错信息
48	16384	16382	32766	TCOVER46	出错信息
49	16384	16383	32767	TCOVER47	出错信息
50	16384	16384	32768	TCOVER48	出错信息
51	−16384	−16385	−32769	TCOVER43	出错信息
52	−16384	−16384	−32768	TCOVER44	出错信息
53	−16384	−16383	−32767	TCOVER45	出错信息

2.2.5　决策表方法

1. 概述

以上介绍的动态黑盒测试方法主要着眼于对数据的测试。除了数据外，还需要验证程序的逻辑流程。但在黑盒测试阶段，测试员并不知道软件的逻辑流程的具体实现细节，因此需要采用一些技术从侧面进行验证。下面介绍的几种动态黑盒测试方法即是着眼于逻辑流程验证的。

首先介绍决策表（Decision Table）方法。该方法一直被用来表示和分析复杂的逻辑关系。在动态黑盒测试中，决策表方法使用条件和结果之间的逻辑关系对测试对象的逻辑流程进行建模，以表格的方式表示。决策表方法适用于描述根据条件集合中的不同条件采取不同行动的各种组合的程序。表 2-22 给出了决策表的示例及基本用语。

表 2-22　示例决策表

桩	规　则		
	规则 1	规则 2	规则 3
条件桩 1	T	T	–
条件桩 2	T	F	F
条件桩 3	T	–	F
决策桩 1	T		
决策桩 2		T	
决策桩 3			T

决策表的第一列列出了所有的条件桩和决策桩，其余的列列出了所有规则，即在什么条件下采取什么决策。例如，在表 2-22 中，第 2 列代表在条件 1、条件 2 和条件 3 都为真的情况下，采取决策 1；而第 3 列代表在条件 1 为真而条件 2 为假的情况下，采取决策 2，此时条件 3 不起作用（无关或条件不适用），用“-”表示。通常，称每个条件桩对应的行称为条件条目，每个决策桩对应的行称为决策条目。

如果条件条目中都是布尔值（T/F、0/1），则决策表的条件部分等价于命题逻辑中的真值表，能够考虑所有可能的条件的组合情况，因此可以保证测试的完备性。所有条目都是布尔值的决策表称为有限条目决策表，如果条目可以取多个值（多于 2 个），则称该决策表为扩展条目决策表。

下面介绍决策表方法的具体步骤。

2. 导出测试条件

在决策表方法中，测试条件即各条件桩和决策桩。通常都可以从规格说明中导出。

【例 2-40】 函数 NextDate 有 3 个输入变量（日期、月份和年份）。3 个输入变量由界面控件保证只输入正整数值。如果输入的是无效的日期、月份和年份的组合（例如 2015 年 2 月 29 日，或 2015 年 6 月 31 日等），则输出“无效日期”，否则输出由输入表示的日期之后的那个日期。根据以上规格说明，用决策表方法导出测试条件。

解： 由于日期、月份和年份取值太多（其中年份可能有无穷多种取值可能），因此首先应考虑进行等价类划分。

1）年份的等价类划分。从总体上讲，年份可以划分为 2 个等价类。

Y1={年份|该年份为闰年}；Y2={年份|该年份为平年}。

2）月份的等价类划分。月份包括大月和小月（大月 31 天，小月 30 天）。除此之外，还必须考虑两个特殊的月份：2 月和 12 月。2 月份的特殊性在于 2 月只有 28 天（平年）或 29 天（闰年），和其他月份均不相同；而 12 月的特殊性在于 12 月 31 日后的日期是下一年的 1 月 1 日，即在 12 月中存在边界。因此可以划分为 4 个等价类。

M1={月份|该月为小月}；M2={月份|该月为大月，不包括 12 月}；M3={月份|该月为 12 月}；M4={月份|该月为 2 月}。

3）日期的等价类划分。和月份的情况对应，日期可以划分为 5 个等价类。

D1={日期|1≤日期≤27}；D2={日期|日期=28}；D3={日期|日期=29}；D4={日期|日期=30}；D5={日期|日期=31}。

综上，条件部分有如下的测试条件。

TCOND1：Y1　　TCOND2：Y2　　TCOND3：M1　　TCOND4：M2

TCOND5：M3　　TCOND6：M4　　TCOND7：D1　　TCOND8：D2

TCOND9：D3　　TCOND10：D4　　TCOND11：D5

决策部分有如下的测试条件。

TCOND12：输出“无效日期”　　TCOND13：输出输入的日期之后的那个日期

这样处理的话，理论上决策表将有 2^{11}=2048 条规则（TCOND1～TCOND11 均取布尔值），表 2-23 给出了部分决策表（仅含 3 条规则）。

表 2-23　直接采用等价类作为条件桩时的决策表（部分）

	1	2	3
M1	T	F	F
M2	F	T	F
M3	F	F	F
M4	F	F	T
D1	T	F	F
D2	F	F	F
D3	F	T	T
D4	F	F	F
D5	F	F	F
Y1	T	T	F
Y2	F	F	T
无效日期	F	F	T
下一个日期	T	T	F

上述处理方式的优点是简单明了，缺点是决策表中存在大量冗余。例如，在每列中，M1～M4、D1～D3、Y1～Y2 均只能有 1 个值为 T，而且决策表中将存在大量的“无效日期”决策。为此，可以采用扩展条目决策表，而决策部分可以做相应的细化，以期尽量能压缩决策表的列的数目。

条件部分考虑采用如下的测试条件。

TCOND1：月份　TCOND2：日期　TCOND3：年份

决策部分有如下的测试条件。

TCOND4：输出“无效日期”　TCOND5：日期加 1　TCOND6：日期置 1

TCOND7：月份加 1　TCOND8：月份置 1　TCOND9：年份加 1

其中，TCOND1 有 4 种取值，TCOND2 有 5 种取值，TCOND3 有 2 种取值，这样构成的决策表有 4×5×2=40 条规则。

3. 导出测试覆盖项

在决策表方法中，得到测试条件后即可构造决策表，决策表的每一条决策规则（即决策表从第二列开始的每一列）都定义了条件和决策的特定组合。每一条决策规则都是一个测试覆盖项。

在构造决策表时应该注意，由最初的条件部分和决策部分构成的决策表在一定条件下是可以压缩的。例如，对具有相同的决策条目，但条件条目不完全相同时，应考虑引入不起作用条件（即“-”）进行合并，从而进一步减少决策表的列。

【例 2-41】 根据【例 2-40】中得到的测试条件，用决策表方法导出测试覆盖项。

解： 根据【例 2-40】中得到的测试条件，可以构造如表 2-24 所示的初始决策表。

表 2-24 初始决策表（1）

	1	2	3	4	5	6	7	8	9	10
月份	M1	M1	M1	M1	M1	M1	M1	M1	M1	M1
日期	D1	D1	D2	D2	D3	D3	D4	D4	D5	D5
年份	Y1	Y2	Y1	Y2	Y1	Y2	Y1	Y2	Y1	Y2
无效日期									T	T
日期加 1	T	T	T	T	T	T				
日期置 1							T	T		
月份加 1							T	T		
月份置 1										
年份加 1										

表 2-24 初始决策表（2）

	11	12	13	14	15	16	17	18	19	20
月份	M2	M2	M2	M2	M2	M2	M2	M2	M2	M2
日期	D1	D1	D2	D2	D3	D3	D4	D4	D5	D5
年份	Y1	Y2	Y1	Y2	Y1	Y2	Y1	Y2	Y1	Y2
无效日期										
日期加 1	T	T	T	T	T	T	T	T		
日期置 1									T	T
月份加 1									T	T
月份置 1										
年份加 1										

表 2-24 初始决策表（3）

	21	22	23	24	25	26	27	28	29	30
月份	M3	M3	M3	M3	M3	M3	M3	M3	M3	M3
日期	D1	D1	D2	D2	D3	D3	D4	D4	D5	D5
年份	Y1	Y2	Y1	Y2	Y1	Y2	Y1	Y2	Y1	Y2
无效日期										
日期加 1	T	T	T	T	T	T	T	T		
日期置 1									T	T
月份加 1										
月份置 1									T	T
年份加 1									T	T

表 2-24 初始决策表（4）

	31	32	33	34	35	36	37	38	39	40
月份	M4	M4	M4	M4	M4	M4	M4	M4	M4	M4
日期	D1	D1	D2	D2	D3	D3	D4	D4	D5	D5
年份	Y1	Y2	Y1	Y2	Y1	Y2	Y1	Y2	Y1	Y2
无效日期						T	T	T	T	T
日期加 1	T	T	T							
日期置 1				T	T					
月份加 1				T	T					
月份置 1										
年份加 1										

在初始决策表（1）中，注意到第 1 列和第 2 列的月份均为 M1，日期均为 D1，此时无论年份取 Y1 还是 Y2，其决策均为“日期加 1”，这表明对这两条决策规则而言，年份是不起作用的，因此可以合并为一个决策，并将年份标记为“–”。类似的情况不再一一指出。这样，可以得到第一次精简后的决策表，如表 2-25 所示。

表 2-25 第一次精简后的初始决策表（1）

	1	2	3	4	5	6	7	8	9	10
月份	M1	M1	M1	M1	M1	M2	M2	M2	M2	M2
日期	D1	D2	D3	D4	D5	D1	D2	D3	D4	D5
年份	–	–	–	–	–	–	–	–	–	–
无效日期					T					
日期加 1	T	T	T			T	T	T	T	
日期置 1				T						T
月份加 1				T						T
月份置 1										
年份加 1										

表 2-25 第一次精简后的初始决策表（2）

	11	12	13	14	15	16	17	18	19	20	21	22
月份	M3	M3	M3	M3	M3	M4	M4	M4	M4	M4	M4	M4
日期	D1	D2	D3	D4	D5	D1	D2	D2	D3	D3	D4	D5
年份	–	–	–	–	–	–	Y1	Y2	Y1	Y2	–	–
无效日期										T	T	T
日期加 1	T	T	T	T		T	T					
日期置 1					T			T	T			
月份加 1								T	T			
月份置 1					T							
年份加 1					T							

至此，已经可以根据得到的 22 条决策规则导出测试覆盖项。但表 2-25 还可以进一步精

简。注意到表 2-25 的第 1～3 列，在月份为 M1 时，无论日期是 D1、D2 还是 D3，决策均为“日期加 1”。因此对这 3 条决策而言，月份 M1 是起作用的条件，而日期是不起作用的条件，因此这 3 条规则可以合并。类似的情况不再一一指出。表 2-26 给出了最终的决策表。

表 2-26　最终决策表（1）

	1	2	3	4	5	6
月份	M1	M1	M1	M2	M2	M3
日期	D1,D2,D3	D4	D5	D1,D2,D3,D4	D5	D1,D2,D3,D4
年份	–	–	–	–	–	–
无效日期			T			
日期加 1	T			T		T
日期置 1		T			T	
月份加 1		T			T	
月份置 1						
年份加 1						

表 2-26　最终决策表（2）

	7	8	9	10	11	12	13
月份	M3	M4	M4	M4	M4	M4	M4
日期	D5	D1	D2	D2	D3	D3	D4,D5
年份	–	–	Y1	Y2	Y1	Y2	–
无效日期						T	T
日期加 1		T	T				
日期置 1	T			T	T		
月份加 1				T	T		
月份置 1	T						
年份加 1	T						

根据表 2-26，表的每一列均为一个测试覆盖项，因此有 13 个测试覆盖项（TCOVER1～TCOVER13，这里不再一一列出）。

4. 导出测试用例

测试用例用以执行各决策规则（测试覆盖项）。具体而言，有以下 4 个步骤。

1）从决策表中选择一个尚未被已有的测试用例所包含的测试覆盖项，包含在当前的测试用例中。

2）根据测试覆盖项的条件部分，确定测试用例的输入值，如果还有其他的输入需要赋值，则对其赋予一个有效值。

3）根据测试覆盖项的决策部分，确定测试用例执行后的预期输出结果。

4）重复步骤 1）～3），直到满足预设的测试覆盖率指标为止。测试覆盖率的计算见式（2-1）。

【例 2-42】 根据【例 2-41】中得到的测试覆盖项，用决策表方法导出测试用例。

解： 根据导出测试用例的步骤，可以得到测试用例如表 2-27 所示。

表 2-27　NextDate 函数的测试用例（由决策表方法导出）

测试用例编号	输入			覆盖的测试覆盖项	预期输出
	年份	月份	日期		
1	2015 年	4 月	27 日	TCOVER1	2015 年 4 月 28 日
2	2014 年	6 月	30 日	TCOVER2	2014 年 7 月 1 日
3	2013 年	9 月	31 日	TCOVER3	无效日期
4	2012 年	1 月	15 日	TCOVER4	2012 年 1 月 16 日
5	2011 年	3 月	31 日	TCOVER5	2011 年 4 月 1 日
6	2010 年	12 月	29 日	TCOVER6	2010 年 12 月 30 日
7	2000 年	12 月	31 日	TCOVER7	2001 年 1 月 1 日
8	1999 年	2 月	20 日	TCOVER8	1999 年 2 月 21 日
9	2004 年	2 月	28 日	TCOVER9	2004 年 2 月 29 日
10	2005 年	2 月	28 日	TCOVER10	2005 年 3 月 1 日
11	2008 年	2 月	29 日	TCOVER11	2008 年 3 月 1 日
12	2007 年	2 月	29 日	TCOVER12	无效日期
13	2010 年	2 月	30 日	TCOVER13	无效日期

2.2.6　因果图方法

1. 概述

因果图（Cause-Effect Graph）主要用于描述事物的结果与其相关原因之间的关系，也称要因图、石川图或鱼刺图等，广泛用于各个行业的质量管理领域，软件测试仅仅是其应用之一。

在前面介绍的动态黑盒测试方法中，在考虑输入条件时并未专门考虑输入条件之间的联系与相互组合。一般而言，都假设各个测试条件之间是相互独立的，然后在此基础上识别约束，并没有一个明确直观的方法来处理测试条件之间的组合与约束。

但是，考虑和检查测试条件之间的组合与约束并不是一件容易的事情，即使把所有输入条件划分成等价类，需要考虑的情况也相当多。因此必须采用一种适合于表达多个输入与输出之间的逻辑关系，以及输入和输出中存在的约束的描述方式来设计测试用例。由于因果图可以很方便地表示这些信息，因而是一种很好的解决方案。在因果图方法中，输入的每种组合就是“因”，每种组合的输出结果就是“果”。因果图方法最终生成判定表用于测试用例的导出。

下面介绍因果图中的基本符号。

因果图中，一般在图的左侧画上一系列结点，表示输入状态（原因）；在图的右侧画上一系列结点，表示输出状态（结果）。一般用 C_i 表示原因，用 Ef_i 表示结果，C_i 和 Ef_i 均可取值 F 或 T，F 表示某状态不出现，T 表示某状态出现。

因果图中的基本因果关系如图 2-12 所示。

显然，因果图中的关系实际上是逻辑运算关系，采用 if-then 结构描述，其语义如下。

```
C 蕴含 Ef:              if (C) then Ef
非 C 蕴含 Ef:           if (¬C) then Ef
Ef 当 C1∧C2∧C3:        if (C1 && C2 && C3) then Ef
Ef 当 C1∨C2∨C3:        if (C1 || C2 || C3) then Ef
```

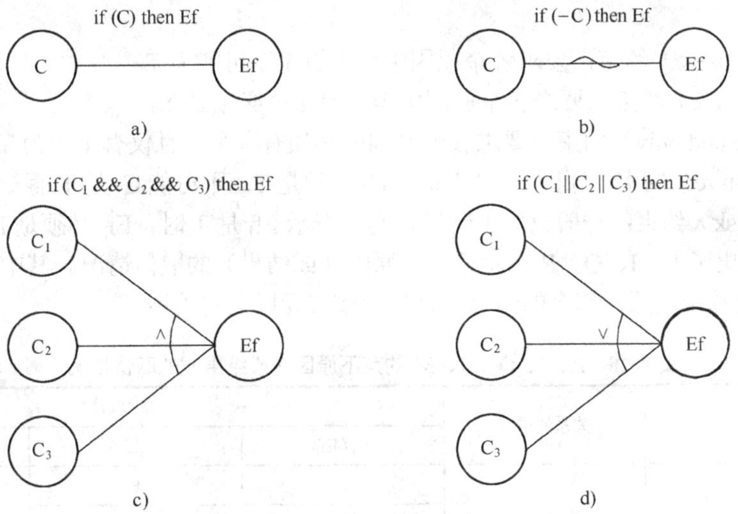

图 2-12　因果图的基本符号

a) 蕴含关系　b) 非关系　c) 与关系　d) 或关系

注意在因果图中，当存在 3 个或 3 个以上的原因时，要加上一条弧，将所有原因串起来。

除了因果关系外，各输入状态及各输出状态之间还可能存在某些依赖关系，称为约束。例如，某些输入状态不可能同时出现，某些输出状态之间也往往存在着依赖关系。在因果图中，用特定的符号标明这些约束，如图 2-13 所示。

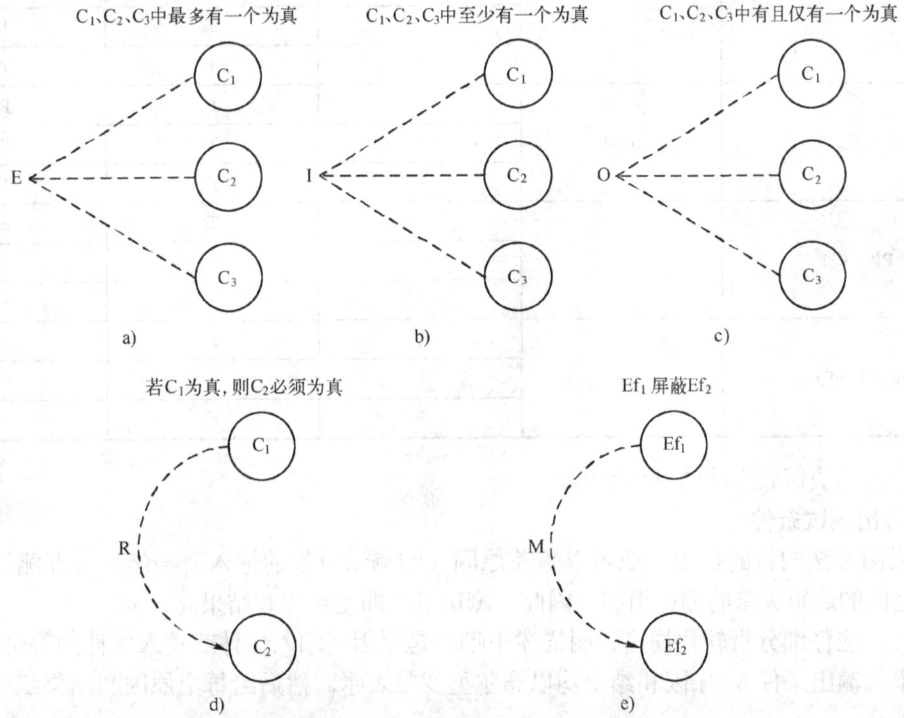

图 2-13　原因及结果之间的基本约束关系

a) E 约束　b) I 约束　c) O 约束　d) R 约束　e) M 约束

其中：

1）E（Exclusive）约束：要求各个原因中至多有 1 个可能为 T。

2）I（Inclusive）约束：要求各个原因中至少有 1 个必须是 T。

3）O（One and only）约束：要求各个原因中必须有 1 个，且仅有 1 个为 T。

4）R（Require）约束：原因 C_1 是 T 时，C_2 必须是 T，不可能 C_1 是 T 而 C_2 是 F。

5）M（Mask）约束：一般只用于结果之间，表示 Ef_1 是 T 时，Ef_2 必须是 F。

表 2-28 列出了 E、I、O、R、M 约束下原因（或结果）的取值情况。其中，约束 R 和 M 仅用于描述二元约束关系，其余的约束均是二元或二元以上的关系。

表 2-28　E、I、O、R、M 约束下原因（或结果）的取值情况

约束关系	关系的维数	可能的取值		
		C_1 / Ef_1	C_2 / Ef_2	C_3
$E(C_1, C_2, C_3)$	n≥2	F	F	F
		T	F	F
		F	T	F
		F	F	T
$I(C_1, C_2, C_3)$	n≥2	T	F	F
		F	T	F
		F	F	T
		T	T	F
		T	F	T
		F	T	T
		T	T	T
$O(C_1, C_2, C_3)$	n≥2	T	F	F
		F	T	F
		F	F	T
$R(C_1, C_2)$	n=2	T	T	–
		F	F	–
		F	T	–
$M(Ef_1, Ef_2)$	n=2	T	F	–
		F	T	–
		F	F	–

下面介绍决策表方法的具体步骤。

2. 导出测试条件

因果图方法的目的在于生成可以覆盖原因（即测试对象的输入）与结果（即测试对象的输出）之间的逻辑关系的测试用例。因此，测试条件即是原因和结果。

为此，应仔细分析软件规格说明描述中哪些是原因（输入条件或输入条件的等价类），哪些是结果（输出条件），原因和结果均以布尔型变量表示。然后给每个原因和结果赋予一个标识符。

请注意，不同的测试人员，从不同的侧面出发，找出的因果不同是常见的，因此必须确认其有效性。

【例 2-43】 某软件的登录对话框上有用户名和密码两个输入域，并有以下规则：用户名只能输入字母和数字，密码可以包括任何字符；用户名和密码都不能为空；当用户名和密码为空或不合法时，不执行登录并提示对应项的输入错误；如果用户名和密码都不合法，只提示用户名的错误；如果用户名和密码都合法，则执行登录操作，并显示服务器的返回信息：用户名不存在、密码错误和登录成功。试根据上述规格说明用因果图方法导出测试条件。

解： 分析程序规格说明，可知导致该软件的各项行为的原因从总体上看有“用户名”和“密码”。对二者进行等价类划分，如表 2-29 和表 2-30 所示。

表 2-29 对用户名的等价类划分

用户名为非空			用户名为空
用户名中只包含字母和数字		用户名包含非字母和非数字的字符	/
用户名在服务器上存在	用户名在服务器上不存在	/	/

表 2-30 对密码的等价类划分

密码为非空		密码为空
密码正确（密码在服务器上存在）	密码错误（在服务器上不存在）	/

由表 2-29 和表 2-30，可以得到如下原因。

1）用户名为空（C_1）。

2）用户名包含非字母非数字字符（C_2）。

3）用户名在服务器上存在（C_3）。

4）密码为空（C_4）。

5）密码错误（C_5）。

其中，原因“用户名在服务器上不存在”可以由$\neg C_1 \wedge \neg C_2 \wedge \neg C_3$组合而成；而原因“密码正确”可以由$\neg C_4 \wedge \neg C_5$组合而成，因此都没有列入原因之中。

通过分析程序规格说明，可以得到如下结果。

1）不执行登录，提示用户名不能为空（Ef_1）。

2）不执行登录，提示用户名不能包含非字母非数字的字符（Ef_2）。

3）不执行登录，提示密码不能为空（Ef_3）。

4）执行登录，提示用户名在服务器上不存在（Ef_4）。

5）执行登录，提示密码错误（Ef_5）。

6）执行登录，提示登录成功（Ef_6）。

综上，条件部分可以得到如下的测试条件。

TCOND1：C_1　TCOND2：C_2　TCOND3：C_3　TCOND4：C_4

TCOND5：C_5

结果部分可以得到如下的测试条件。

TCOND6：Ef_1　TCOND7：Ef_2　TCOND8：Ef_3　TCOND9：Ef_4

TCOND10：Ef_5　TCOND11：Ef_6

3. 导出测试覆盖项

根据找到的原因和结果，结合从规格说明中分析得到的约束条件，可以画出完整的因果图。然后，根据因果图，可以构造等价的决策表。具体步骤如下。

1）将各原因和结果分别列写在决策表的条件桩部分和决策桩部分。

2）根据约束条件，确定判定表的列数。

3）追溯某个结果 Ef_i 发生的原因组合，同时确保原因组合能够满足各原因间的全部约束关系。

4）在判定表中相应的列内填入条件值（F 或 T）和决策值（F 或 T）。

5）重复步骤 3）和 4），直到所有结果都分析完为止。

在因果图方法中，由上述 5 个步骤得到的决策表中每一条规则都定义了特定的原因和结果的组合，因此每一条规则为一个测试覆盖项。

【例 2-44】 根据【例 2-43】中得到的测试条件，用决策表方法导出测试覆盖项。

解：由规格说明中列出的因果关系和约束条件，可以得到如图 2-14 所示的因果图。

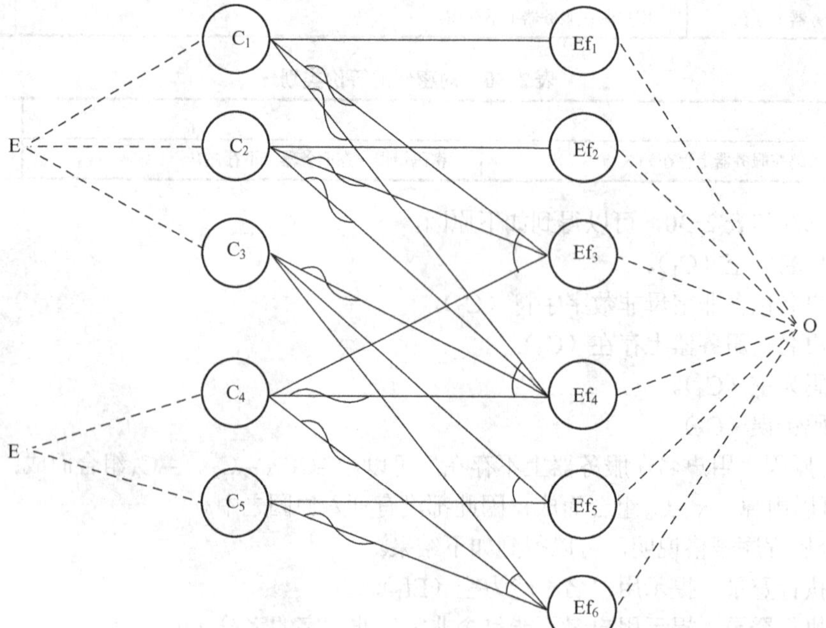

图 2-14　登录界面问题的因果图

由 C_1、C_2 和 C_3 的说明可知，三者中至多有 1 个为 T，因此符合 E 约束；由 C_4 和 C_5 的说明可知，二者中最多有 1 个为 T，因此也符合 E 约束。而各个结果之中，必须有 1 个且仅有 1 个为 T，因此符合 O 约束。

根据因果图，可以构造出等价决策表，如表 2-31 所示。

表 2-31　登录界面问题的决策表

	1	2	3	4	5	6	7	8	9	10	11	12
C_1	T	T	T	F	F	F	F	F	F	F	F	F
C_2	F	F	F	T	T	T	F	F	F	F	F	F
C_3	F	F	F	F	F	F	T	T	T	F	F	F
C_4	T	F	F	T	F	F	T	F	F	T	F	F

（续）

	1	2	3	4	5	6	7	8	9	10	11	12
C_5	F	T	F	F	T	F	F	T	F	F	T	F
Ef_1	T	T	T	F	F	F	F	F	F	F	F	F
Ef_2	F	F	F	T	T	T	F	F	F	F	F	F
Ef_3	F	F	F	F	F	F	T	F	F	T	F	F
Ef_4	F	F	F	F	F	F	F	F	F	F	T	T
Ef_5	F	F	F	F	F	F	F	T	F	F	F	F
Ef_6	F	F	F	F	F	F	F	F	T	F	F	F

下面具体分析构造过程。

显然，条件桩部分有 5 个条件，因此理论上决策表有 2^5=32 个列。但由于约束的存在，大量的列是不符合约束条件的。从因果图中可以看到，C_1、C_2 和 C_3 为 E 约束，C_4 和 C_5 也为 E 约束。先对 C_1、C_2 和 C_3 进行组合，有 4 种可能性（具体见表 2-28），然后对 C_4 和 C_5 进行组合，有 3 种可能性，因此决策表总共的列数为 4×3=12 列。例如，C_1=T 时，由于 E 约束的存在，$(C_2=F)\wedge(C_3=F)$，这一组合分别对应 $(C_4 = T)\wedge(C_5 = F)$、$(C_4 = F)\wedge(C_5 = T)$和$(C_4 = F)\wedge(C_5 = F)$，这样就得到决策表的条件部分的第 1～3 列。类似地，可以填入决策表条件部分的各剩余列。这样就完整地得到了决策表的条件部分。

接下来分析决策部分的各表项如何填入。

首先分析 Ef_1。由因果图中所示，C_1 和 Ef_1 是蕴含关系，因此在决策表中，C_1=T 的列均对应 Ef_1=T。而 C_1=T 的列为第 1～3 列，因此这 3 列均应在 Ef_1 对应的表项中填入 T。而此时由于决策部分 Ef_1=T，Ef_2～Ef_6 就只能填入 F（满足 O 约束）。综上可得第 1～3 列所对应的决策部分。

接下来依次分析 Ef_2 ~ Ef_6，即可得到决策表的决策部分。这样，就完成了表 2-31 所示的决策表的构造。

表 2-31 的每一列均为一个测试覆盖项，因此本例共有 12 个测试覆盖项（TCOVER1～TCOVER12，这里不再一一列出）。

请注意，对于特定的测试对象，因果图不一定是唯一的。例如，如果在【例 2-43】中，采用如下原因。

1）用户名为空（C_1）。

2）用户名包含非字母非数字字符（C_2）。

3）用户名在服务器上存在（C_3）。

4）密码为空（C_4）。

5）密码错误（C_5）。

6）密码正确（C_6）。

而结果保持不变，仍为：

1）不执行登录，提示用户名不能为空（Ef_1）。

2）不执行登录，提示用户名不能包含非字母、非数字的字符（Ef_2）。

3）不执行登录，提示密码不能为空（Ef_3）。

4）执行登录，提示用户名在服务器上不存在（Ef_4）。

5）执行登录，提示密码错误（Ef_5）。

6）执行登录，提示登录成功（Ef_6）。

则得到的决策表如图 2-15 所示。请注意图中各结果的原因相应发生了变化，而 C_4、C_5 和 C_6 之间的关系变成了 O 约束。请读者自己分析上述现象的原因，并由图 2-15 所示的因果图得出相应的决策表[①]。

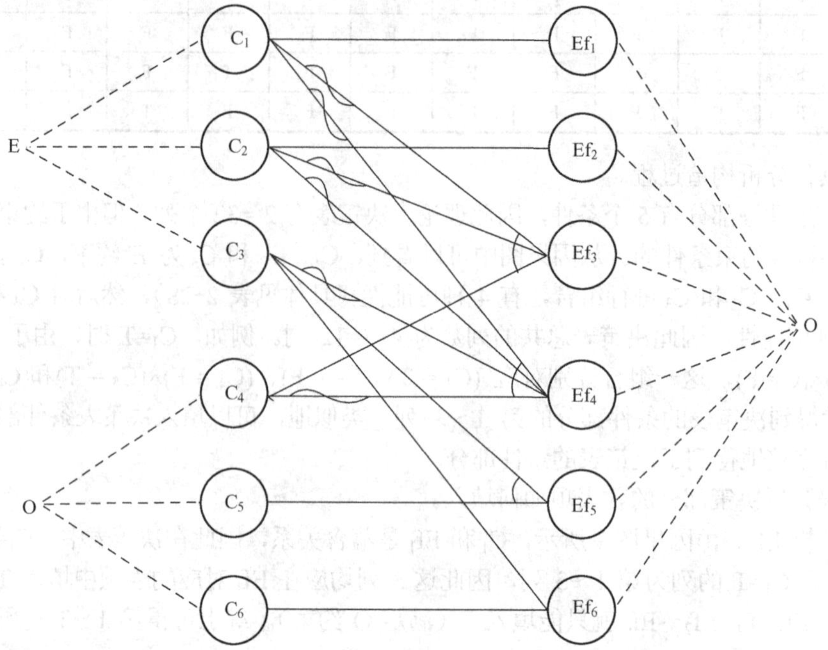

图 2-15　登录界面问题的因果图（修改条件部分后）

4. 导出测试用例

在得出决策表后，导出测试用例这一步即与决策表方法相同，这里不再赘述。

【例 2-45】 根据【例 2-44】中得到的测试覆盖项，用因果图方法导出测试用例。

解： 根据决策表导出测试用例的步骤，可以得到测试用例，如表 2-32 所示。

表 2-32　登录界面问题的测试用例（由因果图方法导出）

测试用例编号	输入		覆盖的测试覆盖项	预期输出
	用户名	密码		
1	空	空	TCOVER1	不执行登录，提示用户名不为空
2	空	错误密码	TCOVER2	不执行登录，提示用户名不为空
3	空	正确密码	TCOVER3	不执行登录，提示用户名不为空
4	含非数字非字母的字符	空	TCOVER4	不执行登录，提示用户名不能包含非字母非数字的字符
5	含非数字非字母的字符	错误密码	TCOVER5	不执行登录，提示用户名不能包含非字母非数字的字符
6	含非数字非字母的字符	正确密码	TCOVER6	不执行登录，提示用户名不能包含非字母非数字的字符

① 见本章“习题与练习”部分第 1 大题的第 12）题

（续）

测试用例编号	输　　入		覆盖的测试覆盖项	预期输出
	用户名	密码		
7	服务器上存在的用户名	空	TCOVER7	不执行登录，提示密码不能为空
8	服务器上存在的用户名	错误密码	TCOVER8	执行登录，提示密码错误
9	服务器上存在的用户名	正确密码	TCOVER9	执行登录，提示登录成功
10	无非法字符但服务器上不存在	空	TCOVER10	不执行登录，提示密码不能为空
11	无非法字符但服务器上不存在	错误密码	TCOVER11	执行登录，提示用户名在服务器上不存在
12	无非法字符但服务器上不存在	正确密码	TCOVER12	执行登录，提示用户名在服务器上不存在

2.2.7　状态转换测试方法

1. 概述

软件状态（Software State）是指软件当前所处的条件或者模式。在黑盒测试阶段，可以通过测试程序的各种状态及状态之间的转换，来验证程序的逻辑流程。这就是状态转换测试（State Transition Testing）方法。

状态转换测试方法的目的是得到覆盖测试对象的状态和状态转换的测试用例集合。为此，应首先依据测试基础对测试对象进行分析，建立有限状态自动机模型，以此描述软件的状态及其转换。

下面简要介绍有限状态自动机的基本内容。

有限状态自动机是具有离散输入和输出的系统的一种数学模型。系统具有有限个状态，不同的状态代表不同的意义。按照实际需要，系统可以在不同的状态下完成规定的任务。通常，有限状态自动机表示为一个有向、有循环的图。其中：

1）一个节点表示一个状态。

2）一条边定义为状态的转移。

3）“→”（该边无起始节点）指向初始节点，对应开始状态/源状态；标记为“◎”的节点是终止节点，对应接收状态/吸收状态。

对于每条边（状态的转移）还应给出标记。标记的上半部分是引起转移的事件（Event），下半部分是与该转移关联的行动（Action）。其中，事件是必须给出的，即转移不能无原因地发生，但可以没有行动。事件是由某些特定的输入引起，行动则导致特定的输出。某个行动的输出对决定测试对象的当前状态是很重要的。

在软件测试中，通常将这种有限状态自动机模型称为状态转换图。图 2-16 给出了一个简单的状态转换图。

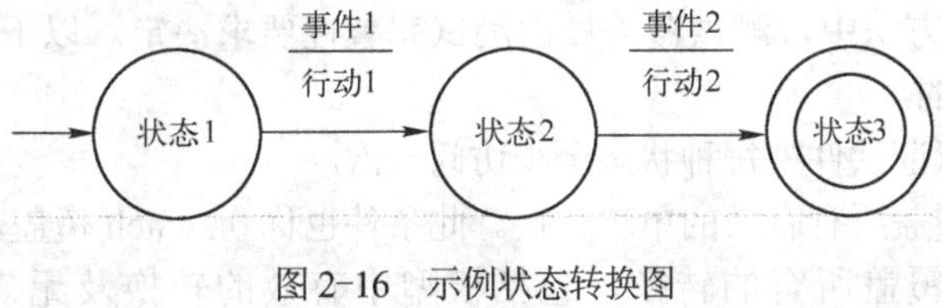

图 2-16　示例状态转换图

在图 2-16 中，状态 1 为源状态，状态 3 为吸收状态。在状态 1 下，系统因事件 1 引发行动 1，进入状态 2；在状态 2 下，系统因事件 2 引发行动 2，进入吸收状态 3，系统状态不再发生变化。

下面介绍状态转换测试方法的具体步骤。

2. 导出测试条件

在状态转换测试方法中，根据测试需求，测试条件可以是所建立的模型中的所有状态或所有状态的转换，也可将整个模型作为测试条件。

【例 2-46】 某软件用以显示时间和日期，并根据用户的输入改变显示的模式。软件包括 4 种显示模式：显示时间、显示日期、修改时间和修改日期。在软件的界面上有 4 个选择按钮：模式切换（即在显示时间与显示日期之间切换）、重新设置、时间设置和日期设置。用户选择“重新设置”时，如果当前软件处于“显示时间”或“显示日期”模式，则显示模式相应地变为“修改时间”或“修改日期”模式；用户选择“时间设置”时，则显示模式从“修改时间”变为“显示时间”；用户选择“日期设置”时，则显示模式从“修改日期”变为“显示日期”。试根据上述规格说明用状态转换测试方法导出测试条件。

解：根据规格说明，可知软件有 4 个基本状态：显示时间（S1）、显示日期（S2）、修改时间（S3）和修改日期（S4）。由题设给出的规格说明中对状态转移的描述，可以得到如图 2-17 所示的状态转换图。则该状态转换图就是测试条件，记为 TCOND1。

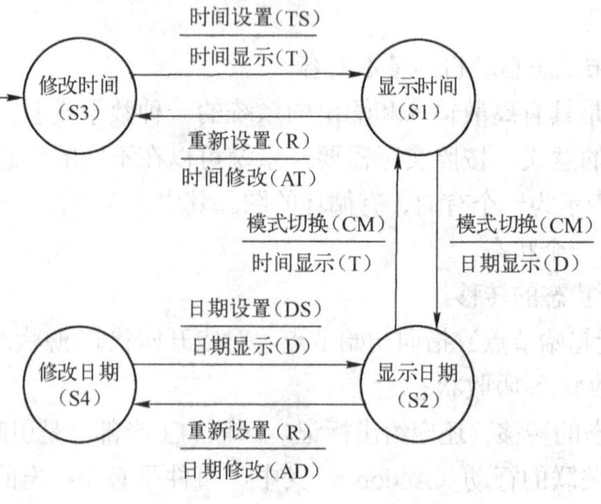

图 2-17　根据规格说明得到的状态转换图

从图中可以看到，在本例中，没有吸收状态，4 个状态之间，S3 与 S1、S1 与 S2、S2 与 S4 之间均能够互相转换。

3. 导出测试覆盖项

在状态转换测试方法中，测试覆盖项由测试完整性要求决定。以下几种选择在测试完整性要求中是较为常见的。

1）测试覆盖项保证软件中每种状态至少访问一次。

2）测试覆盖项覆盖所有有效的单步转换。此条件也称 0-switch 覆盖。

3）测试覆盖项覆盖所有的转换，包括模型中有效的转换及无效的转换（即在某状态下，由某事件引发了转换，但对这些状态并没有规定有效的转换），显然此选择包含了 0-switch 覆盖。

4）测试覆盖项覆盖模型中所有 N+1 个顺序执行的有效转换。此条件也称 N-switch 覆盖。其中，1-switch 覆盖保证所有状态对之间的转换被执行至少一次，是最为常见的一种选择。

此外，在对较为复杂、可靠性要求高的软件进行测试时，应视测试的严格性要求酌情考虑以下几种情况。

1）测试最常见和最普遍的状态转换。

2）测试状态之间最不常用的分支。

3）测试所有错误状态及其返回值。

4）测试随机状态转换。

通常，访问所有的状态是可以实现的，但除了极少数简单程序外，不可能以遍历所有分支的方式来达到每种状态，因为程序的分支数目随选项的增长呈指数增长。因此以上 4 点实际上是运用等价划分方法选择状态转换，也就是选择了不完全测试，因此仍有一定的风险存在。

【例 2-47】 根据【例 2-46】中得到的测试条件，用状态转换测试方法导出测试覆盖项。

解： 首先，选择"测试覆盖项覆盖所有的转换"。可以由【例 2-46】中得到的状态转换图导出状态表，用以表示有效和无效的状态转换（即所有的测试覆盖项）。

0-switch 覆盖的局限性在于所有的测试均针对测试对象的有效状态转换。如果在测试中要求进行更彻底的测试，则应对"无效"的转换也进行测试。状态转换图只是显式地给出了有效转换，而图中有一些状态转换并没有明确表示出（即无效转换），此时或者在状态转换图中包括一个"异常"状态，使得所有的无效转换终结于此状态，或者采用状态表显式地给出有效和无效转换。本例采取后一种方法。

由图 2-17，可以得到如表 2-33 所示的状态表。

表 2-33　由状态转换图得到的状态表

	CM	R	TS	DS
S1	S2/D	S3/AT	S1/–	S1/–
S2	S1/T	S4/AD	S2/–	S2/–
S3	S3/–	S3/–	S1/T	S3/–
S4	S4/–	S4/–	S4/–	S2/D

表 2-33 中的记号的含义见【例 2-46】。状态表的第 1 行列出了所有的事件（输入），第 1 列列出了所有的起始状态。其他表项的含义为相应的结束状态及对应起始状态和输入的动作。例如，表的第 2 行第 2 列中的"S2/D"，代表了在状态 S1 下，发生事件 CM 后，产生相应动作 D，状态变为 S2。如果某个表项中，状态保持不变，而动作标记为"-"，则表示一个空转移，任何可被引发的实际转移都代表一个失效。

在为达到 0-switch 覆盖而设计的测试集中，忽略了对空转移测试。因此更完整的测试集合应既测试可行的转移，也测试空转移，即测试测试对象在所有可能的状态下对所有规定输入的响应。使用状态表，可以较方便地得出测试覆盖项来覆盖所有的空转移。

由表 2-33 可知，为达到覆盖所有转换的目的，可以采用如下测试覆盖项。

TCOVER1：　输入 CM，S1 转移到 S2　　有效转移

TCOVER2：　输入 R，S1 转移到 S3　　　有效转移
TCOVER3：　输入 TS，S1 转移到 S1　　无效转移
TCOVER4：　输入 DS，S1 转移到 S1　　无效转移
TCOVER5：　输入 CM，S2 转移到 S1　　有效转移
TCOVER6：　输入 R，S2 转移到 S4　　　有效转移
TCOVER7：　输入 TS，S2 转移到 S2　　无效转移
TCOVER8：　输入 DS，S2 转移到 S2　　无效转移
TCOVER9：　输入 CM，S3 转移到 S3　　无效转移
TCOVER10：输入 R，S3 转移到 S3　　　无效转移
TCOVER11：输入 TS，S3 转移到 S1　　有效转移
TCOVER12：输入 DS，S3 转移到 S3　　无效转移
TCOVER13：输入 CM，S4 转移到 S4　　无效转移
TCOVER14：输入 R，S4 转移到 S4　　　无效转移
TCOVER15：输入 TS，S4 转移到 S4　　无效转移
TCOVER16：输入 DS，S4 转移到 S2　　有效转移

其次，选择“1-switch 覆盖”。则由图 2-17 所示，可以得到如下测试覆盖项。

TCOVER17：依次输入 CM 和 CM，S1 转移到 S2，然后转移到 S1
TCOVER18：依次输入 CM 和 R，S1 转移到 S2，然后转移到 S4
TCOVER19：依次输入 R 和 TS，S1 转移到 S3，然后转移到 S1
TCOVER20：依次输入 TS 和 CM，S3 转移到 S1，然后转移到 S2
TCOVER21：依次输入 TS 和 R，S3 转移到 S1，然后转移到 S3
TCOVER22：依次输入 CM 和 CM，S2 转移到 S1，然后转移到 S2
TCOVER23：依次输入 CM 和 R，S2 转移到 S1，然后转移到 S3
TCOVER24：依次输入 R 和 DS，S2 转移到 S4，然后转移到 S2
TCOVER25：依次输入 DS 和 CM，S4 转移到 S2，然后转移到 S1
TCOVER26：依次输入 DS 和 R，S4 转移到 S2，然后转移到 S4

4. 导出测试用例

状态转换测试法在导出测试用例时，测试用例可以覆盖一个或多个转换，其上限是最多可能的状态转换数目。例如，测试用例既可以按照满足 0-switch 覆盖和 1-switch 覆盖标准导出，也可以按满足二者之一来导出，或者要求覆盖无效转换。在每个测试用例中都应至少执行一个测试覆盖项。具体而言，有以下 4 个步骤。

1）选择一个或多个尚未被已有的测试用例所包含的测试覆盖项，使其包含在当前的测试用例中。

2）对所有输入进行赋值，以执行包含在测试用例中的测试覆盖项。

3）根据输入数据，确定测试用例执行后的预期输出结果。

4）重复步骤 1）～3），直到满足预设的测试覆盖率指标为止。测试覆盖率的计算见式（2-1）。

【例 2-48】 根据【例 2-47】中得到的测试覆盖项，用状态转换测试方法导出测试用例。

解： 根据【例 2-47】中得到的测试覆盖项，即可导出测试用例。从状态转换图中可以得到执行所覆盖的状态转换所需的输入，以及预期的结果，包括预期的输出和转移后的状态。

下面就满足 0-switch 覆盖、1-switch 覆盖标准和覆盖无效状态转换分别介绍。

（1）0-switch 覆盖对应的测试用例

在【例 2-47】中得到的 TCOVER1～TCOVER16 中，共有 6 个有效转换，则对应于 6 个测试用例，每个测试用例覆盖一个测试覆盖项。根据状态转换图，可以得到每个测试用例的起始状态、输入、预期输出和结束状态。测试用例如表 2-34 所示。

表 2-34　0-switch 覆盖对应的测试用例

测试用例	起始状态	输　入	预期输出	结束状态	覆盖的测试覆盖项
1	S1	CM	D	S2	TCOVER1
2	S1	R	AT	S3	TCOVER2
3	S2	CM	T	S1	TCOVER5
4	S2	R	AD	S4	TCOVER6
5	S3	TS	T	S1	TCOVER11
6	S4	DS	D	S2	TCOVER16

以测试用例 1 为例，其起始状态为“显示时间”，在该状态下单击界面按钮“模式切换”，对应该输入的动作为“日期显示”，进入结束状态“显示日期”。其他测试用例的含义类似，这里不再一一给出。6 个测试用例执行了所有的有效转换，因此达到了 0-switch 覆盖。但是这种覆盖虽然能检测出绝大多数明显的错误（因为它们是用户最常执行的操作），但对于暴露一些较为隐蔽的错误（例如需要执行一系列状态转换）仍无能为力。

（2）覆盖无效转换对应的测试用例

由无效转换定义的测试用例如表 2-35 所示。

表 2-35　无效转换对应的测试用例

测试用例	起始状态	输　入	预期输出	结束状态	覆盖的测试覆盖项
7	S1	TS	无	S1	TCOVER3
8	S1	DS	无	S1	TCOVER4
9	S2	TS	无	S2	TCOVER7
10	S2	DS	无	S2	TCOVER8
11	S3	CM	无	S3	TCOVER9
12	S3	R	无	S3	TCOVER10
13	S3	DS	无	S3	TCOVER12
14	S4	CM	无	S4	TCOVER13
15	S4	R	无	S4	TCOVER14
16	S4	TS	无	S4	TCOVER15

从表 2-35 中可以看到，对于无效转换，无论给予何种输入，测试对象的状态都不应该发生转换。表 2-34 和表 2-35 一起构成了对所有转换的覆盖。

（3）1-switch 覆盖对应的测试用例

1-switch 覆盖对应于所有的顺序执行的两个状态转换对。根据【例 2-47】得到的 1-switch 测试覆盖项，测试用例如表 2-36 所示。

表 2-36　1-switch 覆盖对应的测试用例

测试用例	起始状态	输入 1	预期输出 1	第二状态	输入 2	预期输出 2	结束状态	覆盖的测试覆盖项
17	S1	CM	D	S2	CM	T	S1	TCOVER17
18	S1	CM	D	S2	R	AD	S4	TCOVER18
19	S1	R	AT	S3	TS	T	S1	TCOVER19
20	S3	TS	T	S1	CM	D	S2	TCOVER20
21	S3	TS	T	S1	R	AT	S3	TCOVER21
22	S2	CM	T	S1	CM	D	S2	TCOVER22
23	S2	CM	T	S1	R	AT	S3	TCOVER23
24	S2	R	AD	S4	DS	D	S2	TCOVER24
25	S4	DS	D	S2	CM	T	S1	TCOVER25
26	S4	DS	D	S2	R	AD	S4	TCOVER26

以测试用例 17 为例，该测试用例包含了两个转换。第一个转换的起始状态为“显示时间”，在该状态下单击界面按钮“模式切换”，对应输出的动作为“日期显示”，进入第一个转换的结束状态“显示日期”。对于第二个转换，再次单击界面按钮“模式切换”，对应输出的动作为“时间显示”，进入结束状态“显示时间”

其他测试用例的含义类似，这里不再一一给出。从理论上讲，还可以通过测试更长的状态转换序列达到更高阶的覆盖（如 2-switch、3-switch 等），在具体项目中可以视测试要求决定是否采用这些方式。

2.3　习题与练习

1. 概念题

1）请概述软件产品规格说明书对测试的意义。

2）静态黑盒测试中，哪些属于高层审查技术关注的范畴？

3)“用户如果要加快文件处理的速度，则通常应该选择‘快速压缩’选项，在这种情况下程序将有迅速的响应。”以上语句摘自产品规格说明书，请分析其中存在问题的术语。

4）可以对产品规格说明书进行白盒测试吗？为什么？

5）请概述动态黑盒测试的主要内容。

6）请概述等价类划分的原则。

7）请概述边界值分析方法的原理。

8）为什么在边界值分析方法中，稍大于下边界值（min+）也作为测试覆盖项？

9）请概述健壮性边界值测试与普通边界值测试的区别。

10）为什么决策表方法能够验证程序的逻辑流程？

11）请概述状态转换测试方法的原理。

12）请根据图 2-15，即修改条件部分后登录界面问题的因果图，构造相应的决策表，并对比该决策表与表 2-31 的差异。由该决策表导出的测试用例与由表 2-31 导出的测试用例是否相同？为什么？

2. 分析设计题

1）登录校验界面，如图 2-18 所示。其中用户名和密码都不能为空，用户名和密码都只能包含字母和数字，用户名不能以数字作为首字符，用户名和密码的最大长度都是 8。回答以下问题。

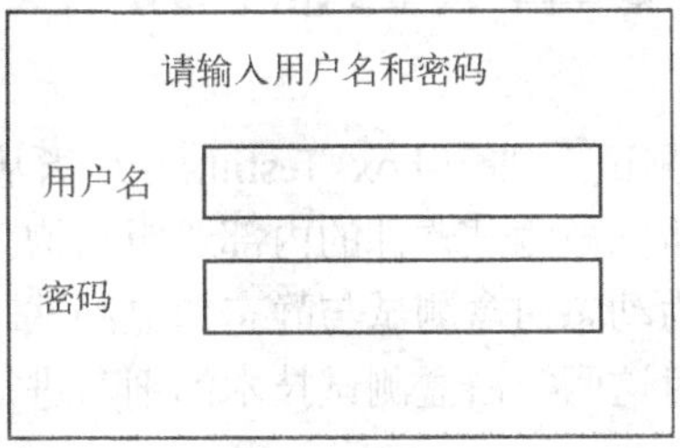

图 2-18　登录校验界面

- 使用等价类划分方法（采用最小化方式导出测试用例）设计测试用例。
- 在对用户名进行健壮性边界值分析测试时，需要补充哪几个测试用例？

2）电话号码的查询界面如图 2-19 所示。对地区码和电话号码的规定如下。

- 地区码：以 0 开头的 3 位或者 4 位数字（如 028、0311 等）。
- 电话号码：以非 0、非 1 开头的 8 位数字。

假定被测软件的功能是接受符合上述规定的电话号码，拒绝所有不符合规定的号码并给出相应的提示（如“地区码不合规定”“电话号码不合规定”等）。假定两个输入框均只接受数字，且“地区码”文本框中最多可输入 4 个数字，“电话号码”文本框中最多可输入 8 位数字。

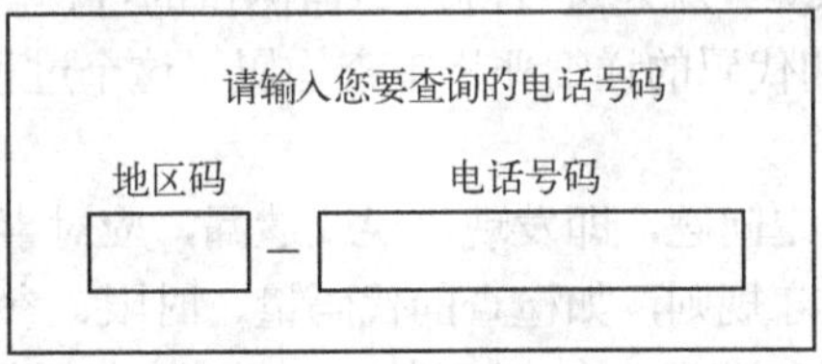

图 2-19　电话号码查询界面

分别采用完全组合测试方法、成对测试方法、逐个选择测试方法及基本选择测试方法导出测试用例。

3）根据【例 2-33】中得到的测试覆盖项，采用最大化方法导出测试用例。然后自己选择 3 个类，对其采用最大化方法导出测试用例，并对两种结果进行对比。

4）根据【例 2-8】中给出的三角形问题，用决策表方法设计测试用例。

5）某软件规格说明书包含这样的要求：输入字符串的第一列字符必须是 A 或 B；第二列字符必须是一个数字。在此情况下进行文件的修改，但如果第一列字符不正确，则给出信息 L；如果第二列字符不是数字，则给出信息 M。根据以上信息，用因果图方法设计测试用例。

6）根据第 5）题中给出的软件规格说明，分析软件可能有几个状态，状态之间转换的条件是什么？并用状态转换测试方法设计测试用例。

第 3 章　白盒测试技术

白盒测试（也称为透明盒测试，Clear-box Testing）是指基于系统或构件的内部实现机制的测试形式。白盒测试侧重于研究被测试软件的内部逻辑结构。根据是否需要运行测试对象，白盒测试技术可以进一步划分为动态白盒测试与静态白盒测试。本章主要介绍静态白盒测试和动态白盒测试的基本概念，并对这两类白盒测试技术的细节进行详细讨论。

3.1　静态白盒测试技术

静态白盒测试是指在不执行软件的条件下有条理地仔细审查软件设计、体系结构或代码，从而找出软件缺陷的过程。有时也称为结构化分析。

进行静态白盒测试的首要原因是可以尽早发现软件缺陷，特别是动态白盒测试难以发现或隔离的缺陷，从而降低修复成本（早期测试）。其次，白盒测试员通过研究审查评论，能够确定容易产生缺陷的特性范围，从而为设计测试用例提供思路。

3.1.1　正式审查

正式审查（Formal Review）就是进行静态白盒测试的过程。正式审查的含义广泛，从两个程序员的交谈到软件设计和代码的详细严格审查均属于这个过程。

1. 正式审查的 4 个要素

1）正式审查的目的是确定问题，即发现错误或遗漏，应对事不对人。

2）正式审查的过程应遵守规则，如检查的代码量、时限、参与者角色和目标等。

3）正式审查在事前要充分准备，在审查过程中找到的大部分问题是在准备期间而不是实际审查期间发现的。

4）正式审查在事后要编写书面总结报告，尽快沟通，落实整改。

正式审查过程要按已经建立的流程来执行，务必重视其“正式”性，执行过程中应特别注意杜绝随意性，不能成为“凑在一起看代码”的形式。

2. 正式审查的效果

如果正式审查严格遵循流程正确运行，可以带来两方面的效果。直接效果是能够在早期发现软件缺陷，从而降低缺陷修复成本；间接效果则包括以下几个方面。

1）在白盒测试员、程序员和项目管理者之间有效交流信息，厘清一些模糊认识，促进产品的管理、开发和测试。

2）通过逐行审查代码，使得程序员更为仔细，从而提高代码的质量。

3）通过对解决方案的详细讨论，能够更有效地解决问题。

4）促进开发团队的彼此了解和尊重，加强合作。

3. 正式审查的基本形式

正式审查有以下几种常见形式。

（1）同事审查

同事审查（Peer Review）适用于初次正式审查，是要求最低的正式方法，也称为伙伴审查。同事审查常常仅在编写代码或设计体系结构的程序员、充当审查者的其他一两个程序员和测试员之间进行。为了保证审查的效率，所有参加者必须特别注意正式审查的4个要素。

同事审查的主要内容是指对他人的代码（也可以是设计文档和规格说明文档）的质量、可读性及可用性等方面进行匿名评价。同事审查的具体实现形式多种多样，下面仅列举一个例子。

参加者每人上交自己编写的两个程序，分别是他自己认为质量最好的和质量次好的。所有的程序都被随机分发给其他参加者。然后，每个参加者评估自己分到的程序，从中选择两个质量最好的和两个质量次好的程序，并进行详细评估。最后，每个参加者得到自己递交的程序的评估结果及整个测试的统计数据。

通过同事审查，程序员还可以对自己的能力进行较深入的审视。应注意的是，参加者的评价应尽量客观，避免做出情绪化的评价。这也是上文中强调必须特别注意正式审查的4个要素的原因。

（2）走查

在走查（Walk Through）过程中，编写代码的程序员向5人小组或其他程序员和测试员组成的小组做正式陈述。审查人员事前应获得软件复本，以便检查及编写备注和问题，审查人员中应有至少一位资深程序员。

编写代码的程序员通常作为陈述者逐行或逐个功能模块通读代码并解释其工作机制，审查人员聆听陈述并就目前解决方案的合理性进行讨论，并提出自己的疑问。一般而言，在走查过程中，审查小组还需要以较为简单的测试数据来对程序的运行进行人工模拟，以此作为讨论的入口。注意在审查后，表述者应编写报告，说明发现了哪些问题，计划如何解决发现的缺陷。

（3）检验

检验（Inspections，也称Fagan Inspections）是最正式的审查，组织化高，需要事先培训。检验与走查最大的不同是表述者不是编写代码的程序员。在检验过程中，对要审查的代码逐行进行检视。检验小组成员在检验开始前几天获得代码、规格说明和其他相关文档。

在检验小组中，每个成员都有明确的任务分工。评审主持人负责检验会议的组织和运行，保证检验过程遵守规则且有建设性的推进。通常在小组中有 1～2 个有足够知识背景的表述者，负责阐释代码。编写代码的程序员一般只旁听会议，只有在必要时对表述者进行协助。除此之外，检验小组中的其余检验员负责从不同角度（例如客户、测试员或产品支持人员）审查代码。其中一些检验员还兼任会议协调员和会议记录员。

在检验会议的正式审查阶段，表述者一次对若干行代码从较高的抽象层次进行阐述，并不拘泥于代码本身。接下来小组成员向其提问或进行讨论，尽量在此期间发现可能的错误。在讨论中应当用检查清单（见3.1.3节）对代码进行检查。

检验会议完成后，检验员和协调员应共同整理出一份书面报告，记录发现的问题和要做的工作。注意发现的问题不要在检验中进行修改，以防止小组偏离预定的目标。在会后，代码编写者负责解决所有发现的问题。根据修改的范围和规模，修改后的代码有可能进行重新检验，以便找到更多问题。如果问题不多且严重程度也不高，则允许由评审主持人自行进行检验。

检验是发现设计文档和代码中缺陷的有效方法，但需要对编写代码的程序员秉持一种建设性的态度，检验的结果通常不作为对代码编写者的评价依据。

以上介绍的 3 种正式审查形式有一个共同的潜在危险，即难以真正从深层次对程序进行检查。参与者通常疲于应付大量的新信息，也不一定在问题的相关领域有足够的知识，另外其职责也不一定能很好地厘清。但是，如果仔细规划、合理组织、认真执行，检验仍不失为发现缺陷、提高软件质量的重要途径。

在正式审查中，采用形式化方法是近年来的一个重要趋势，限于篇幅不在本书中介绍，读者请参阅参考文献[25]。

3.1.2 编码标准和规范

标准和规范是两个近似的概念，其差异在于标准的刚性较大，没有例外情况，而规范要放松一些。标准是建立起来的，经修补且是必须遵守的规则，即规定做什么，不做什么；而规范是建议最佳做法、推荐更好的方式。

在正式审查中，可以发现代码中存在的问题，但还有一些情况是代码虽然可以运行，但其编写并不符合某种标准和规范。因此在正式审查中还应注意对标准和规范的检查。坚持标准或规范的原因主要包括以下几个方面。

1）按照标准和规范编写的代码可靠性更高。

2）按照标准和规范编写的代码可读性及维护性更好。

3）一般而言，按照标准和规范编写的代码移植性更好。

下面摘引了部分 Java 语言规范中的编码标准。完整信息请见参考文献[26]。

1. 文件组织（File Organization）

一个文件由被空行分割而成的段落及标识每个段落的可选注释共同组成。超过 2000 行的程序难以阅读，应该尽量避免。

每个 Java 源文件（Java Source Files）都包含一个单一的公共类或接口。若私有类和接口与一个公共类相关联，可以将它们和公共类放入同一个源文件。公共类必须是这个文件中的第一个类或接口。

Java 源文件还遵循以下规则。

1）开头注释。所有的源文件都应该在开头有一个 C 语言风格的注释，其中列出了类名、版本信息、日期和版权声明。

```
/*
 * Classname
 *
 * Version information
 *
 * Date
 *
 * Copyright notice
 */
```

2）包和引入语句。在多数 Java 源文件中，第一个非注释行是包语句。在它之后可以跟 import 语句，如下所示。

```
package java.awt;
```

```
import java.awt.peer.CanvasPeer;
```

3）类和接口声明。表 3-1 描述了类和接口声明的各个部分，以及它们出现的先后次序。

表 3-1　类和接口声明的各个部分及先后次序

出现次序	类/接口声明的各部分	注　释
1	类/接口文档注释（/**……*/）	该注释中所需包含的信息
2	类或接口的声明	声明相应的类或接口
3	类/接口实现的注释（/*……*/）如果有必要的话	该注释应包含任何有关整个类或接口的信息，而这些信息又不适合作为类/接口文档注释
4	类的（静态）变量	首先是类的公共变量，随后是保护变量，再后是包一级别的变量（没有访问修饰符），最后是私有变量
5	实例变量	首先是公共级别的，随后是保护级别的，再后是包一级别的（没有访问修饰符），最后是私有级别的
6	方法	这些方法应该按功能，而非作用域或访问权限分组。例如，一个私有的类方法可以置于两个公有的实例方法之间。其目的是为了更便于阅读和理解代码

2. 缩进排版（Indentation）

缩进排版的一个单位一般为 4 个空格。缩进的确切解释并未详细指定（一般用空格或制表符）。一个制表符等于 8 个空格。

（1）行长度（Line Length）

尽量避免一行的长度超过 80 个字符，因为很多终端和工具不能很好处理。注意：用于文档中的例子应该使用更短的行长，长度一般不超过 70 个字符。

（2）换行（Wrapping Lines）

当一个表达式无法容纳在一行内时，可以依据以下规则换行。

1）在一个逗号后面断开。

2）在一个操作符前面断开。

3）宁可选择较高级别（Higher-level）的断开，而非较低级别（Lower-level）的断开。

4）新的一行应该与上一行同一级别表达式的开头处对齐。

5）如果以上规则导致代码混乱或者使代码都堆挤在右边，那就代之以缩进 8 个空格。

以下是断开方法调用的一些例子。

```
someMethod(longExpression1, longExpression2, longExpression3,
           longExpression4, longExpression5);
var = someMethod1(longExpression1,
                  someMethod2(longExpression2,
                              longExpression3));
```

以下是两个断开算术表达式的例子。前者更好，因为断开处位于括号表达式的外边，属于较高级别的断开。

```
longName1 = longName2 * (longName3 + longName4 - longName5)
            + 4 * longname6; //更好的方式
longName1 = longName2 * (longName3 + longName4
                         - longName5) + 4 * longname6;//应避免的方式
```

以下是两个缩进方法声明的例子。前者是常规情形，后者若使用常规的缩进方式将会使第二行和第三行移得很靠右，所以代之以缩进 8 个空格。

```
//常规情形
someMethod(int anArg, Object anotherArg, String yetAnotherArg,
                    Object andStillAnother) {
...
}
//缩进 8 个空格以避免很长的缩进
private static synchronized horkingLongMethodName(int anArg,
        Object anotherArg, String yetAnotherArg,
        Object andStillAnother) {
...
}
```

if 语句的换行通常使用 8 个空格的规则，因为常规缩进（4 个空格）会使语句体看起来比较吃力。如下面的代码所示。

```
//避免使用下面这种缩进
if ((condition1 && condition2)
    || (condition3 && condition4)
    ||!(condition5 && condition6)) {
    doSomethingAboutIt();
}
//使用下面这种缩进方式
if ((condition1 && condition2)
        || (condition3 && condition4)
        ||!(condition5 && condition6)) {
    doSomethingAboutIt();
}
//或使用下面这种缩进方式
if ((condition1 && condition2) || (condition3 && condition4)
        ||!(condition5 && condition6)) {
    doSomethingAboutIt();
}
```

3. 声明（Declarations）

（1）每行声明变量的数量（Number Per Line）

推荐一行一个声明，因为这样以利于写注释。亦即，

```
int level; // indentation level
int size; // size of table
```

要优于，

```
int level, size;
```

不要将不同类型变量的声明放在同一行，如下面的代码所示。

```
int foo, fooarray[]; //错误!
```

注意：上面的例子中，在类型和标识符之间放了一个空格，另一种被允许的替代方式是使用制表符。

（2）初始化（Initialization）

尽量在声明局部变量的同时初始化。唯一允许的例外情况是变量的初始值依赖于某些先前发生的计算。

（3）布局（Placement）

只在代码块的开始处声明变量（一个块是指任何被包含在大括号“{”和“}”中间的代码）。不要在首次用到该变量时才声明。这会把注意力不集中的程序员弄糊涂，同时会妨碍代码在该作用域内的可移植性。

```
void myMethod() {
    int int1 = 0; // 方法块的开始
    if (condition) {
        int int2 = 0; // if 块的开始
        ...
    }
}
```

该规则的一个例外是 for 循环的索引变量。

```
for (int i = 0; i < maxLoops; i++) { ... }
```

避免声明的局部变量覆盖上一级声明的变量。例如，不要在内部代码块中声明相同的变量名。

```
int count;
...
myMethod() {
    if (condition) {
        int count = 0; // 避免这样声明
    ...
    }
    ...
}
```

（4）类和接口的声明（Class and Interface Declarations）

当编写类和接口时，应该遵守以下格式规则。

1）在方法名与其参数列表之前的左括号“(”间不要有空格。

2）左大括号“{”位于声明语句同行的末尾。

3）右大括号“}”另起一行，与相应的声明语句对齐，除非是一个空语句，此时的“}”应紧跟在“{”之后。

```
class Sample extends Object {
    int ivar1;
    int ivar2;
    Sample(int i, int j) {
```

```
            ivar1 = i;
            ivar2 = j;
    }
        int emptyMethod() {}
            ...
    }
```

4）方法与方法之间以空行分隔。

3.1.3 代码审查要点

下面介绍在正式审查中应重点审查的问题。检查这些问题的目的是将代码与标准或规范比较，确保代码符合项目的设计要求。为了有效地审查程序代码，测试人员应当具备一定的编程经验。

1. 数据声明与初始化中的常见问题

1）变量是否都赋予正确的类型和存储类别。例如，变量在程序中是否存在发生溢出的可能性。

2）变量是否在声明的同时就进行了初始化，如果是的话，其值是否正确并与其类型一致。

3）多个变量在初始化时赋值的顺序是否正确。

4）静态变量和全局变量的初始化顺序是否正确。

5）变量之间是否存在名称类似、不易区分的情况。这本身不算软件缺陷，但有可能带来非常难以发现的缺陷。例如变量 l1 和 ll、l0 和 lo 等，如果出现，很有可能在代码中混淆使用。

6）是否存在声明过、但从未引用或者只引用过一次的变量。应尽量避免这种情况的出现。

7）如果某些变量没有显式声明，那么应检查该变量在哪个模块中做了声明，并核实其声明在本模块中是否适用。

8）类的构造函数中是否对需要初始化的成员变量都进行了初始化。注意在 C++语言中，成员变量初始化的方法较多，应特别注意检查。

9）类的定义中，是否有私有变量和私有函数放到了公有定义部分。

10）数组的初始化是否正确。

11）数据结构里的成员类型定义是否正确。

12）结构体里面的变量顺序安排是否合理，数据是否对齐。

13）常量是否使用了宏来进行定义。

14）全局变量是否是必需的。

15）字符串是否以'\0'作为结尾。

16）字符串有没有超长的情况存在。

2. 数据引用中的常见问题

1）变量在使用之前是否确保已经被初始化；每次使用静态变量时是否需要重新初始化；没有重新初始化的静态变量多次使用会不会导致溢出。

2）数组和字符串的下标是否是整数，下标是否在数组和字符串长度范围之内。

3）检索或引用数组下标时是否包含“差 1 错误”。

4）在应该使用常量的地方是否使用了变量。

5）变量引用时是否引发隐式类型转换，例如，为整形变量赋予一个浮点数值。

6）引用指针时是否已经为该指针分配了内存。

7）存在多个任务引用数据结构时，是否存在数据重入问题。

8）内存或数组在每次使用前是否需要初始化清零。如果没有清零，是否是程序算法中所需要的。

9）如果有多个任务同时访问共享变量，是否对其进行了必要的保护。

10）字符串指针指向的位置是否存在差 1 问题。

11）字符串指针及字符串内容为空可能产生什么后果。

12）在对字符串进行复制或连接操作时，是否有足够的空间。

3. 计算错误

1）计算表达式是否完全正确，应逐字符进行验证。

2）计算中是否使用了不同数据类型的变量（如整型与浮点型相加），或者使用了类型相同但长度不同的变量（如整形和短整形相加），从而引起编译器的隐式类型转换。

3）赋值的目的变量长度是否足够容纳赋值表达式的值。

4）在数值计算过程中是否可能出现溢出（如两个整数相乘，结果超出了整数最大范围）。

5）除数或模（有可能是多个数字的运算结果）是否可能为零。

6）整型算术运算中，处理某些计算（特别是除法）的代码是否会导致精度丢失（如截断误差和舍入误差）。误差是否会随计算的进行而累积下去，导致误差不可控。

7）对于包含多个操作数的表达式，求值的次序是否混乱，运算优先级是否正确，必要时需要加括号使其清晰化。

8）是否可以对算法进行优化以提高效率。

9）是否存在某个变量会累积增加，导致长时间运行后的溢出。

10）“++”、“--”操作符是放在变量的前面还是后面，这样处理是否有错误。

11）使用 sizeof 运算符计算空间大小时，是否出现了要计算一个结构体或数组的空间大小，却计算成了指针的空间大小的情况。

12）计算中是否有变量的类型转换存在（尤其应注意有符号数和无符号数之间的转换），如果有，是否采用安全的转换机制。采用了强制转换时是否会造成截断、溢出或越界等问题。

13）是否存在语言的标准里未指定、由实现决定的特殊情况。如果不注意的话可能导致一些非常隐蔽的错误。对这类错误的鉴别需要经验和知识的长期积累。

【例 3-1】 分析下面代码存在的问题。

```
1    STATIC struct strlist * msort(struct strlist *list, int len){
2        int half;
3        // 省略部分代码行
4        half = len >>1;
5        // 省略部分代码行
6    }
```

解：上述代码第 2 行中定义 half 为 int 型，如果在下面的计算中 half 的结果是负数，在第 4 行对其进行右移运算时应特别当心。因为右移操作的方式是由平台的处理器决定的，并未在 C 或 C++标准中指定。有的实现是右移后用符号位填充，这样不会产生结果上的错误，但有的实现是用 0 填充，这样结果就完全不对了。

4. 比较错误

1）进行比较的表达式是否存在问题，例如应该是“<”还是“<=”。

2）如果存在浮点数之间的比较，有没有考虑精度问题。因为目前采用的浮点数标准 IEEE 754（浮点数的表示与运算）中，一个浮点数的值与其精确值之间可能有差异（如 0.1 可能是 0.10000000000000009），因此不宜直接比较，见下面的示例。

```
if(a==b){...}  // 不正确
if((a-b) < 1e-6 && (a-b) > -1e-6){...} //正确
```

3）每一个逻辑表达式是否都正确表达，逻辑计算是否按预计的进行。

4）逻辑表达式的操作数是否是逻辑值，是否包含整形变量用于逻辑计算。

5）逻辑等号“==”是否误写成赋值号“=”。

6）逻辑运算符是否正确，如“|”和“||”、“&”和“&&”运算符是否混淆掉。这种情况可能导致一些非常微妙的软件缺陷。

【例 3-2】 分析下面两组代码是否等价。

第 1 组：

```
if((period >0) & (period<time_s.length()-1))
if ((period >0) && (period<time_s.length()-1))
```

第 2 组：

```
if((nodes != null) & (nodes.size()>0))
if((nodes != null) && (nodes.size()>0))
```

解：第 1 组等价，而第 2 组不等价。注意编译器对逻辑判断的处理方式。对于“&&”，只要编译器发现某一个条件为 False，则不再进行其后的表达式的计算，直接返回 False。在第 1 组中，由于参与计算的是数值变量，因此采用“&”和“&&”没有本质的差别。

但是在第 2 组中，参与计算的是类的实例变量。对于“&”，并没有类似“&&”的规定，因此在语句 if((nodes != null) & (nodes.size()>0))中，在计算完第 1 个表达式后，还要进行第 2 个表达式的计算。此时如果 nodes 为 null，那么 nodes.size()的引用无疑将导致错误。但在第 2 条语句中，如果 nodes 为 null，就不会计算后一个表达式了，所以不会导致任何问题。

5. 控制流程错误

1）程序、模块、子程序和循环能否终止？如果不能终止，对程序的规格说明而言是否可以接受。

2）循环是否可能永不执行？如果存在这种情况，对程序的规格说明而言是否可以接受。

3）循环变量是否进行了初始化。

4）循环的中止条件是否在某些情况下因无法满足，而造成死循环。

5）循环的边界上是否会造成问题。

6）如果程序包含像 switch…case 语句这样的多个分支，索引变量是否超出可能的分支数目。

7）是否存在“差 1”错误，导致循环时出现意外的流程。

6. 函数的参数错误

1）函数的形参的类型和大小与调用代码的实参是否匹配，次序是否正确。

2）常量是否当做形参传递，但在函数中的某处对其进行了改动。

3）函数是否更改了仅作为输入值的参数。

4）每一个参数对应的物理单位是否与相应的形参的物理单位匹配，有没有单位转换的问题。

5）全局变量在所有包含对其引用的函数中是否有相同的定义和属性。

6）函数参数是否需要进行校验。还有一些典型情况中，并非一定是函数的参数，但仍应仿照函数参数对其进行校验，例如从文件读取的数据是否需要进行校验、使用全局数据时是否需要进行校验、通信收到的数据是否需要进行校验，以及从消息中接收到的数据是否需要校验等。

7. 输入/输出错误

1）软件是否严格遵守外部设备读写数据的专用格式。

2）文件或者外设不存在或者未准备好的情况有没有对应的检查代码。

3）软件是否有处理读写过程中存储空间占满等情况的检查代码。

4）软件是否有处理预计的错误的代码。

5）检查错误提示信息是否准确、精确，以及有无语法和拼写错误等。

8. 其他检查

1）软件是否使用其他外语，是否需要用 Unicode 取代 ASCII。

2）软件是否要移植到其他编译器和 CPU。与系统相关的调用是否都装在专门的模块里，非系统功能封装模块中是否调用了某个系统特有的 API 或函数。

3）程序中的变量或数据是否存在大小字节顺序问题。

4）结构体数据对齐格式是否兼容各个系统。

5）是否使用了行内汇编代码。

6）是否考虑了软件和硬件的兼容性。

7）是否考虑了编译器警告信息，有无对其的分析结果。

此处必须说明，绝不能指望通过代码审查就能够发现绝大多数缺陷。事实上，审查发现的问题一般都不会比动态测试发现的问题多。审查的必要性体现在审查所发现的问题中很多都是很难、甚至无法通过动态测试发现的。另外一些问题，通过代码审查发现的代价要远远小于动态测试。

3.2 动态白盒测试技术

动态白盒测试是指通过查看代码功能（做什么）和实现方式（怎么做）得到信息，来确定测试内容（哪些需要测试，哪些不需要测试）和测试方法（如何开展测试）。又称为结构化测试（Structural Testing）。对于动态白盒测试而言，其优势在于了解软件内部情况和工作方式，在明确了实现细节的前提下，可以选择更合适的测试方法。

动态白盒测试的内容主要包括：直接测试底层函数、过程、子程序和库（API）；以完整程序的方式从顶层测试软件，并根据对软件运行的了解调整测试用例；或从软件获得变量和状态信息的访问权，以便确定测试与预期结果是否相符，或者强制软件以正常测试难以实现的方式运行；估算执行测试时命中的代码量和具体代码，然后做相应的调整，去掉多余的测试用例，补充遗漏的测试用例。

本节详细分析和介绍了软件测试领域最新国际标准 ISO/IEC/IEEE P29119—4（目前处于草案阶段）中列出的一些典型的动态白盒测试方法。

3.2.1 语句测试方法

1. 概述

语句测试（Statement Testing）方法主要着眼于测试对象的语句。这种测试方法导出的测试用例集在执行时应覆盖事先定义的最小数目语句。一般而言，要求执行测试对象的所有语句。

显然，语句测试方法基于对测试对象语句的分析。但直接从代码分析往往并不方便，而且在程序结构复杂的情况下容易出错。为此，应先将测试对象的代码转换为控制流图。下面介绍控制流图的基本知识。

程序的控制流图（Control Flow Graph，CFG）是测试中常用的图结构，CFG 通过描述控制结构，对方法的执行过程进行建模。

（1）CFG 的要素

1）基本块：是程序中的一个语句序列，满足如下条件：如果其中的第一条语句被执行，则该序列包含的其他语句也会被执行（即其中无任何分支）。

2）节点：语句或基本块。

3）边：程序的控制转移（一般应在边上注明相应的条件）。

（2）顺序执行语句的 CFG 表达

显然，顺序执行的语句用基本块即可表示。

（3）判断语句的 CFG 表达

此时，在 CFG 中引入一个决策节点，用决策节点的出边表示判断的分支。

【例 3-3】 给出下面代码片段的 CFG 图。

```
1  if (x < y){
2      y = 0;
3      x = x + 1;
4  }
5  else{
6      x = y;
7  }
8  z = x+y;
```

解：显然，第 2、3 行语句是顺序执行的，因此构成一个基本块，第 1 行语句即是一个决策节点。上面代码片段对应的 CFG 图如图 3-1 所示。

图 3-1 中，节点 1 代表了测试条件 x<y，有不止一条出边，称为决策节点。节点 4 有不止一条入边，称为汇合节点。

判断语句有不同的形式，下面两个例子给出了两种典型情况。其他情况则不难类推。

【例 3-4】 给出下面代码片段的 CFG 图。

```
if (x < y){
    y = 0;
    x = x + 1;
}
z = x+y;
```

解：上面代码片段的判断语句中，只有 if 语句而没有对应的 else 语句，相应的 CFG 图如图 3-2 所示。

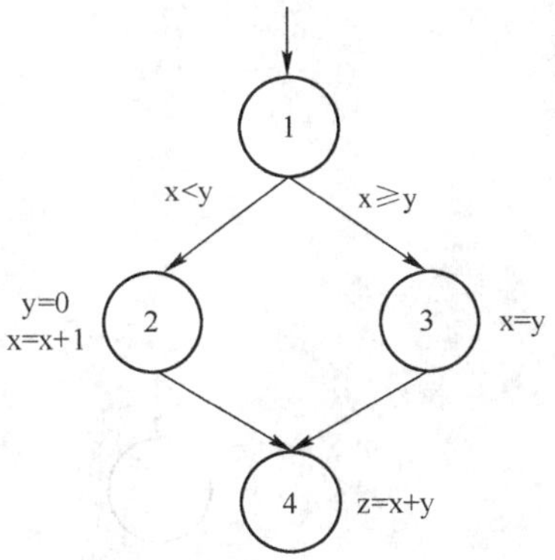

图 3-1　if-else 语句的 CFG 图

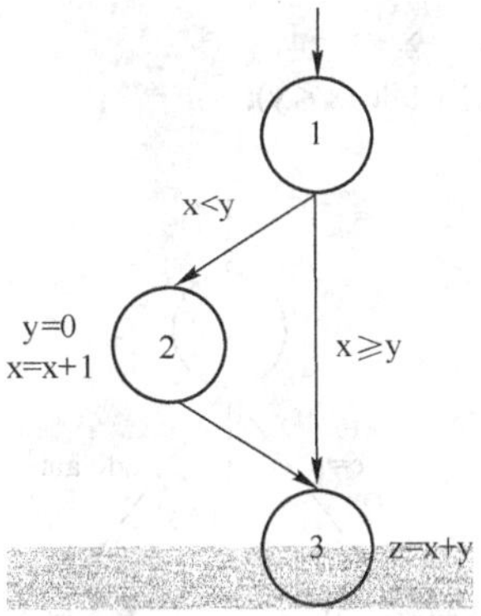

图 3-2　无 else 语句情况下的 CFG 图

【例 3-5】 给出下面代码片段的 CFG 图。

```
read(c) ;
switch(c){
    case 'n':
        y = 25;
        break;
    case 'y':
        y = 50;
        break;
    default:
        y = 0;
        break;
}
```

解： 上面代码片段是 switch-case 语句，对应的 CFG 图如图 3-3 所示。

（4）循环结构的 CFG 表达

表达循环语句有时需要增加一些额外的节点，这些节点不代表程序的语句或基本块。以下 3 个例子给出了典型循环结构的 CFG 图的绘制方法。

【例 3-6】 给出下面代码片段的 CFG 图。

```
x = 0;
while(x < y){
    y = f (x, y);
    x = x + 1;
}
```

解： 上面代码片段是 while 语句，对应的 CFG 图如图 3-4 所示。

图 3-4 中，节点 2 即是增加的虚拟节点，不代表程序中的语句或基本块。

【例 3-7】 给出下面代码片段的 CFG 图。

```
x = 0;
do
{
    y = f (x, y);
```

```
        x = x + 1;
    } while (x < y);
```

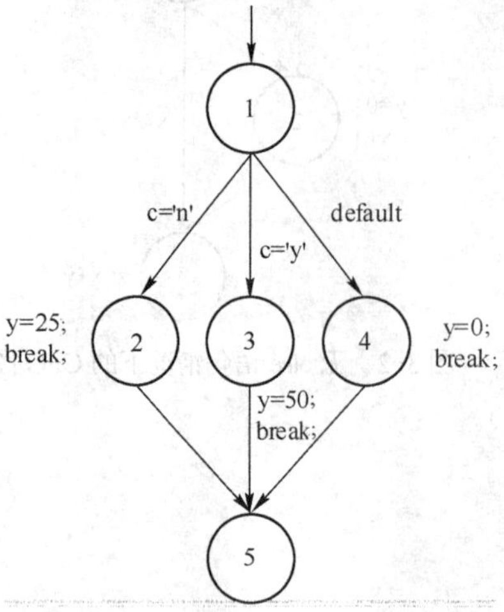

图 3-3　switch-case 语句的 CFG 图

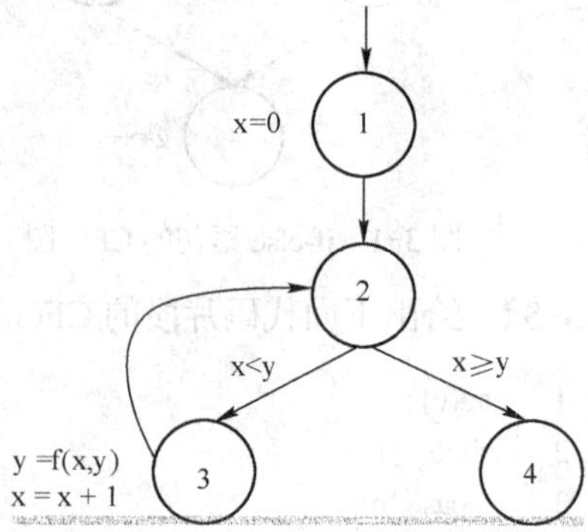

图 3-4　while 语句的 CFG 图

解：上面代码片段是 do-while 语句，对应的 CFG 图如图 3-5 所示。

【例 3-8】 给出下面代码片段的 CFG 图。

```
1  for (int x = 0; x < y; x++){
2        y = f(x, y);
3  }
```

解：上面代码片段是 for 语句，对应的 CFG 图如图 3-6 所示。

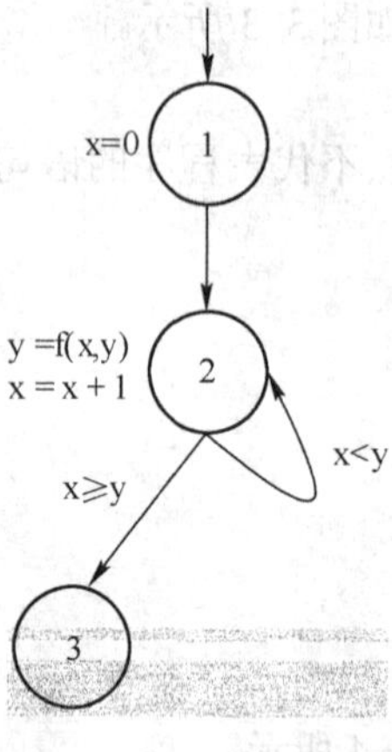

图 3-5　do-while 语句的 CFG 图

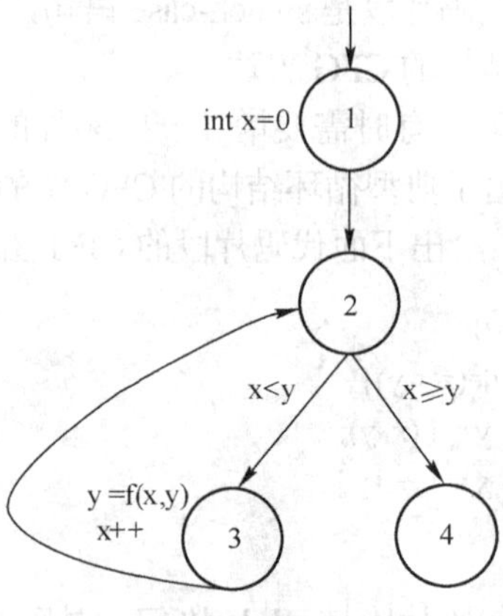

图 3-6　for 语句的 CFG 图

请注意，第 1 行中的 for 语句，在 CFG 图中被分解为几个部分。循环变量的初始化最先执行，因此对应结点 1；循环的判断条件由结点 2、3 和边<2, 3>和<2, 4>表示[①]。最后，循环体中的语句 y=f(x,y)和循环变量的自增语句 x++实际上是顺序执行，不可分割的，因此用 1 个节

① 在本章中，<a, b>代表一条起始点为 a，终止点为 b 的有向边。

点（节点 3）表示。

下面介绍语句测试方法的具体步骤。

2. 导出测试条件

对于语句测试，要求执行事先所定义的最小数目的语句。在得到测试对象的 CFG 图后，测试条件即是 CFG 图中的所有结点。因此语句测试也称为结点覆盖测试。

值得注意的是，测试对象中有些语句通过任何测试用例均无法覆盖，即出现不可达代码（也称死代码）时，应从测试条件中排除。

【例 3-9】 对下列代码，用语句测试方法导出测试条件。

```
public static boolean isPrime(int n){
    if(n<=1){
        System.out.println("请输入大于 1 的正整数");
        return false;
    }
    boolean isP = true;
    for(int i=2; i<=n/2; i++)
        if( n%i == 0){
            isP = false;
            break;
        }
    return isP;
}
```

解：对上述代码绘出其 CFG 图，如图 3-7 所示。

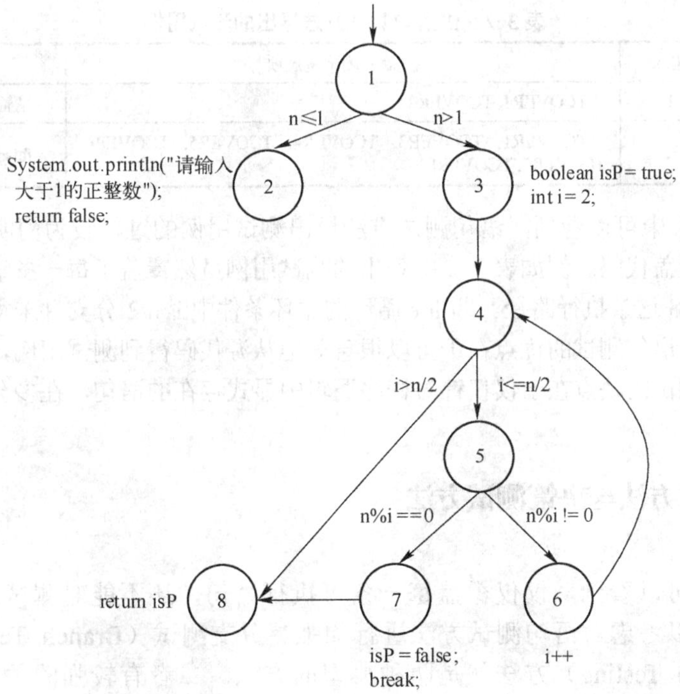

图 3-7　例子中代码对应的 CFG 图

显然，从图中一共可以导出 8 个测试条件 TCOND1～TCOND8，分别对应结点 1～结点 8。

3. 导出测试覆盖项

对于语句测试方法，测试覆盖项与测试条件等同。

【例 3-10】 针对【例 3-9】中得到的测试条件，用语句测试方法导出测试覆盖项。

解：由【例 3-9】中得到的测试条件，可以得到下列测试覆盖项。

TCOVER1：结点 1　　TCOVER2：结点 2 对应语句　　TCOVER3：结点 3 对应语句
TCOVER4：结点 4　　TCOVER5：结点 5　　TCOVER6：结点 6 对应语句
TCOVER7：结点 7 对应语句　　TCOVER8：结点 8 对应语句

4. 导出测试用例

在语句测试方法中，导出测试用例有以下步骤。

1）在 CFG 图中寻找一条路径，该路径可以到达一个或多个尚未包含在测试用例内的测试覆盖项。

2）确定可以导致该路径执行的输入值。

3）根据输入数据，确定测试用例执行后的预期输出结果。

4）重复步骤 1）～3），直到满足预设的测试覆盖率指标为止。测试覆盖率的计算见式（2-1）。

【例 3-11】 针对【例 3-10】中得到的测试覆盖项，用语句测试方法导出测试用例（达到 100%覆盖）。

解：根据图 3-7 及【例 3-10】中得到的测试覆盖项，可以得到如表 3-2 所示的测试用例。

表 3-2　由语句测试方法导出的测试用例

测试用例编号	输入	覆盖的测试覆盖项	预期输出
1	1	TCOVER1, TCOVER2	请输入大于 1 的正整数
2	35	TCOVER1，TCOVER3，TCOVER4，TCOVER5，TCOVER6，TCOVER7, TCOVER8	false

从【例 3-11】中可以看到，语句测试方法导出测试用例的过程较为简明直接，但测试用例并不能较好地覆盖代码。例如表 3-2 中列出的测试用例虽然覆盖了每一条语句，但并没有覆盖图 3-7 中 1-3-4-8 这条执行路径。即 for 循环的循环条件中 i>n/2 分支并未得到测试。由此不难得到以下结论：语句测试的优点在于可以很直观地从源代码得到测试用例，无须细分每条判定表达式；语句测试的缺点在于仅仅针对程序逻辑中显式存在的语句，在多分支的逻辑运算中无法全面考虑。

3.2.2　分支测试方法与决策测试方法

1. 概述

从上一小节可以看到，仅仅覆盖每一条可执行语句，还不能对测试对象进行较完备的测试。为此可以考虑对语句测试方法进行加强。分支测试（Branch Testing）方法和决策测试（Decision Testing）方法就是两种典型的方法。二者有较强的关联性，因此一起介绍。

2. 导出测试条件

（1）分支测试方法

在分支测试方法中，测试条件是 CFG 图中的每一条分支，主要指在 CFG 图中从一个结点条件转移或无条件转移到另一个结点的情形。

（2）决策测试方法

在决策测试方法中，决策节点指的是 CFG 图中出度大于 1 的节点。一般而言，在分支选择结构和循环结构中都存在决策节点（参见 3.2.1 中关于 CFG 图的部分）。在决策测试方法中，测试条件是 CFG 图中的每一个决策节点。

【例 3-12】 对【例 3-9】中的代码，分别用分支测试方法和决策测试方法导出测试条件。

解： 首先，用分支测试方法导出测试条件。从图 3-7 中可以得到以下 9 条边，每条边均为 1 个测试条件。

BRANCH-TCOND1：<1,2>　BRANCH-TCOND2：<1,3>

BRANCH-TCOND3：<3,4>　BRANCH-TCOND4：<4,8>

BRANCH-TCOND5：<4,5>　BRANCH-TCOND6：<5,6>

BRANCH-TCOND7：<5,7>　BRANCH-TCOND8：<6,4>

BRANCH-TCOND9：<7,8>

其次，用决策测试方法导出测试条件。图 3-7 中有 3 个决策结点，每个决策结点均为 1 个测试条件。

DECISION-TCOND1：结点 1　DECISION-TCOND2:结点 4

DECISION-TCOND3：结点 5

3. 导出测试覆盖项

（1）分支测试方法

在分支测试方法中，测试覆盖项是 CFG 图中的每一条分支，即测试覆盖项等价于测试条件。

（2）决策测试方法

在决策测试方法中，各测试条件（决策结点）的决策结果即是测试覆盖项。

【例 3-13】 对【例 3-12】中得到的测试条件，分别用分支测试方法和决策测试方法导出测试覆盖项。

解： 在分支测试方法中，测试覆盖项等价于测试条件，因此可得下列测试覆盖项。

BRANCH-TCOVER1：<1, 2>　BRANCH-TCOVER2：<1, 3>

BRANCH-TCOVER3：<3, 4>　BRANCH-TCOVER4：<4, 8>

BRANCH-TCOVER5：<4, 5>　BRANCH-TCOVER6：<5, 6>

BRANCH-TCOVER7：<5, 7>　BRANCH-TCOVER8：<6, 4>

BRANCH-TCOVER9：<7, 8>

在决策测试方法中，各测试条件的决策结果即是测试覆盖项。本例中，每个决策结点均有两种结果，由此可以得到下列测试覆盖项。

DECISION-TCOVER1：n<=1　DECISION-TCOVER2：n>1

DECISION-TCOVER3：i>n/2　DECISION-TCOVER4：i<=n/2

DECISION-TCOVER5：n%i ==0　DECISION-TCOVER6：n%i !=0

4. 导出测试用例

对于分支测试方法和决策测试方法，导出测试用例有以下 4 个步骤。

1）在 CFG 图中寻找一条路径，该路径中包含一个或多个尚未包含在测试用例内的测试覆盖项。

2）确定可以导致该路径得以执行的输入值。

3）根据输入数据，确定测试用例执行后的测试对象的预期输出结果。

4）重复步骤 1）～3），直到满足预设的测试覆盖率指标为止。测试覆盖率的计算见式（2-1）。

注意，如果测试对象中不存在决策节点，仍需要一个测试用例执行所有语句。

对于语句测试方法、分支测试方法和决策测试方法，存在以下结论。

1）如果要求达到 100%分支覆盖，则测试用例需要覆盖 CFG 中的所有边，此时也称边覆盖。

2）在 100%分支覆盖的情况下，分支测试方法与决策测试方法等价。如果不要求 100%分支覆盖，则二者之间可能存在差异。

3）在测试对象中不存在决策结点的情况下，分支测试方法和决策测试方法均等价于语句测试。

【例 3-14】 对【例 3-13】中得到的测试覆盖项，分别用分支测试方法和决策测试方法导出测试用例。

解：根据图 3-7 及【例 3-13】中得到的测试覆盖项，假设要求达到 100%分支覆盖，则按分支测试方法和决策测试方法导出测试用例是一致的，如表 3-3 所示。

表 3-3　由分支测试方法和决策测试方法导出的测试用例

测试用例编号	输入	覆盖的测试覆盖项	覆盖的测试覆盖项	预期输出
1	1	BRANCH-TCOVER1	DECISION-TCOVER1	请输入大于1的正整数
2	7	BRANCH-TCOVER2, BRANCH-TCOVER3, BRANCH-TCOVER5, BRANCH-TCOVER6, BRANCH-TCOVER8, BRANCH-TCOVER4	DECISION-TCOVER2, DECISION-TCOVER4, DECISION-TCOVER6, DECISION-TCOVER3	true
3	35	BRANCH-TCOVER2, BRANCH-TCOVER3, BRANCH-TCOVER5, BRANCH-TCOVER6, BRANCH-TCOVER8, BRANCH-TCOVER7, BRANCH-TCOVER9	DECISION-TCOVER2, DECISION-TCOVER4, DECISION-TCOVER6, DECISION-TCOVER5	false

3.2.3　分支条件测试方法

1. 概述

从分支测试方法和决策测试方法中可以看到，对于决策节点，只考虑该结点对应的语句从整体上的取值情况（如为 true 或 false），并不对语句进行分解。考虑下面的例子。

【例 3-15】 对下面的语句，采用分支测试方法和决策测试方法设计测试用例。

```
if(a>0 && b<0 || c==0)
```

解：根据分支测试方法和决策测试方法的规则，下面两个测试用例即可达到要求，如

表 3-4 所示。

表 3-4　满足分支测试方法和决策测试方法要求的测试用例

测试用例编号	输入（a）	输入（b）	输入（c）	(a>0 && b<0 || c==0)
1	1	−1	2	true
2	0	−1	2	false

if(a>0 && b<0 || c==0)由 3 个子条件语句组成，分别为 a>0、b<0 和 c==0。不难发现，两个测试用例虽然能够使得语句(a>0 && b<0 || c==0) 取 true 和取 false 各一次，但例子中列出的两个测试用例只使得 a>0 取 true 和 false 各 1 次，而 b<0 和 c==0 的值则没有发生变化。这表明分支测试方法和决策测试方法不能保证对组成决策语句的各子语句做充分测试，因此从测试充分性的角度考虑，还显得不足。下文将介绍针对这一问题的 3 种解决方案。为讨论方便，下面先定义几个基本概念。

（1）决策语句

决策语句是指计算结果为布尔值的表达式。在【例 3-15】中，(a>0 && b<0 || c==0)就是一个决策语句。

（2）子句

子句是指不含有任何逻辑操作符且计算结果为布尔值的表达式。逻辑操作符在常用编程语言中包括 &&、|| 和 ! 等，分别对应合取连接词（∧）、析取连接词（∨）和否定连接词（¬）。

决策语句是由子句构成的。在【例 3-15】中，a>0、b<0 和 c==0 是构成决策语句的 3 个子句。

下面介绍分支条件测试（Branch Condition Testing）方法的具体步骤。

2. 导出测试条件

在分支条件测试方法中，测试条件与决策测试方法相同，为 CFG 图中的每一个决策结点。显然，测试条件即是所有的决策语句。

【例 3-16】 对下列的代码，用分支条件测试方法导出测试条件。

```
1    public static int foo (int x, int y, int z){
2        int m = 0;
3        if(z<3)
4            return m;
5        if((!(x+y>15)||(y+z<10))&&(x>5))
6            m = −1;
7        else
8            m=x+y*z;
9        return m;
10   }
```

解：对上述代码，绘出其 CFG 图，如图 3-8 所示。图中的 P 代表第 5 行语句中的判断条件，即(!(x+y>15) ||(y+z<10)) && (x>5)。

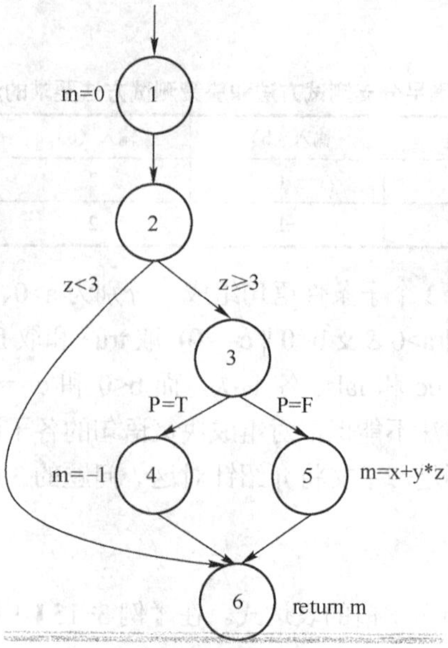

图 3-8　例子中代码对应的 CFG 图

从图 3-8 中可以得到两个决策结点，每个决策结点均为一个测试条件。因此有：

TCOND1：结点 2　　TCOND2：结点 3

3. 导出测试覆盖项

在分支条件测试方法中，测试条件（决策语句）中的每个子句赋值为 true 和赋值为 false 各一次，作为测试覆盖项。

【例 3-17】 针对【例 3-16】中得到的测试条件，用分支条件测试方法导出测试覆盖项。

解：针对【例 3-16】中得到的两个测试条件，可以得出以下的测试覆盖项。

TCOVER1：z<3 为 ture　　TCOVER2：z<3 为 false

TCOVER3：x+y>15 为 true　　TCOVER4：x+y>15 为 false

TCOVER5：y+z<10 为 true　　TCOVER6：y+z<10 为 false

TCOVER7：x>5 为 true　　TCOVER8：x>5 为 false

4. 导出测试用例

对于分支条件测试方法，导出测试用例有以下 4 个步骤。

1）在 CFG 图中寻找一条路径，该路径中包含一个或多个尚未包含在测试用例内的测试覆盖项。

2）确定可以导致该路径得以执行的输入值，保证路径中各测试覆盖项的赋值（即各决策语句中子句的赋值）。

3）根据输入数据，确定测试用例执行后的测试对象的预期输出结果。

4）重复步骤 1）～3），直到满足预设的测试覆盖率指标为止。测试覆盖率的计算见式（2-1）。

【例 3-18】 对【例 3-17】中得到的测试覆盖项，用分支条件测试方法导出测试用例。

解：根据图 3-8 及【例 3-17】中得到的测试覆盖项，可得如表 3-5 所示的测试用例。

表 3-5　由分支决策测试方法导出的测试用例（第一组）

测试用例编号	输入（x）	输入（y）	输入（z）	覆盖的测试覆盖项	预期输出
1	1	1	2	TCOVER1	m＝0
2	5	8	3	TCOVER2, TCOVER4, TCOVER6, TCOVER8	m＝29
3	12	4	5	TCOVER2, TCOVER3, TCOVER5, TCOVER7	m＝-1

同样，表 3-6 中所示的测试用例同样也能够满足要求。

表 3-6　由分支决策测试方法导出的测试用例（第二组）

测试用例编号	输入（x）	输入（y）	输入（z）	覆盖的测试覆盖项	预期输出
4	1	1	2	TCOVER1	m＝0
5	5	1	8	TCOVER2, TCOVER4, TCOVER5, TCOVER8	m＝13
6	10	6	4	TCOVER2, TCOVER3, TCOVER6, TCOVER7	m＝34

请注意，导出测试用例的第 2）步中指出，在选定路径后，测试用例的输入部分一定要使得该路径得以执行。例如，【例 3-18】中考虑 TCOVER3～TCOVER8 的覆盖时，就不能忽略 z 的取值限制，即必须同时覆盖 TCOVER2。例如，如果取 x=5、y=1 和 z=2，虽然理论上可以覆盖 TCOVER4、TCOVER5 和 TCOVER8，但由于 z<3，所以代码的第 5 行对应的决策语句没有得到执行，因此对这 3 个测试覆盖项的覆盖实际上是无效的。此时，z≥3 也称为该决策语句的可达性条件。同理，测试用例 1 中取 x=1、y=1 和 z=2 也无法覆盖 TCOVER4、TCOVER5 和 TCOVER8。测试用例覆盖 TCOVER3～TCOVER8 必须满足可达性条件，即同时覆盖 TCOVER2。

3.2.4　分支条件组合测试方法

1. 概述

从【例 3-18】中可以看出，虽然分支条件测试方法可以对决策语句中的每个子句都进行测试，但并不一定能保证决策语句总体上的所有取值情况都被测试。例如，【例 3-18】中所示代码中的第 5 行语句 if((!(x+y>15)||(y+z<10))&&(x>5))，对于表 3-6 中所示的测试用例 5 和 6，执行后决策语句的取值均为 false。因此如果采用测试用例 4、5 和 6，虽然满足分支决策测试的要求，但不能满足语句测试、分支测试和决策测试方法的要求。因此从测试充分性的角度考虑，仍有不足。分支条件组合测试（Branch Condition Combination Testing）方法即是对其进行的一种改进。下面介绍其具体步骤。

2. 导出测试条件

在分支条件组合测试方法中，测试条件仍然与决策测试方法相同，为 CFG 图中的每一个决策结点。

【例 3-19】 对【例 3-16】中给出的代码，用分支条件组合测试方法导出测试条件。

解： 图 3-8 中有两个决策结点，每个决策结点均为一个测试条件。因此有：

TCOND1：结点 2　　　TCOND2：结点 3

3. 导出测试覆盖项

在分支条件组合测试方法中，将测试条件（决策语句）中的各子句赋值为 true 和赋值为 false 的所有组合情况作为测试覆盖项。显然，由于测试覆盖项包含了各子句赋值的所有可能组合，因此决策语句从整体上赋值为 ture 和赋值为 false 肯定都会发生，这样就弥补了分支条件组合的不足。

同时也可以看到，如果某一条决策语句中有 n 个子句，理论上将产生 2^n 个测试覆盖项。因此对于较为复杂的测试条件，测试覆盖项的数目较大。

【例 3-20】 根据【例 3-19】中得到的测试条件，用分支条件组合测试方法导出测试覆盖项。

解：针对【例 3-19】得到的两个测试条件，可以得出以下测试覆盖项。

TCOVER1：z<3 为 ture

TCOVER2：z<3 为 false

TCOVER3：x+y>15 为 true　　y+z<10 为 true　　x>5 为 true

TCOVER4：x+y>15 为 true　　y+z<10 为 false　　x>5 为 true

TCOVER5：x+y>15 为 true　　y+z<10 为 false　　x>5 为 false

TCOVER6：x+y>15 为 false　　y+z<10 为 true　　x>5 为 true

TCOVER7：x+y>15 为 false　　y+z<10 为 true　　x>5 为 false

TCOVER8：x+y>15 为 flase　　y+z<10 为 false　　x>5 为 true

TCOVER9：x+y>15 为 false　　y+z<10 为 false　　x>5 为 false

注意，不一定所有的子句赋值的组合都是可行的。例如，本例中 x+y>15 为 true、y+z<10 为 true 和 x>5 为 false 这个组合在 z≥3 时是无法同时满足的，因此不列入测试覆盖项之中。

4. 导出测试用例

对于分支条件组合测试方法，导出测试用例有以下 5 个步骤。

1）在 CFG 图中寻找一条路径，该路径中包含一个或多个尚未包含在测试用例内的测试覆盖项。

2）确定可以导致该路径得以执行的输入值范围。

3）进一步确定输入值，使得选定的测试覆盖项（决策语句中子句的赋值组合）被当前测试用例覆盖。

4）根据输入数据，确定测试用例执行后的测试对象的预期输出结果。

5）重复步骤 1）～4），直到满足预设的测试覆盖率指标为止。测试覆盖率的计算见式（2-1）。

【例 3-21】 根据【例 3-20】中得到的测试覆盖项，用分支条件组合测试方法导出测试用例。

解：根据图 3-8 和【例 3-20】中得到的测试覆盖项，可得如表 3-7 所示的测试用例。

表 3-7　由分支决条件组合测试方法导出的测试用例

测试用例编号	输入（x）	输入（y）	输入（z）	覆盖的测试覆盖项	预期输出
1	1	1	2	TCOVER1	m=0
2	11	5	4	TCOVER2 TCOVER3	m=−1
3	11	6	4	TCOVER2 TCOVER4	m=35
4	5	11	4	TCOVER2 TCOVER5	m=49
5	9	5	4	TCOVER2 TCOVER6	m=−1
6	4	5	4	TCOVER2 TCOVER7	m=24
7	9	6	4	TCOVER2 TCOVER8	m=−1
8	5	6	4	TCOVER2, TCOVER9	m=29

从【例 3-21】中可以看到，分支条件组合测试方法的优点在于简单、清楚，且涵盖分支条件测试方法和分支测试方法（决策测试方法）。但其缺点在于如果决策语句较复杂，需要较多测试用例，在实际测试中未必可行。

3.2.5 修正的条件决策覆盖测试方法

1. 概述

在前文中已经看到分支条件组合测试方法的优缺点。修正的条件决策覆盖（Modified Condition Decision Coverage，MCDC）测试方法就是对其的改进。MCDC 测试方法是一种在实践中常用的动态白盒测试方法，在航空软件标准 RTCA/DO-178B 中就明确规定了需要用这种方法进行测试。

MCDC 测试方法的基本思路是希望能把每个子句独立于其他子句做测试，并且能捕获每个子句的影响，即检查在改变了某个子句的赋值后，是否影响到其所在的判定语句的赋值，并以此作为标准测试。

为了讨论方便，下面先定义几个基本概念。

（1）子句决定决策语句

决策语句 P 中，如果它的某个子句 c_i 的真值改变，则改变了 P 的真值，此时称 c_i 决定 P。

（2）主子句和次子句

对决策语句 P，称 c_i 为它的主子句当且仅当对于 $c_j \in P$，$j \neq i$，存在取值使得 c_i 决定 P。主子句以外的其他子句称为次子句。

具体而言，若 c_i 为主子句，则 c_i 分别取 true 和 false 时，$c_j \in P$，$j \neq i$ 的取值必须保证 P 为 true 一次，为 false 一次，即 c_i 为 true 和 c_i 为 false 时 P 的真值必须不同。

【例 3-22】 分析决策语句 a||b 的主子句。

解：对于该决策语句（记为 P），若 b = false, 则 a 决定 P，此时 a 为主子句，b 为次子句；同理，若 a = false, 则 b 决定 P，此时 b 为主子句，a 为次子句。

下面介绍 MCDC 方法的具体步骤。

2. 导出测试条件

MCDC 测试方法中，测试条件与决策测试方法、分支条件测试方法及分支条件组合测试方法相同，为 CFG 图中的每一个决策结点。

【例 3-23】 对【例 3-16】中给出的代码，用 MCDC 测试方法导出测试条件。

解：图 3-8 中有两个决策结点，每个决策结点均为一个测试条件。因此有：

TCOND1：结点 2　　　TCOND2：结点 3

3. 导出测试覆盖项

MCDC 测试方法中，对每个测试条件对应的决策语句 P，均按下面步骤导出测试覆盖项。

1）P 中的每个子句均作为主子句一次。具体而言，若 P 的所有子句组成的集合记为 C_P，且 $|C_P|=n$，则对于 $c_i \in C_P$，$i=1, 2, \cdots, n$，其余各子句 c_j，$j \neq i$ 作为次子句，使得 c_i 决定 P。

2）对于每个主子句 c_i，赋值为 true 和赋值为 false 各 1 次，构成测试覆盖项。

显然，这样导出的测试覆盖项既能够对每个子句独立进行测试，也能够保证决策语句不会出现只为 true 或只为 false 的情况。同时，还不必对所有子句赋值为 true 和赋值为 false 的各种组合情况都进行测试，因此测试工作量比分支条件组合测试要少。

那么，对于一个给定的决策语句 P，如何寻找次子句的取值，使得主子句 c 能够决定 P 的真值呢？对于简单的决策语句，可以很容易地用观察法直接找出次子句的取值（如【例 3-22】）；对于复杂的决策语句，可以采取如下步骤。

1）将 P 中子句 c 出现之处都用 true 代替，这样处理后语句记为 $P_{c=true}$。

2）将 P 中子句 c 出现之处都用 false 代替，这样处理后语句记为 $P_{c=false}$。

3）用异或连接这两个表达式，记作 $P_c=P_{c=true} \oplus P_{c=false}$。化简 P_c，并令化简后的式子中各子句的取值使得 P_c 为真，则得到 c 决定 P 的真值的必要条件。

📖 $P_{c=true}$ 和 $P_{c=false}$ 中都不再出现 c。

由于以上 3 步得到的是 c 决定 P 的真值的必要条件，因此还要具体带入 P 中进行校验，如果不能满足要求还需要进行调整。

【例 3-24】 假设 P = a||b&&c，求 a 决定 P 的真值的条件。

解：$P_a = P_{a=true} \oplus P_{a=false}$

$= (true \vee (b \wedge c)) \oplus (false \vee (b \wedge c))$

$= true \oplus (b \wedge c)$

$= \neg(b \wedge c)$

$= \neg b \vee \neg c$

$\neg b \vee \neg c = true$ 意味着 b 或 c 之一取 false 即可。

容易验证，如果 b 或 c 之一取 false，则 a 确实可以决定 P 的真值。

【例 3-25】 假设 P = (!a||b&&c)&& (a||!(b&&c))，求 c 决定 P 的真值的条件。

解：$P_c = P_{c=true} \oplus P_{c=false}$

$= ((\neg a \vee (b \wedge true)) \wedge (a \vee \neg (b \wedge true))) \oplus ((\neg a \vee (b \wedge false)) \wedge (a \vee \neg (b \wedge false)))$

$= ((\neg a \vee b) \wedge (a \vee \neg b)) \oplus \neg a$

$= (a \wedge (\neg a \vee b) \wedge (a \vee \neg b)) \vee (\neg a \wedge \neg((\neg a \vee b) \wedge (a \vee \neg b)))$

$= (a \wedge b) \vee (\neg a \wedge b)$

$= b$

因此，c 决定 P 的真值的必要条件是 b=true。考虑下面的两组取值。

a=false，b=true，c=false；a=true，b=true，c=true

虽然上述两组取值均满足必要条件 b=true，但容易验证对这两组取值，虽然 c 的真值不同，但 P 均为 true，因此并非所需要的解。

在满足 b=true 的条件下继续搜索，可以得到下述两组条件，均能够使 c 决定 P 的真值。

1）a=false，b=true，c=false；a=false，b=true，c=true

2）a=true，b=true，c=false；a=true，b=true，c=true

【例 3-26】 根据【例 3-23】中得到的测试条件，用 MCDC 测试方法导出测试覆盖项。

解：对于图 3-8 中的结点 2，可以得出以下的测试覆盖项。

z<3 为 ture　　　　z<3 为 false

对于图 3-8 中的结点 3，对应的决策语句如下。

P = (!(x+y>15)||(y+z<10))&&(x>5)

记 a = x+y>15, b = y+z<10, c = x>5，则有 $P = (\neg a \vee b) \wedge c$

对子句 a，$P_{a=true} = b \wedge c$, $P_{a=false} = c$，则

$P_a = (b \wedge c) \oplus c = (\neg(b \wedge c) \wedge c) \vee ((b \wedge c) \wedge \neg c)) = \neg b \wedge c$，因此 P_a =true 意味着 c=true，b=false。容易验证上述条件能够使 a 决定 P 的真值。

可以得出以下的测试覆盖项。

x+y>15 为 true　　y+z<10 为 false　　x>5 为 true　　P 为 false

x+y>15 为 false　　y+z<10 为 false　　x>5 为 true　　P 为 true

对子句 b，$P_{b=true} = c$, $P_{b=false} = \neg a \wedge c$，则

$P_b = (\neg a \wedge c) \oplus c = (\neg(\neg a \wedge c) \wedge c) \vee ((\neg a \wedge c) \wedge \neg c)) = a \wedge c$，因此 P_b =true 意味着 c=true，a=true。容易验证上述条件能够使 b 决定 P 的真值。

可以得出以下的测试覆盖项。

x+y>15 为 true tab y+z<10 为 true tab　x>5 为 true　　P 为 true

x+y>15 为 true tab y+z<10 为 false　　x>5 为 true　　P 为 false

对子句 c，$P_{c=true} = \neg a \vee b$, $P_{c=false} = false$，则

$P_c = (\neg a \vee b) \oplus false = \neg a \vee b$，因此 P_c =true 意味着 a=flase 和 b=true 二者中至少 1 个成立即可。容易验证上述条件能够使 c 决定 P 的真值。

可以得出以下的测试覆盖项。

x+y>15 为 true tab y+z<10 为 true tab x>5 为 true　　P 为 true

x+y>15 为 flase　　y+z<10 为 true　tab x>5 为 false　　P 为 false

最后，去掉上述列出的覆盖项中重复的项，可以得到最终的测试覆盖项如下。

TCOVER1：z<3 为 ture

TCOVER2：z<3 为 false

TCOVER3：x+y>15 为 true　　y+z<10 为 false　　x>5 为 true

TCOVER4：x+y>15 为 false　　y+z<10 为 false　　x>5 为 true

TCOVER5：x+y>15 为 true　　y+z<10 为 true　　x>5 为 true

TCOVER6：x+y>15 为 flase　　y+z<10 为 true　　x>5 为 false

4. 导出测试用例

对于 MCDC 测试方法，导出测试用例有以下 5 个步骤。

1）在 CFG 图中寻找一条路径，该路径中包含一个或多个尚未包含在测试用例内的测试覆盖项。

2）确定可以导致该路径得以执行的输入值范围。

3）进一步确定输入值，使得选定的测试覆盖项被当前测试用例覆盖。

4）根据输入数据，确定测试用例执行后的测试对象的预期输出结果。

5）重复步骤 1）～4），直到满足预设的测试覆盖率指标为止。测试覆盖率的计算见式（2-1）。

【例 3-27】 根据【例 3-26】中得到的测试覆盖项，用 MCDC 测试方法导出测试用例。

解： 根据图 3-8 及【例 3-26】中得到的测试覆盖项，可得如表 3-8 所示的测试用例。

表 3-8　由 MCDC 测试方法导出的测试用例

测试用例编号	输入（x）	输入（y）	输入（z）	覆盖的测试覆盖项	预期输出
1	1	1	2	TCOVER1	m＝0
2	11	5	5	TCOVER2 TCOVER3	m＝36
3	11	4	6	TCOVER2 TCOVER4	m＝−1
4	13	3	6	TCOVER2 TCOVER5	m＝−1
5	5	6	3	TCOVER2 TCOVER6	m＝23

与【例 3-21】的结果进行对比，不难看出 MCDC 测试方法在测试的实际效果相同的前提下减少了测试用例的数目。

3.2.6　数据流测试方法

1. 概述

到目前为止，在动态白盒测试方法中，已经考察了以程序的控制结构（顺序、分支和循环等）为基础导出测试用例的方法。这些控制结构建立了程序的控制流，同时也是程序员容易犯错误的地方。确保这些结构被完全测试是动态白盒测试必须要达到的任务。但是，即使完整地测试了程序的控制结构，往往还不能检测出程序中的所有错误。除了控制流外，还需要基于软件中的数据流对软件进行测试。基于数据流的测试方法关注软件中数据的定义和使用，可以用来改进针对控制流的测试用例集。

【例 3-28】 考虑下面的代码，并分析测试用例 x=0，y=0 以及 x=1，y=1 的测试效果。

```
1    public static double foo2 (int x, int y){
2        double z = 0.0;
3        if(x != 0)
4            z = z+y;
5        else
6            z = z−y;
7        if(y!=0)
8            z = z/x;
9        return z;
10   }
```

解：对测试用例 x=0，y=0 和 x=1，y=1，满足分支测试、决策测试、分支条件测试、分支条件组合测试和 MCDC 测试的要求。但是通过观察可以发现，如果 x=0，y=1，会引发第 8 行语句中存在的典型软件缺陷（z 被 0 除）。该缺陷不能被上述两个测试用例发现。从本质上来说，这是因为基于控制流的测试并不能完整地考虑代码中的数据。所以，除了控制流外，还必须根据数据流对软件进行数据流测试（Data Flow Testing）。

为讨论方便，下面先定义几个基本概念。

（1）变量的定义（Definition）

一个变量的值在程序的某个位置被存储到存储器中，即在该位置被定义。

在程序中，对一个变量 x 的定义可能在以下情况发生。

1）x 出现在赋值语句的左侧。

2）在函数调用时，x 是实参，且它的值在函数中改变。

3）x 是函数的形参（隐式定义）。

4）x 是一个程序的输入。

还有一些复杂情况，本书不涉及。例如，对数组变量的定义是整个数组还是数组元素；对象的定义是对象本身还是其中的某个实例变量；两个变量指向同一地址；代码优化后如何处理等。

（2）变量的使用（Use）

一个变量的值在程序的某个位置被获取，即在该位置被使用[1]。

在程序中，对一个变量 x 的使用可能在以下情况发生。

1）x 出现在赋值语句的右侧。

2）x 出现在条件表达式中。

3）x 是函数的实参。

4）x 是程序的输出。

5）x 在 return 语句中是一个方法的输出，或作为一个参数被返回。

在变量的使用中，请注意分辨局部 Use，数据流测试方法仅仅考虑全局的 Use。例如，对下面的基本块。

```
1   y=z;
2   x=y+2;
```

第 2 行语句中出现的 y 是一个 Use，因其出现在赋值语句右侧。但此处是一个典型的局部 Use，因为在另一个基本块的 Definition 不能达到 x=y+2 这条语句的 Use，语句 y=z 覆盖了其他基本块中 y 的定义。而 z 的 Use 就是全局 Use，因为 z 的 Definition 必然来自其他基本块。

（3）Def-Clear

如果变量 v 在从节点 l_i 到 l_j 的路径中，没有在任何节点或边上改变 v 的值，则称 l_i 到 l_j 的路径对于变量 v 是 Def-Clear 的。

显然，局部 Use 没有来自其他 Definition 的 Def-Clear 的路径。

（4）DU-Path

DU-Path 是一条从 v 的 Definition 到 v 的 Use，并且是关于 v 的 Def-Clear 的简单路径。

简单路径定义为若路径以结点表示，即$\Gamma=v_0v_1v_2\cdots v_n$，除 v_0 可能和 v_n 相同外，所有结点都互不相同，则该路径称为简单路径。显然，简单路径要么是一条各个节点互不相同的通路，要么是起始点和终止点相同，其余各个结点互不相同的回路。

（5）数据流图

数据流图（DFG）从 CFG 中导出，实际就是将各个变量的 Definition 和 Use 标注在 CFG 图中相应的节点和边上而得到的图形表示。

【例 3-29】 根据【例 3-28】中给出的代码，绘出对应的 DFG 图结果。

解： 根据【例 3-28】中给出的代码，可以得到如图 3-9 中所示的 DFG 图。

---

① 有的文献中，变量的使用分为 C-Use（即变量用于赋值语句、输出语句或作为参数传递）和 P-Use（即变量用于分支判断结构的条件表达式中）。本书不区分二者。

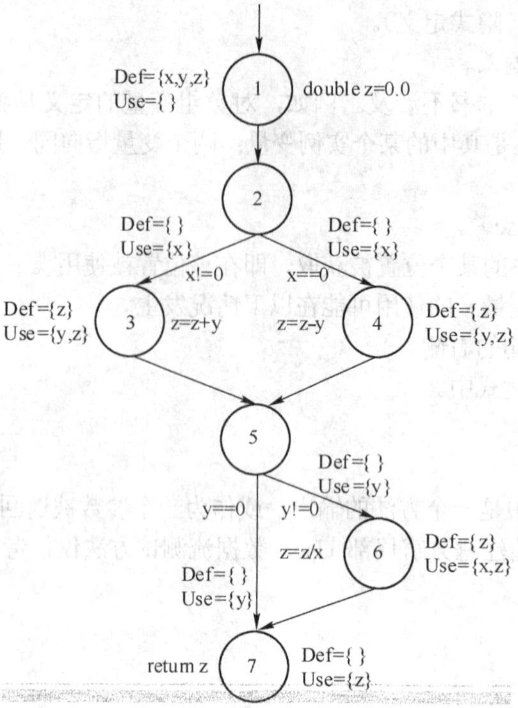

图 3-9　代码对应的 DFG 图

注意，结点 1 对应的是第 2 行语句，但实际上 x 和 y 的赋值（定义）是与第 2 行语句顺序执行的，因此在结点 1 的定义集合中包括 x 和 y。

对于数据流测试，主要可以从 Definition、Use 和 DU-Path 这 3 个角度进行考虑。

1）保证每个 Definition 都要到达一个 Use。

2）保证每个 Definition 到达所有可能的 Use。

3）保证每个 Definition 和 Use 间所有可能的 DU-Path 都要覆盖到。

图 3-10 显示出了对变量 x 而言，从以上 3 个角度考虑的结果。

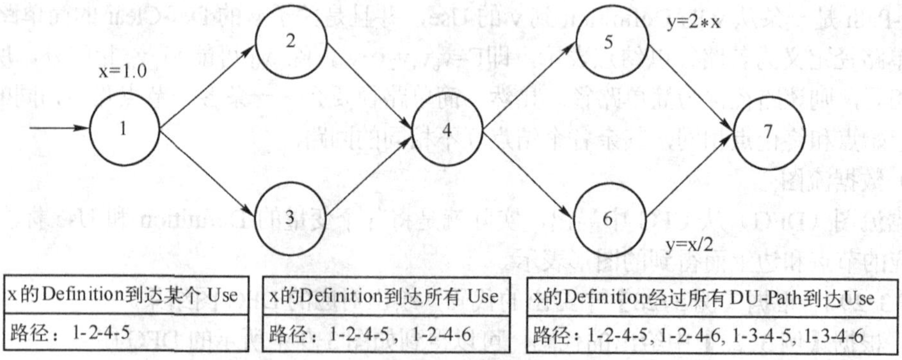

图 3-10　数据流测试的 3 种考虑

📖 在测试理论研究中，通常称图 3-10 中所示的图形为双钻石图。

以下讨论上述 3 种考虑所对应的测试类型。

2. All-Definitions 测试

（1）导出测试条件

All-Definitions 测试中，按如下步骤导出测试条件。

1）绘出 DFG 图。

2）找出所有的变量，然后按照变量在 DFG 图中出现的位置，将其归类为 Definition 和 Use。

3）根据步骤 2）的结果，找到每个变量的 DU-Path 集合，作为测试条件。

【例 3-30】 对下列的代码，用 All-Definitions 测试方法导出测试条件。

```
public static double foo3 (int x, int y, int count){
        double z = 1.5;
        do{
                if(x<=0){
                        if(y>=0)
                                z = y*z+1;
                }
                else
                        z = 1.0/x;
                y = (int) (x*y+z);
                count = count-1;
        }
        while(count>0);
        return z;
}
```

解：首先根据代码绘出 DFG 图，如图 3-11 所示。

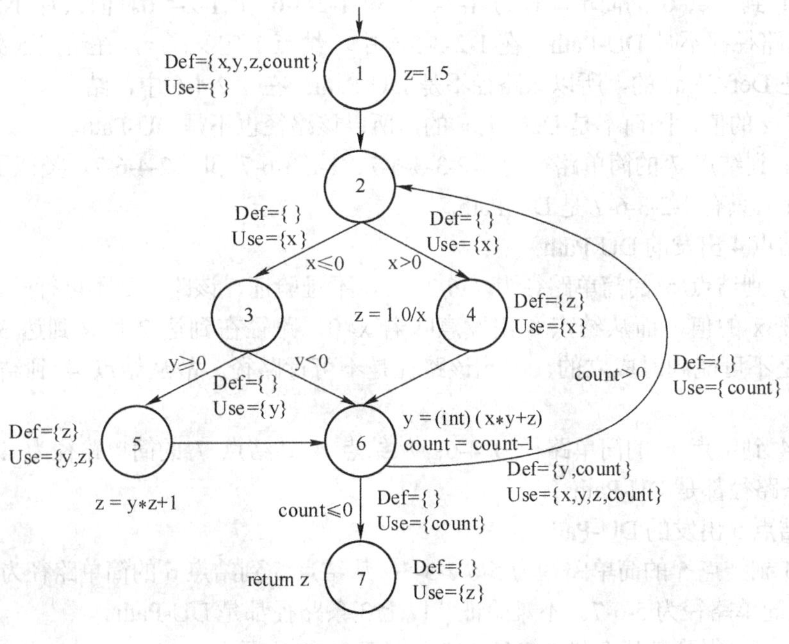

图 3-11　代码对应的 DFG 图

其次，根据图 3-11，可以得到在各个结点和边上相应的变量的 Definition 和 Use，如表 3-9 所示。

表 3-9　变量的定义与使用

结点/边	Definition	Use
1	x, y, z, count	/
4	z	x
5	z	y, z
6	y, count	x, y, z, count
7	/	z
<2, 3>	/	x
<2, 4>	/	x
<3, 5>	/	y
<3, 6>	/	y
<6, 7>	/	count
<6, 2>	/	count

最后，根据表 3-9 可以得到每个变量的 DU-Path 集合，以其作为测试条件。下面以变量 z 为例进行分析。

从表中可以看到，z 在结点 1、结点 4 和结点 5 被定义，在结点 5、结点 6 和结点 7 被使用。按 DU-Path 起点的不同，有以下 3 种情况。

（1）从结点 1 出发的 DU-Path

从结点 1 到结点 5 的简单路径为 1-2-3-5，该路径是可行的，且在路径中没有改变 z 的值，因而该路径是关于 z 的 Def-Clear 的简单子路径，所以该路径是 DU-Path。

从结点 1 到结点 6 的简单路径为 1-2-3-5-6、1-2-3-6 和 1-2-4-6。但只有 1-2-3-6 是 DU-Path，另两条路径都不是 DU-Path。在 1-2-3-5-6 中，结点 1 定义了 z，在结点 5 处改变了 z 的值，因而不是 Def-Clear 的，所以该路径不是 DU-Path；在 1-2-4-6 中，结点 1 定义了 z，在结点 4 处改变了 z 的值，因而不是 Def-Clear 的，所以该路径也不是 DU-Path。

从结点 1 到结点 7 的简单路径为 1-2-3-5-6-7、1-2-3-6-7 和 1-2-4-6-7。类似于从结点 1 到结点 6 的情况，只有 1-2-3-6-7 是 DU-Path。

（2）从结点 4 出发的 DU-Path

从结点 4 到结点 5 的简单路径为 4-6-2-3-5，不难验证，该路径是不可行的，因为在该路径中没有改变 x 的值，而从结点 4 出发意味着 $x>0$，路径在到达 2 后又到达 3 结点意味着 $x\leqslant 0$，二者是不可能同时成立的，因此该路径是不可行路径。故从结点 4 到结点 5 不存在 DU-Path。

从结点 4 到结点 6 的简单路径为 4-6；从结点 4 到结点 7 的简单路径为 4-6-7。不难验证，以上两条路径都是 DU-Path。

（3）从结点 5 出发的 DU-Path

从结点 5 到结点 5 的简单路径为 5-6-2-3-5；从结点 5 到结点 6 的简单路径为 5-6；从结点 5 到结点 7 的简单路径为 5-6-7。不难验证，以上 3 条路径都是 DU-Path。

类似地，可以得到其他变量的 DU-Path，如表 3-10 所示。

表 3-10　变量的 DU-Path

变量	Definition 所在节点/边	Use 所在节点/边	DU-Path	测试条件
x	1	<2, 3>	1-2-3	TCOND1
	1	<2, 4>	1-2-4	TCOND2
	1	4	1-2-4	TCOND3
	1	6	1-2-3-6	TCOND4
			1-2-4-6	TCOND5
			1-2-3-5-6	TCOND6
y	1	5	1-2-3-5	TCOND7
	1	6	1-2-3-6	TCOND8
			1-2-4-6	TCOND9
			1-2-3-5-6	TCOND10
	1	<3, 5>	1-2-3-5	TCOND11
	1	<3, 6>	1-2-3-6	TCOND12
	6	5	6-2-3-5	TCOND13
	6	6	6-2-4-6	TCOND14
			6-2-3-6	TCOND15
			6-2-3-5-6	TCOND16
	6	<3, 5>	6-2-3-5	TCOND17
	6	<3, 6>	6-2-3-6	TCOND18
z	1	5	1-2-3-5	TCOND19
	1	6	1-2-3-6	TCOND20
	1	7	1-2-3-6-7	TCOND21
	4	6	4-6	TCOND22
	4	7	4-6-7	TCOND23
	5	5	5-6-2-3-5	TCOND24
	5	6	5-6	TCOND25
	5	7	5-6-7	TCOND26
count	1	6	1-2-3-6	TCOND27
			1-2-4-6	TCOND28
			1-2-3-5-6	TCOND29
	1	<6, 7>	1-2-3-6-7	TCOND30
			1-2-4-6-7	TCOND31
			1-2-3-5-6-7	TCOND32
	6	6	6-2-4-6	TCOND33
			6-2-3-6	TCOND34
			6-2-3-5-6	TCOND35
	6	<6, 2>	6-2	TCOND36
	6	<6, 7>	6-7	TCOND37

注意，在表 3-10 和下文中，为清楚起见，没有把相同的 DU-Path 合并。

从本例中可以看出，判断一条路径是不是某个变量的DU-Path需要考虑以下3个因素。

1）该路径是不是从定义变量的结点到使用变量的结点或边的简单路径。

2）该路径是否可行。

3）该路径是否是关于变量Def-Clear的。

三者同时考虑才能得到结论。

（4）导出测试覆盖项

All-Definitions 测试中，对于变量的每一处 Definition，都要到达该变量的某个 Use，以此作为一个测试覆盖项。

【例 3-31】 根据【例 3-30】中得到的测试条件，用 All-Definitions 测试方法导出测试覆盖项。

解：根据表3-10，可以得到如表3-11所示的测试覆盖项。

表3-11　All-Definitions测试的测试覆盖项

测试覆盖项	变量	Definition所在节点/边	Use所在节点/边	DU-Path	覆盖的测试条件
TCOVER1	x	1	<2, 3>	1-2-3	TCOND1
TCOVER2	y	1	5	1-2-3-5	TCOND7
TCOVER3	y	6	5	6-2-3-5	TCOND13
TCOVER4	z	1	5	1-2-3-5	TCOND19
TCOVER5	z	4	6	4-6	TCOND22
TCOVER6	z	5	5	5-6-2-3-5	TCOND24
TCOVER7	count	1	6	1-2-3-5-6	TCOND29
TCOVER8	count	6	6	6-2-3-5-6	TCOND35

显然，表3-11为表3-10的一个子表。

（5）导出测试用例

对于All-Definitions测试方法，导出测试用例有以下5个步骤。

1）寻找一个或多个尚未被测试用例包含的测试覆盖项，将其包含在当前测试用例中。

2）在DFG图中寻找使得上述测试覆盖项得以执行的路径。

3）确定输入值，使得上述路径得以执行。

4）根据输入数据，确定测试用例执行后的测试对象的预期输出结果。

5）重复步骤1）～4），直到满足预设的测试覆盖率指标为止。测试覆盖率的计算见式（2-1）。

【例3-32】 根据【例3-31】中得到的测试覆盖项，用All-Definitions测试方法导出测试用例。

解：根据图3-11及【例3-31】中得到的测试覆盖项，可得如表3-12所示的测试用例。

表3-12　由All-Definitions测试方法导出的测试用例

测试用例编号	输入（x）	输入（y）	输入（count）	执行路径	覆盖的测试覆盖项	预期输出
1	−1	1	2	1-2-3-5-6-2-3-5-6-7	TCOVER1, TCOVER2 TCOVER3, TCOVER4 TCOVER6, TCOVER7 TCOVER8	z =3.5
2	1	1	1	1-2-4-6-7	TCOVER5	z = 1.0

3. All-Uses 测试

（1）导出测试条件

All-Uses 测试方法导出测试条件的步骤同 All-Definitions 测试方法，这里不再赘述。

（2）导出测试覆盖项

All-Uses 测试方法中，对于变量的每一处 Definition，都要到达该变量所有可能的 Use，以此作为测试覆盖项。

【例 3-33】 根据【例 3-30】中得到的测试条件，用 All-Uses 测试方法导出测试覆盖项。

解： 根据表 3-10，可以得到如表 3-13 所示的测试覆盖项。

表 3-13　All-Uses 测试的测试覆盖项

测试覆盖项	变量	Definition 所在节点/边	Use 所在节点/边	DU-Path	覆盖的测试条件
TCOVER1	x	1	<2, 3>	1-2-3	TCOND1
TCOVER2	x	1	<2, 4>	1-2-4	TCOND2
TCOVER3	x	1	4	1-2-4	TCOND3
TCOVER4	x	1	6	1-2-4-6	TCOND5
TCOVER5	y	1	5	1-2-3-5	TCOND7
TCOVER6	y	1	6	1-2-4-6	TCOND9
TCOVER7	y	1	<3, 5>	1-2-3-5	TCOND11
TCOVER8	y	1	<3, 6>	1-2-3-6	TCOND12
TCOVER9	y	6	5	6-2-3-5	TCOND13
TCOVER10	y	6	6	6-2-3-5-6	TCOND16
TCOVER11	y	6	<3, 5>	6-2-3-5	TCOND17
TCOVER12	y	6	<3, 6>	6-2-3-6	TCOND18
TCOVER13	z	1	5	1-2-3-5	TCOND19
TCOVER14	z	1	6	1-2-3-6	TCOND20
TCOVER15	z	1	7	1-2-3-6-7	TCOND21
TCOVER16	z	4	6	4-6	TCOND22
TCOVER17	z	4	7	4-6-7	TCOND23
TCOVER18	z	5	5	5-6-2-3-5	TCOND24
TCOVER19	z	5	6	5-6	TCOND25
TCOVER20	z	5	7	5-6-7	TCOND26
TCOVER21	count	1	6	1-2-3-5-6	TCOND29
TCOVER22	count	1	<6, 7>	1-2-4-6-7	TCOND31
TCOVER23	count	6	6	6-2-3-5-6	TCOND35
TCOVER24	count	6	<6, 2>	6-2	TCOND36
TCOVER25	count	6	<6, 7>	6-7	TCOND37

显然，表 3-13 也为表 3-10 的一个子表。

（3）导出测试用例

All-Uses 测试方法导出测试用例的步骤同 All-Definitions 测试方法，这里不再赘述。

【例 3-34】 根据【例 3-33】中得到的测试覆盖项，用 All-Uses 测试方法导出测试用例。

解： 根据图 3-11 及【例 3-33】中得到的测试覆盖项，可得如表 3-14 所示的测试用例。

表 3-14 由 All-Uses 测试方法导出的测试用例

测试用例编号	输入（x）	输入（y）	输入（count）	执行路径	覆盖的测试覆盖项	预期输出
1	−1	1	2	1-2-3-5-6-2-3-5-6-7	TCOVER1, TCOVER5, TCOVER7 TCOVER9, TCOVER10, TCOVER11 TCOVER13, TCOVER18, TCOVER19 TCOVER20, TCOVER21, TCOVER23 TCOVER24, TCOVER25	z=3.5
2	1	1	1	1-2-4-6-7	TCOVER2, TCOVER3, TCOVER4 TCOVER6, TCOVER16, TCOVER17 TCOVER22, TCOVER25	z=1.0
3	0	−1	1	1-2-3-6-7	TCOVER1, TCOVER8, TCOVER14 TCOVER15, TCOVER25	z=1.5
4	−3	2	2	1-2-3-5-6-2-3-6-7	TCOVER1, TCOVER5, TCOVER7, TCOVER12, TCOVER13, TCOVER19, TCOVER21, TCOVER24, TCOVER25	z=4.0

4. All-DU-Paths 测试

（1）导出测试条件

All-DU-Paths 测试方法导出测试条件的步骤同 All-Definitions 测试，这里不再赘述。

（2）导出测试覆盖项

All-DU-Paths 测试中，对于每个变量，其每一处 Definition 和 Use 之间所有可能的 DU-Path 均作为测试覆盖项。

【例 3-35】 根据【例 3-30】中得到的测试条件，用 All-DU-Paths 测试方法导出测试覆盖项。

解：表 3-10 中每一个测试条件均是一个测试覆盖项。即表 3-10 中 TCOND1 到 TCOND37 分别对应 TCOVER1 到 TCOVER37。限于篇幅不再一一列出。

（3）导出测试用例

All-DU-Paths 测试方法导出测试用例的步骤同 All-Definitions 测试方法，这里不再赘述。

【例 3-36】 根据【例 3-35】中得到的测试覆盖项，用 All-DU-Paths 测试方法导出测试用例。

解：根据图 3-11 及【例 3-35】中得到的测试覆盖项，可得如表 3-15 所示的测试用例。

表 3-15 由 All-DU-Paths 测试方法导出的测试用例

测试用例编号	输入（x）	输入（y）	输入（count）	执行路径	覆盖的测试覆盖项	预期输出
1	−1	1	2	1-2-3-5-6-2-3-5-6-7	TCOVER1, TCOVER6, TCOVER7, TCOVER10, TCOVER11, TCOVER13, TCOVER16, TCOVER17, TCOVER19, TCOVER24, TCOVER25, TCOVER26, TCOVER29, TCOVER35, TCOVER36, TCOVER37	z=3.5
2	1	1	1	1-2-4-6-7	TCOVER2, TCOVER3, TCOVER5, TCOVER9, TCOVER22, TCOVER23, TCOVER28, TCOVER31, TCOVER37	z=1.0
3	0	−1	1	1-2-3-6-7	TCOVER1, TCOVER4, TCOVER8, TCOVER12, TCOVER20, TCOVER21, TCOVER27, TCOVER30, TCOVER37	z=1.5
4	−3	2	2	1-2-3-5-6-2-3-6-7	TCOVER1, TCOVER6, TCOVER7, TCOVER10 TCOVER11, TCOVER15, TCOVER18, TCOVER19, TCOVER25, TCOVER29, TCOVER34, TCOVER36, TCOVER37	z=4.0
5	−1	1	1	1-2-3-5-6-7	TCOVER1, TCOVER6, TCOVER7, TCOVER10, TCOVER11, TCOVER19, TCOVER25, TCOVER26, TCOVER29, TCOVER32, TCOVER37	z=2.5
6	2	0	2	1-2-4-6-2-4-6-7	TCOVER2, TCOVER3, TCOVER5, TCOVER9, TCOVER14, TCOVER22, TCOVER23, TCOVER28, TCOVER33, TCOVER36, TCOVER37	z=0.5

3.3 习题与练习

1. 概念题

1）静态白盒测试有哪两个要点？

2）采用静态白盒测试为什么能极大程度地降低修复缺陷的费用？

3）正式审查的 4 个要素有哪些具体内容？

4）检验与走查最大的不同是什么？

5）编码时坚持标准和规范会带来哪些好处？

6）动态白盒测试主要包括哪些内容？

7）分支测试方法与决策测试方法在什么情况下得到的结果是不同的？

8）语句测试方法在什么情况下与分支测试方法得到的结果是不同的？

2. 分析设计题

1）为什么在静态白盒测试中，应避免自己阅读自己的代码？请分析具体原因。

2）根据下面列出的代码片段，画出对应的 CFG 图。

```
if (x < y){
    return;
}
print (x);
return;
```

3）在【例 3-30】中，变量 count 在结点 1 处定义，在<6,2>处使用。请问变量 count 的 DU-Path 中为何没有包括从 1 到<6,2>的路径？

4）针对下列 5 个逻辑表达式，计算并化简每个子句决定 p 的条件。

$p = a \wedge (\neg b \vee c)$

$p = a \vee (b \wedge c)$

$p = a \rightarrow (b \rightarrow c)$

$p = a \oplus b$

$p = (a \vee b) \wedge (c \vee d)$

5）阅读下面的 Java 代码，绘出程序的控制流图，然后分别用语句测试方法、分支测试方法、决策测试方法、分支条件测试方法、分支条件组合测试方法和 MCDC 测试方法设计测试用例。

```
public static int foo (int x, int y, int z){
    int m = 0;
    if(z<3)
        return m;
    for(int i=0;i<z;i++){
        if((!(x+y>15)||(y+z<10))&&(x>5)){
            m = m+z;
            break;
        }
        else
            m=m+1;
```

```
    }
    return m;
}
```

6）阅读下面的 Java 代码，绘出程序的数据流图，然后分别用 All-Definitions 测试方法、All-Uses 测试方法和 All-DU-Paths 测试方法设计测试用例。

```
public int pat(char[] subject, char[] pattern){
    final int NOTFOUND = -1;
    int iSub = 0, rtnIndex = NOTFOUND;
    boolean isPat = false;
    int subjectLen = subject.length;
    int patternLen = pattern.length;
    while(isPat==false && iSub+patternLen-1<subjectLen){
        if(subject[iSub] ==pattern[0]){
            rtnIndex = iSub; //从 0 位置开始查找整个 pattern
            isPat = true;
            for(int iPat=1; iPat<patternLen; iPat++){
                if(subject[iSub+iPat] != pattern[iPat]){
                    rtnIndex = NOTFOUND;
                    isPat = false;
                    break;
                }
            }
        }
        iSub ++;
    }
    return (rtnIndex);
}
```

7）阅读下列 C 语言代码，找出其中的问题。这段代码的功能是删除输入字符串最右侧的特殊字符（包括空格、回车符、换行符和 Tab 字符），直到遇到非特殊字符为止。源字符串不修改，返回值为删除特殊字符后的字符串。

```
char * StrTrimRight( char *str ){
    int len;
    char *psz;
    if(str == NULL)    return NULL;
    len = strlen(str);
    psz = str+len;
    while(*psz== '\r'||*psz== '\n||*psz == ' '|| *psz == '\t'){
        psz --;
        len --;
    }
    psz = (char*)malloc(len+1);
    strncpy(psz, str, len);
    return psz;
}
```

第 4 章　软件生命周期中测试的实施

在第 1 章中，已经介绍了通用 V 模型，该模型用来描述软件生命周期中测试的实施。从通用 V 模型（见图 1-8）中可以看到，测试的实施贯穿整个软件生命周期。测试的准备阶段（测试的计划、控制、分析及设计）开始得较早，与开发过程是并行的；测试的实施阶段由单元测试、集成测试、系统测试和验收测试等一系列不同级别的测试组成，这些测试的设计对应于开发过程中不同的阶段。

本章主要介绍单元测试、集成测试、系统测试、验收测试和回归测试的基本概念，并对这些测试中应注意的细节进行讨论。此外，还介绍了软件测试实施过程中常用工具的使用方法。

4.1　递增式测试策略

测试策略对隔离软件缺陷、降低测试费用有重大影响。在被测软件规模较小的情况下，可以对软件中的所有模块进行单元测试，然后按照程序结构图把各个模块组合成系统，对整个系统进行测试。这种测试策略被称为非增量式测试。

但是当一次集成的模块较多时，非增量式测试容易出现混乱。因为可能测试时发现了许多故障，由于一次集成了太多模块，为每一个故障定位变得非常困难，并且在修正一个故障的同时，可能又引入了新的故障，新旧故障混杂，增加了判定出错的具体原因和位置的难度。

因此，对于大多数软件而言，都应采用递增式测试策略。这种策略的最大优势在于容易隔离软件缺陷。单元级发现问题，肯定出在该单元上；多单元集成发现问题，一定和模块交互有关。递增式测试如图 4-1 所示。

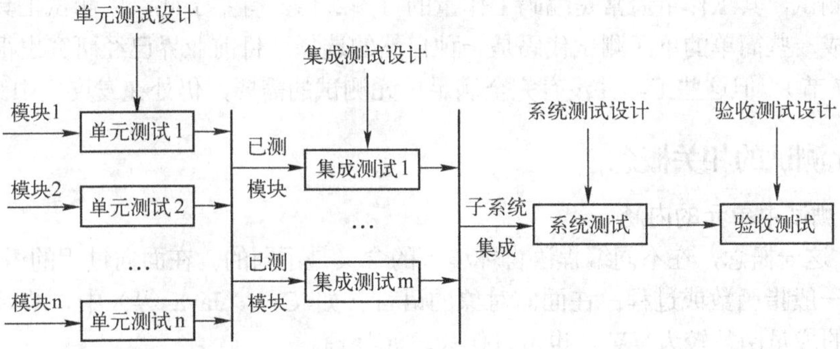

图 4-1　递增式测试策略

由递增式测试策略可知，软件生命周期中测试的实施过程一般如下。

（1）在最底层进行单元测试或模块测试（Unit Testing），其主要目的是验证软件模块是否按详细设计中规定的方式正确运行。从执行的时间上看，单元测试是最先执行的，但从测试设计上看，单元测试与软件详细设计阶段同步，因而是最后开始设计的。

（2）单元（模块）经过测试，找出缺陷并修复后，将相关模块组合起来进行集成测试（Integration Testing），其主要目的是检查多个模块间是否按概要设计中规定的方式协同工作。从执行的时间上看，集成测试在单元测试之后执行，从测试设计上看，集成测试和软件概要设计阶段同步。

（3）随着测试的进展，集成的模块和子系统不断递增，直至构成整个产品（或其主要部分），再对其进行系统测试（System Testing），验证整个系统是否满足软件产品规格说明书中的要求。从执行的时间上看，系统测试在集成测试之后执行，从测试设计上看，系统测试和软件产品规格说明书编写同步。

（4）在系统测试通过后，即可进行验收测试，从用户的角度检查系统是否满足合同定义的需求。从执行的时间上看，验收测试在系统测试之后执行，从测试设计上看，验收测试和需求分析同步进行。

注意，图 4-1 中所示的测试顺序并不是绝对的，4 种测试应该理解为测试执行的级别，而不一定是先后顺序。例如，在单元测试阶段，有某个核心算法模块开发进度较慢，就没有必要等到它开发完毕后才进行集成测试，此时可以开发该模块的桩模块，替代其参加集成测试，从而不影响整个测试的进度。

不同的测试级别既是对测试活动的划分，也是一个定义测试中各抽象级别的过程。这些级别在技术上差别很大，其目标也各不相同，在实践中通常使用不同的方法和工具，对测试人员的知识体系的要求也不尽相同。

4.2 单元测试

单元测试又称模块测试，是针对软件设计的最小单位——程序模块进行正确性检验的测试工作。单元测试的目的在于发现各模块内部可能存在的各种功能性问题、错误和构造弱点。

单元测试在业界属于一种比较成熟的方法。不过单元测试的工作量相当大，如果要进行充分的单元测试，其工作量通常是编码工作量的 1～2 倍。有鉴于此，用测试工具进行交互操作以自动生成一些简单的单元测试代码是一种自然的选择。目前业界已经研究出很多单元测试工具（见 4.7 节），但这些工具并没有完全满足单元测试的需要，仍处在发展之中。

4.2.1 单元测试的相关概念

1. 单元测试中单元的内涵

“单元”这一概念，在不同编程语言环境下的含义是不同的。在面向过程的语言（如 C 语言等）中，一般指函数或过程；在面向对象的语言（如 C++、Java 等）中，单元一般指类本身，如果类的成员函数较为复杂，也可以作为单元处理。

2. 单元测试的必要性

单元测试是软件测试的基础，主要目的是验证程序能够按详细设计说明正确地工作，以及尽早发现错误。根据 Beizer 的研究，软件开发历史上最臭名昭彰的错误大都是单元错误。目前，单元测试已经被公认为是软件开发过程中的一个关键步骤。在系统测试阶段，发现一个错误，定位和修复问题的代价非常大，而在单元测试阶段，一般都可以迅速定位错误并加以修改。因此单元测试能够简化错误检测，减少开发时间和成本，提高软件质量。

此外，单元测试可以验证代码与详细设计是否一致，其他测试无法完成这项任务。

3. 单元测试的主要依据不仅是被测代码

被测代码在测试前很可能存在错误，还有可能没有完成详细设计规定的任务。此时如果仅仅依据被测代码设计测试用例，则可能将这些错误当做正确情况，导致测试无法发现错误或造成时间和精力的浪费（例如，对代码中不符合详细设计的部分进行测试）。因此单元测试首先应依据软件的详细设计来编写单元测试用例并进行测试。

4.2.2 单元测试的主要内容

1. 静态白盒测试

在进行动态测试前，应先进行静态白盒测试，通过之后才能进入动态测试阶段。一般而言，包括以下工作内容。

1）被测代码通过静态检查工具的检查。

2）至少经过一轮代码的走查和检验。

3）单元测试用例的检视通过。

4）单元测试用例的实现代码写完并通过编译链接。

5）单元测试用例的实现代码通过正式审查。

对单元测试用例的实现代码进行正式审查（可视情况采用不同形式）的主要目的在于保证用例的实现代码与用例本身保持一致。

2. 动态黑盒测试

在动态白盒测试之前，应先运行黑盒测试用例。这样可以起到测试模块功能的作用。如果先从模块实现代码的角度进行动态白盒测试，则建立的测试用例很难避免偏向于模块的工作方式。这样，虽然测试用例精确完整地测试了模块，但可能并不准确。

在软件的详细设计阶段，由于代码的编写尚未开始，因此在此阶段设计的测试用例大多属于动态黑盒测试用例，可以用第 2 章中介绍的所有动态黑盒测试设计方法。

3. 动态白盒测试

在模块的功能测试通过后，就可以依据实现代码设计测试用例，进行动态白盒测试。在这个阶段，可以用第 3 章中介绍的所有动态白盒测试设计方法。

在设计动态白盒测试用例时，需要依据详细设计说明书和源程序清单，了解该模块的 I/O 条件和模块的逻辑结构，特别应注意检查对任何合理的输入和不合理的输入是否都能够鉴别和响应。

单元测试必须满足一定的覆盖率要求（包括控制流与数据流的覆盖）。除此之外，对模块接口、局部数据结构、错误处理机制和内部边界条件都应单独设计测试用例进行独立测试，重要的接口函数必须做单元测试。

其中，软件的内部边界条件（Internal Boundary Conditions）指的是在软件内部，对最终用户不明显的边界条件，也称为次边界条件（Sub-boundary Conditions）。列举如下。

1）财务软件中，在结算代码中可能从使用数据表转向使用公式计算费率。

2）为了获得高精度，数值分析程序根据数字的大小切换到不同的计算公式。

3）在文本输入或转换代码中，应参考 ASCII 表的内部边界。

在动态白盒测试中需要仔细检查代码，找到次边界条件，建立相应的测试用例。

4. 单元测试的结束标准

对于单元测试而言，完成下述任务之后才能结束。

1）所用的单元测试用例执行通过。

2）单元测试覆盖率达到预定要求。

3）单元测试未被执行的代码应进行检查。此时一般需要使用覆盖率检查工具。

在单元测试中，如果有测试用例未通过，需要查找原因并解决相关的问题，然后进行回归测试（见 4.6 节内容）。如果项目紧迫，某些用例未通过，需要到下一版修复，则必须经项目高层人员批准，并写入例外报告。

4.2.3 单元测试的环境

在执行单元测试的过程中，因为被测单元不一定是一个可单独执行的程序或模块，所以一般而言还必须对该单元的测试构造合适的测试环境，即需要额外开发一些辅助模块，模拟与被测模块相联系的其他模块。一般而言，单元测试的环境构成如图 4-2 所示。

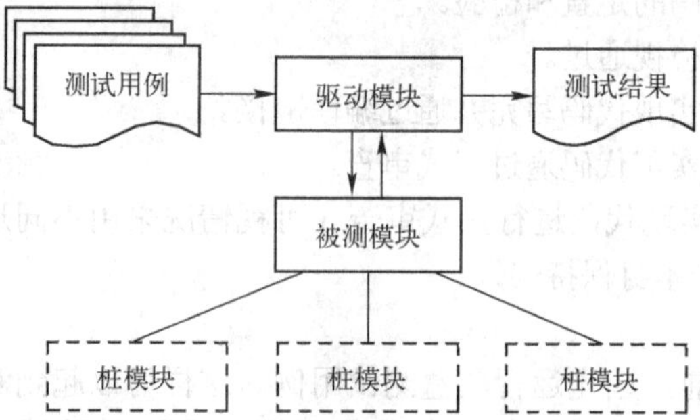

图 4-2　单元测试的环境

驱动模块（函数）和桩模块（函数）是最主要的两种辅助模块，它们对于构造测试环境都是不可或缺的。

1. 驱动模块

驱动模块（Driver）用以调用被测模块，使被测的模块得到执行。在绝大多数情况下，驱动模块执行的任务是：接收测试数据，把数据传送给待测模块，然后从待测模块获取返回的数据，并输出测试的结果。通常，测试用例就是在驱动模块中实现的。

2. 桩模块

一般而言，被测模块中也难免调用其他的模块，桩模块（Stub，也称存根模块）就是用以替代被测模块所调用的那些模块的。桩模块的接口与其替代的模块完全一致，但其中功能非常简单，且不包含错误，一般仅返回所需的数值。

桩模块的作用如下：首先是隔离缺陷。在用桩模块替代被测模块调用的模块后，如果测试中发现问题，则问题肯定出在被测模块的内部。其次，可以用桩模块来模拟一些被调模块难以出现的情况（例如，数量很大的网络连接），减低测试的费用。此外，在被测模块所调用的模块还没有完成开发时，也经常使用桩模块。

驱动模块和桩模块都属于必须开发但又不能和最终软件一起提交的软件，如果驱动模块和桩模块很简单的话，则开发的额外开销较低。但简单的模块对单元测试也会造成测试不充分的影响。完整的测试一般都要留到集成测试时完成。

【例 4-1】 对下列 Java 函数设计桩函数和驱动函数。该函数完成的功能为：根据用户选购的配件数量计算折扣后的价格。具体规则为：选购 5 件及以上，可以获得 15%的优惠；选购 3 件（含）到 5 件，可以获得 10%的优惠；选购 3 件以下，则没有优惠。如果用户是高级别客户，还可以获得数量不等的额外优惠。

```
public static double calculate_price(double baseprise, int extras, String ID ){
        double result = 0.0;
        double discount = 0.0;
        if(extras<0 || baseprise<=0.0)
            return -1.0;
        if(extras>=5)
            discount = 15;
        else if(extras>=3)
            discount = 10;
        else
            discount = 0;
        result = baseprise/100.0*(100-discount-calculate_special(ID));
        return result;
}
```

注意，代码中的 10、15、0 等数值不应硬编码在代码里，而应定义为 final static int 型变量并在类开始处初始化。此处为清楚起见，直接编码在方法的代码里。

解： 显然该函数是不能直接运行的，因此需要驱动函数。同时注意到，函数内部调用了根据用户 ID 判断额外优惠的函数 calculate_special(String ID)。该函数需要进行数据库操作，为了隔离缺陷，还应该开发该函数的桩函数。具体如下。

（1）驱动函数

驱动函数中包含下列代码。

```
System.out.println("------------------test calculate_price()------------------");
double price;
boolean test_ok = true;
// 测试用例 1
price = calculate_price(1000.0, 6, "CD1234567" );
test_ok = test_ok && (Math.abs(price-850.0)<1e-5);
if(test_ok)
    System.out.println("测试用例 1 成功");
else
    System.out.println("测试用例 1 失败");
```

其余测试用例可以类似编写，此处不再赘述。

（2）桩函数

桩函数中包含下列代码。

```
public static double stub_calculate_special(String ID){
```

```
        return 0.0;
    }
```

然后，在题目中给出代码的第 12 行中，用桩函数，即 stub_calculate_special(ID)替代原来的 calculate_special(ID)。在测试通过后，再改回原来的 calculate_special(ID)。

从【例 4-1】中不难看出，在单元测试阶段需要开发桩模块和驱动模块，其任务是较繁重的，而且还涉及被测代码本身的修改。为此目前业界已经研究出很多单元测试工具，以减轻单元测试的工作负担。

4.3 集成测试

集成测试主要针对经过单元测试后的模块组成的子系统或部件。从本质上看，集成测试基本上都是测试接口之间的关系。

4.3.1 集成测试的相关概念

1. 集成测试的内涵

顾名思义，集成测试就是将软件模块集成起来后进行测试。又称为子系统测试、组装测试或部件测试等。

集成测试主要可以检查诸如两个模块单独运行正常，但集成起来运行可能出现问题的情况，而这种情况在实际工作中是常见的。

2. 集成测试主要使用的测试方法

集成测试既有白盒测试的成分，也有黑盒测试的成分，综合了二者的特点，因此通常也被归于灰盒测试的范畴。

3. 集成测试的主要依据

集成测试主要是针对软件高层（概要）设计进行的测试，一般来说是以模块和子系统为单位来进行测试。

4.3.2 集成测试中的主要集成方法

1. 自顶向下的集成方法

自顶向下集成方法从最顶层模块（主控模块）开始，沿着软件的控制层次向下扩展，逐渐把各个模块结合起来进行测试。

在这种集成方式中，每层程序调用的下一层程序单元都要编写桩模块并加以替代。整个集成可以按深度或宽度优先进行，采用前者可以快速验证一个子系统的完整功能。

自顶向下的集成方法的优点是可以较早验证主程序的功能，缺陷隔离较好，缺点是桩模块的开发量比较大。

【例 4-2】 以如图 4-3 所示的功能模块划分为例，分别按自顶向下深度优先和广度优先方法进行集成测试。

解：按深度优先和广度优先的集成步骤分别如图 4-4 和图 4-5 所示。图中的 S_E 指 E 模块的桩模块，以此类推。

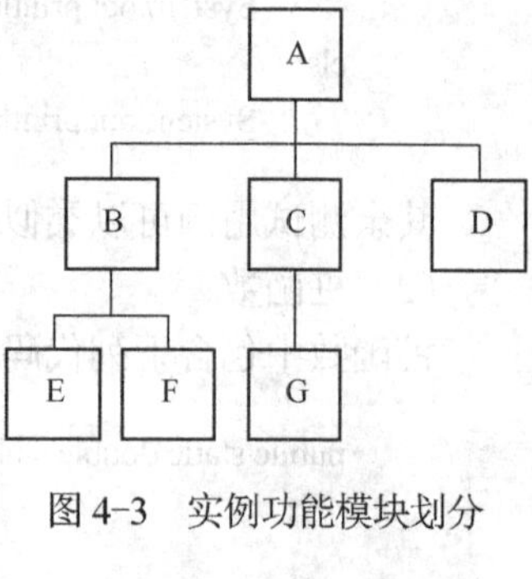

图 4-3 实例功能模块划分

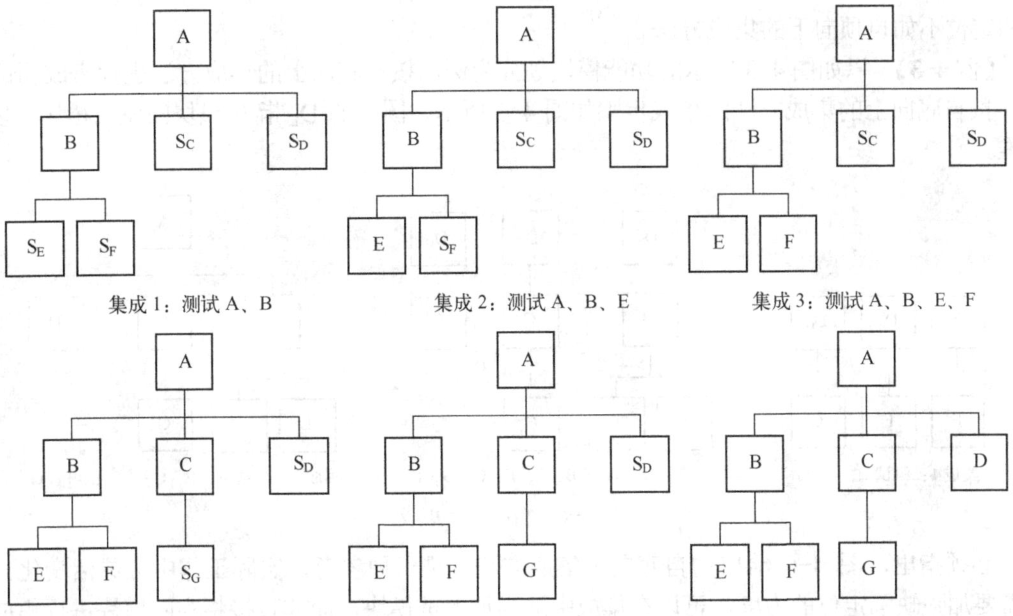

集成 1：测试 A、B　　集成 2：测试 A、B、E　　集成 3：测试 A、B、E、F

集成 4：测试 A、B、E、F、C　　集成 5：测试 A、B、E、F、C、G　　集成 6：测试 A、B、E、F、C、G、D

图 4-4　深度优先集成

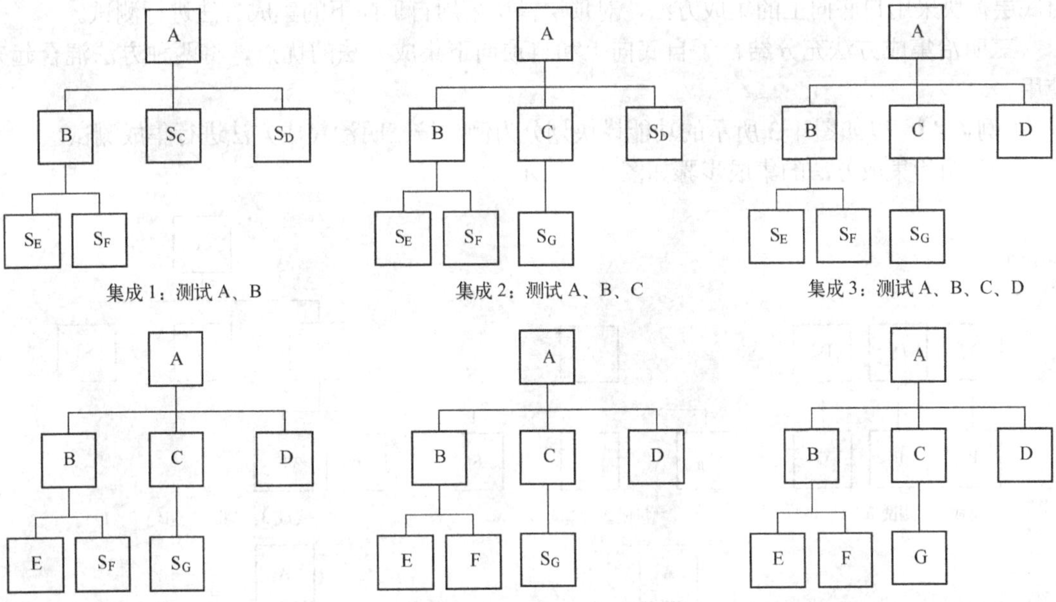

集成 1：测试 A、B　　集成 2：测试 A、B、C　　集成 3：测试 A、B、C、D

集成 4：测试 A、B、C、D、E　　集成 5：测试 A、B、C、D、E、F　　集成 6：测试 A、B、C、D、E、F、G

图 4-5　广度优先集成

2. 自底向上的集成方法

自底向上集成方法是从软件结构最底层的模块开始，按照接口依赖关系逐层向上扩展，逐渐把各个模块结合起来进行测试。

自底向上的集成方法的优点是每个模块调用其他的底层模块都已经过测试，因此不需要桩模块，可以进行并行测试的部分较多；缺点是每个模块都必须编写驱动模块，并且缺陷的隔离和定位不如自顶向下的集成方法。

【例 4-3】 以如图 4-3 所示的功能模块划分为例，按自底向上的集成方法进行集成测试。

按自底向上的集成方法的集成步骤如图 4-6 所示，图中的 D_E 指 E 模块的驱动模块，以此类推。

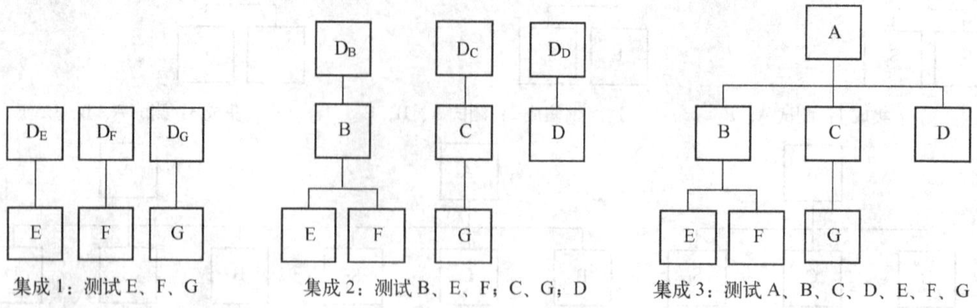

图 4-6　自底向上集成

必须指出，图 4-6 给出的自底向上集成方法仅是一种参考，实际工作中应灵活变化。如果需要加强缺陷定位的力度，可以在集成中适当加入桩模块，而非直接将实际模块进行集成。

3. 三明治集成方法

三明治集成方法（Sandwich Integration），顾名思义，是从两头向中间集成。具体而言，对底层模块采用自底向上的集成方法，对顶层模块采用自顶向下的集成方法进行测试。

三明治集成方法充分结合了自底向上和自顶向下集成方法的优点，将两种方法混合起来使用。

【例 4-4】 以如图 4-3 所示的功能模块划分为例，按三明治集成方法进行集成测试。

按三明治集成方法的集成步骤如图 4-7 所示。

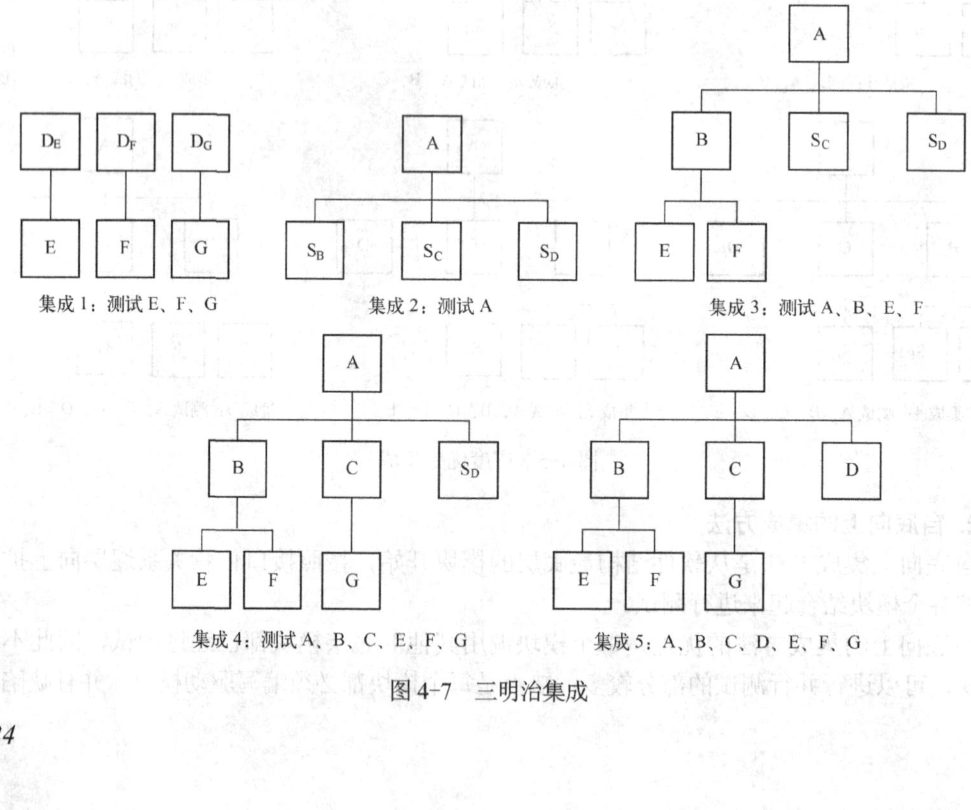

图 4-7　三明治集成

值得注意的是，在实际工作中（特别是较大的项目），常常是综合使用上面所介绍的集成方法，而不是拘泥于某一种特定的集成方法。例如，可以按开发的进度，优先选择测试已经完成的模块，如果已完成的模块所调用的模块没有完成，就采用自顶向下的方法，打桩进行测试；如果已经完成模块的上层模块没有完成，可以采用自底向上的集成方式；如果上层模块和底层模块先完成，则采用三明治集成方法。

4．Smoke 方法

在开发软件产品时，Smoke 方法是一种常用的集成测试方法。Smoke 方法是时间关键性项目的步进机制，能够让软件团队频繁地对项目进行评估。Smoke 测试方法包括下列活动。

1）将已经转换为代码的软件构件集成为构造（Build）。一个构造包括所有的数据文件、库、可复用的模块，以及实现一个或多个产品功能所需的工程化构件。

2）设计一系列测试，以暴露影响构造正确地完成其功能的各种错误。测试设计的目的是为了发现极有可能造成项目延迟的各种业务阻塞错误（Show Stopper）。

3）每天将该构造与其他构造，以及整个软件产品集成起来进行冒烟测试。软件产品的集成方法可以采用自顶向下集成，也可以自底向上集成。

采用频繁的测试能够让管理者和专业人员对集成测试进展做出实际的评估。McConnell 描述冒烟测试如下：冒烟测试应该对整个系统进行彻底的测试，它不一定是穷举的，但应能暴露主要问题。冒烟测试应足够彻底，使得若构造通过测试，则可以假定它足够稳定以致能经受更彻底的测试。

4.3.3 集成测试用例的设计要点

集成测试的设计在软件的概要设计阶段即应该开展。具体说来，一旦有了概要设计的文档，就可以开始测试的设计。在集成测试的测试用例设计中，首先应考虑为通过性测试设计用例，用来验证软件功能是否得到实现，需求和设计是否得到满足。重点验证设计空间是否满足需求，应按照概要设计来设计测试用例。可以考虑等价类划分法、状态转换法等；其次考虑为失效性测试设计用例，主要以已知的缺陷空间为依据设计测试用例，目的是证明已知的缺陷在软件中都不存在。可以考虑边界值法、错误猜测法、因果图法和状态转换法等。

在集成测试用例的设计方面，同样也要强调覆盖率的要求。但集成测试和单元测试的覆盖率不同，单元测试的覆盖率主要在代码层面，集成测试的覆盖率主要在接口层面。集成测试的覆盖率有接口覆盖率、接口路径覆盖率等。其中，接口覆盖率是指被覆盖的接口占总接口的比率。

需要注意的是，接口有显性和隐性之分。函数调用（API）等属于显性接口，而消息、网络协议等都属于隐性接口。

4.4 系统测试

系统测试主要针对的是完成了集成测试的软件系统，目的在于验证整个系统是否符合规格说明书中规定的各项功能与性能方面的指标。在软件业早期，对测试对象所进行的测试主要就是指系统测试，当时仅仅以功能测试为主。发展到现在，已经扩展到性能测试（包括重复测试、压力测试与负载测试等）、兼容性测试、恢复测试、安全性测试、配置测试、本地化测试、文档测试和易用性测试等内容。

4.4.1 系统测试的相关概念

1．系统测试的内涵

系统测试是执行于完整的、集成过后的系统之上的测试，用以评估系统与其规定的各项需求之间的符合程度。

这里的“完整的、集成过后的系统”指的是将通过集成测试之后的软件与硬件系统、支持软件、数据和平台软件等结合起来而组成的完整系统。系统测试是在开发者搭建的运行环境下，从用户使用的角度来执行的，主要目的是对系统各项功能与性能的确认和验证。

系统测试的优点是容易执行，只需要像用户使用那样就可以执行测试。但是定位缺陷的困难远远超过单元测试和集成测试。

2．系统测试主要使用的测试方法

系统测试基本上使用黑盒测试方法，因此可以使用第 2 章中介绍的所有黑盒测试用例设计方法。

3．系统测试的主要依据

系统测试的依据主要是产品规格说明书，通过对整个系统进行一系列严格有效的测试，检查软件产品是否满足规格说明书中规定的各项功能、性能及其他方面的指标。此外，在系统测试中还要测试软件对异常情况的响应，以及在各种不同的运行环境下的运行情况。

4．系统测试在软件开发过程中是不可或缺的一个环节

系统测试是软件开发过程中不可或缺的一环，是软件质量保证的重要环节。因此在单元测试和集成测试后不能省略系统测试。在实际项目中由于进度的关系，可以省略部分单元与集成测试，但是系统测试是不能省略的。

首先，从测试的内容上看，系统测试针对的是外部输入层的测试空间，如果不进行系统测试，那么外部输入层向接口层转换的代码就没有得到测试。此外，许多功能是由系统中所有组件相互协作才能获得的，只能在系统测试级别进行观察和测试。

其次，从测试的角度上看，在单元测试和集成测试阶段，测试针对的是各级技术规格说明，即从软件开发者的技术角度考虑的。而系统测试是从需求的角度来考虑系统是否正确地满足了产品规格说明书的要求。

4.4.2 系统测试的主要内容

1．功能测试

功能测试主要是根据产品规格说明书，验证被测系统是否满足各项功能性要求。功能测试属于系统测试中最基本的测试内容，首先应该依据产品规格说明书导出测试用例，可以使用几乎所有测试用例设计方法，然后进行测试。

对于功能测试，针对不同的应用系统，测试内容的差异很大，但一般都可以归为界面、数据、操作、逻辑和接口等几个方面。

功能测试可以用手工测试，也可以进行自动化测试。在条件许可的前提下，应在工作中尽量使用自动化测试。其原因如下。

1）测试工作量庞大，可能需要重复执行同一个测试用例多次（回归测试，见 4.6 节），如果完全采用手工测试，很可能没有足够的时间完成测试任务。

2）用测试工具代替测试人员的部分工作，则后者可以有更多时间考虑测试用例，或完成测试计划中的其他任务。

3）测试人员反复执行测试用例时容易疲劳，导致用例执行不完整。

4）有些测试过程无法由人工完成，例如模拟上万个网络连接等。

5）有时候限于测试条件，必须用工具模拟一些软件或硬件。

但是在使用自动化测试时应注意，软件测试工具不能代替软件测试员，它们只能够帮助软件测试员更简便地完成工作，并提高工作质量。此外，软件测试工具并不总是对的，因此手工测试是不可替代的。

在功能测试中，通常使用测试工具记录第一次执行测试用例时的键盘和鼠标操作，然后在需要重新运行该测试用例时回放这些操作。有些测试工具还提供可编程的宏，可以编写回放系统时需要遵循的简单指令。

常用的功能测试工具有 Mercury Interactive 公司的 WinRunner（2006 年 Mercury 公司被 HP 公司收购，Winrunner 目前已经从 HP 产品中消失，但仍有许多公司使用它做自动化测试）、IBM 公司的 Rational Robot 等。目前也有一些开源或免费的宏录制器和播放器工具，例如 AutoHotKey（http://autohotkey.com/）、Abbot（http://abbot.sourceforge.net/doc/ verview.shtml）等。

2．性能测试

通常，除了功能性要求外，用户对软件还有性能方面的要求。性能测试用来测试软件在使用环境中的运行性能。

软件性能是指用以标识和评估软件在特定环境下完成任务的若干种指标。软件的每种性能都对应有一个或多个指标，这些指标应当可以通过公式计算或评估出来。常用的软件性能指标包括时间效率、空间效率、事务操作性能、I/O 性能、数据库性能、内存性能、初始化/退出时间和资源占用率等。

性能测试可以发生在测试过程的所有步骤之中，即使在单元测试中，也可以在执行测试时评估单个模块的性能。然而，只有当整个系统的所有组成部分都集成在一起之后，才能搞清楚系统的真实性能。在系统测试设计阶段，需要专门针对产品规格说明书中有关性能要求的部分导出测试用例，在性能测试阶段执行测试。如果达不到性能要求，则需要根据测试结果对软件进行改进。

需要注意的是，软件的性能和功能之间往往有密切的联系。因此在功能测试中可以发现性能问题，在性能测试中也能够发现功能问题。很多性能问题都是由于软件的功能缺陷造成的，如果功能实现代码的运行效率低下，通常会在性能测试中暴露出来。

除了发现系统的性能问题外，性能测试的另一大任务是获取系统的性能指标，例如运行速度、响应时间及资源使用率等。这些性能指标数据为将来系统的改进或新系统的开发提供了重要的依据。

对于性能测试，需要避免以下错误认识。

1）性能问题通过硬件配置的提高就能解决。

2）性能测试在执行完其他测试后测试一下就可以了。

如前所述，性能问题和功能问题有密切的联系。通过性能测试能发现软件中的缺陷，甚至是较大的缺陷（如体系架构方面）。因此绝不能把性能测试视为其他测试的一种补充。另一方面，通过硬件配置只能解决部分的性能问题，如果涉及软件缺陷，提高硬件配置很可能只能治标，难以治本（例如内存泄漏问题）。

性能测试通常必须使用测试工具才能完成。目前常用的性能测试工具有 HP 公司的 LoadRunner（目前已经可以免费使用，见 https://saas.hp.com/signup/try/loadrunner?rd=1#/ try/step1）、

IBM 公司的 Performance Tester（用于 Web 应用程序的性能测试）等。目前也有一些开源性能测试工具，如 nGrinder（http://sourceforge.net/ projects/ngrinder/）、JMeter（http://jmeter.apache.org/）等。

3．重复测试、压力测试与负载测试

这 3 种测试的目的是检查程序的设计和实现中可能没考虑到，但在极端恶劣条件下又可能发生问题的状态。

重复测试（Repetition Testing）的目的是检查内存泄漏（Memory Leak），其方式是不断执行同样操作。最简单的就是不停地启动和关闭程序。还可以反复读写数据和反复选择同一个操作。

压力测试（Strees Testing）用来检查软件系统对异常情况的承受能力。压力测试强迫系统在异常数量、异常频率或异常资源配置下运行。压力测试采用比平常限度高大约一个数量级的反常数量、频率或容量进行测试用例的设计。例如，当平均每秒出现 1～2 次中断的情形下，可以设计每秒产生 10 次中断的测试用例；将输入数据的量提高一个数量级以确定输入功能将如何反应；执行需要最大内存或其他资源的测试用例；设计可能产生内存管理问题的测试用例；创建可能会过多查找磁盘驻留数据的测试用例；使用内存小、磁盘空间小、CPU 运行速度慢等异常资源配置的测试用例等。

负载测试（Load Testing）通过逐步增加系统的工作量，测试系统性能的变化，并最终确定在满足功能指标的前提下，系统所能承担的最大工作量（例如处理大数据文件、大并发访问的能力）。负载测试与压迫测试相反，并不限制软件的使用条件，而是使软件在正常资源配置下运行，其目的是最大限度地发掘软件的能力。

从本质上来说，重复测试、压力测试与负载测试都是试图破坏程序，因此三者应联合使用，同时进行。只要设计和使用得当，这 3 种测试可以找出其他方式难以发现的严重缺陷。但是，由于这 3 种测试的执行条件比较苛刻，软件项目经理和开发人员不一定赞同采用这种破坏性测试的方式，因此在设计测试用例时一定要注意沟通。

4．恢复测试

在实际使用中，有些系统要求能从错误中恢复并在一定的时间内重新运行。在有些情况下，系统必须具有容错功能，即处理错误绝不能使整个系统功能都停止；而在有些情况下，系统的错误必须在指定的时间内或严重后果发生之前得到改正。

恢复测试是通过各种方式强制性地让系统发生故障并验证其能适当恢复的一种系统测试形式。若恢复是自动的（由系统自身完成），则对重新初始化、检查点机制、数据恢复和重新启动都要进行正确性评估。若恢复需要人工干预，则应估算平均恢复时间（Mean-time-to-repair，MTTR）以确定其是否在可接受的范围之内。

5．兼容性测试

兼容性测试是指检查软件之间是否能够正确地交互和共享信息。列举如下。

1）不同程序的数据的复制、剪切和粘贴。

2）数据文件的导入处理。

3）程序在不同版本的操作系统中运行。

4）升级后的程序对老版本格式的支持。

注意，这里的交互不局限于运行在同一台计算机上的软件。例如软件之间可能通过网络交换和共享数据。

在设计兼容性测试用例之前，必须通过静态测试明确下列问题。

1）软件的设计要求与哪些平台和应用软件保持兼容。

2）应该遵守哪些定义软件之间交互的标准或规范。

3）软件使用哪些种类的数据与其他平台或软件交互和共享信息。

兼容性测试主要包括以下内容。

（1）平台与应用程序的兼容性测试

即测试软件是否与特定目标平台或者应用程序相兼容。选择目标平台和应用程序是程序管理与市场定位的任务，这些信息通常可以从产品规格说明书中获得。但应在满足客户要求的前提下尽可能地缩小需要兼容的平台与应用程序的范围。

在具体设计兼容性测试用例时，应按照流行程度、推出的时间、程序的类型和生产厂商对所选择的平台与应用程序进行等价类划分，进而获得所需的测试用例集合。

（2）向前兼容与向后兼容

向前兼容与向后兼容都是测试软件与自身的其他版本之间的兼容性。又分为以下两种情况。

1）向后兼容（Backward Compatible）是指可以使用软件的以前版本。例如，Word 2013 版可以向后兼容 Word 2007、Word 2003、Word 2000 及 Word 98 等版本创建和编辑的文件。

2）向前兼容（Forward Compatible）是指可以使用软件的未来版本。但对目前版本而言，未来版本还没有开发，如何测试兼容性呢？这个问题的解决方法是完整细致地将测试定义在可以作为标准的地方。即如果可以预测软件的未来版本是遵循某些标准和规范（广义）的，就把这些标准和规范作为测试的依据，严格测试当前版本是否符合这些标准和规范，使得它们成为判定向前兼容性的手段。但在具体测试中仍需要依赖于经验的积累和对产品的了解。

（3）数据共享兼容性测试

为了获得良好的兼容性，软件必须支持并遵守公开标准，允许用户与其他软件传输和共享数据。例如，最基本的数据传输方式是读写磁盘文件，因此遵守磁盘和文件格式的低级标准是实现此类共享的前提。除此之外，还有剪切、复制和粘贴等无须借助磁盘传输数据的数据共享方式，以及文件的导出和导入等程序与自身以前版本或其他程序保持兼容的方式。在兼容性测试中应针对以上几种情况设计测试用例。

其他的系统测试还包括配置测试、本地化测试、文档测试和易用性测试等内容，限于篇幅不再一一介绍。安全性测试见第 6 章中的相关内容。

4.5 验收测试

前面介绍的单元测试、集成测试和系统测试，其测试活动都是由产品开发者负责的，在交付用户之前进行。但是，在安装和使用软件前，还必须执行另一个测试级别——验收测试。验收测试和系统测试的最主要区别在于：系统测试是在开发环境下进行的，而验收测试是在客户的真实操作环境下执行的。

4.5.1 验收测试的相关概念

1．验收测试的内涵

验收测试是软件测试部门对通过项目组内部执行的单元测试、集成测试和系统测试后的软件所进行的测试，测试用例采用项目组的系统测试用例子集，或者由验收测试人员自行决定测试内容。

2．验收测试的关注点

验收测试的关注点在于客户的观点和判断。如果软件是为指定客户开发的，那么验收测试就更为重要。验收测试通常情况下需要客户的参与，甚至客户可以完全负责验收测试。

3．验收测试并不限定在测试阶段的最后执行

验收测试也可以在多个测试级别中执行。例如：商业软件在安装或集成时就进行验收测试；单元测试阶段针对模块的可用性进行验收测试；系统测试之前进行新功能的验收测试等。

4.5.2 验收测试的主要形式

1．根据合同进行的验收测试

如果软件是客户定制的，客户和开发方应根据合同执行验收测试。客户在验收测试结果的基础上判断软件是否存在缺陷，合同中定义的服务是否已经满足。

这种验收测试的测试准则是开发合同中定义的验收准则。此外，还必须明确遵守相关的规则，例如政府、法律、安全方面的标准和规范。一般而言，软件开发者应该在系统测试阶段就检查这些标准，在验收测试时，只需重复执行相关测试用例。但由于开发组织和客户之间有可能在验收标准的理解上产生差异，因此客户设计或评审验收测试用例是很重要的。

2．用户验收测试

在客户和最终用户不同的时候（例如最终用户是定制软件的客户的产品销售对象等情况），还需要执行用户验收测试。

通常，不同的用户群对系统的期望会有所不同，因此需要对每一个用户群都组织用户验收测试。通常情况是由定制软件的客户来组织此类测试，基于商业流程和常见的用户场景选择测试用例。

3．现场测试

如果软件在多种不同的环境下运行，软件开发者在系统测试阶段为每种应用创建一个测试环境在开销上常常是无法接受的。在这种情况下，在系统测试完成后，软件开发者可以选择进行现场测试（Field Testing）。现场测试的目标是标识出完全未知或没有详细说明的用户环境的影响，在需要的时候消除这些影响。

为此，软件开发者可以将预发布的软件的稳定版本有计划地发放给挑选好的外部用户（客户代表），由其使用，然后从他们那里收集反馈信息。在测试中，用户可以运行开发者指定的测试场景，但更主要的是用户自由使用，并不按照测试用例进行，这样可以发现更多问题。

由客户代表执行的现场测试有两种类型：α 测试和 β 测试。下面分别加以介绍。

（1）α 测试

α 测试是用户在开发者的场所进行的。用户在开发者的指导下进行软件测试，开发者负责记录错误和使用中出现的问题。

有时，α 测试也可以在开发组织内进行，即组织内部的用户进行测试。此时，将软件发放给开发组织内部人员，由他们自由使用，并不按照测试用例进行。其过程包括以下几个步骤。

1）选择 α 测试人。

2）背景知识介绍。

3）执行 α 测试。

4）记录问题和交流。

（2）β 测试

β 测试是软件在一个开发者不能控制的真实环境中进行使用，用户记录下所有在测试中遇到的问题，并定期把这些问题报告给开发者。

如果软件产品不是为特定用户开发的，则 β 测试属于外部用户的测试，即将软件产品有计划地发放给挑选好的外部用户，由其使用，然后收集反馈信息。为保证这种情况下 β 测试的有效性，需注意以下几个方面。

1）不要发布不成熟的 β 产品。

2）对参与者给予适当的激励措施。

3）建立完善的问题收集机制和交流机制。

β 测试是保证软件质量的重要环节，是产品发布前的最后一道关口。在接到 β 测试的问题报告之后，开发者对系统进行最后的修改与回归测试，然后就可以准备向所有的用户发布最终的软件产品。

4.6 回归测试

在软件生命周期中测试的实施过程中，如果在某个测试级别中发现了缺陷，需要根据测试情况进行返工修改。那么在修改完成后，应当如何验证呢？这就是回归测试所要讨论的内容。

4.6.1 回归测试的相关概念

1．回归测试的内涵

回归测试（Regression Testing）是在程序被修改后重新进行的测试过程，以保证这个修改没有引入或暴露软件缺陷。

2．回归测试的必要性

当已有的系统发生变化、修正发现的软件缺陷或者增加新功能时，对变化的部分必须进行再测试（Retest），但如果仅仅针对变化部分进行测试，就不能发现可能存在的由变化导致的副作用。

例如，在第 1 章中已讨论过的故障屏蔽（Defect Masking）问题，即某个故障可能会被软件的其他部分的某个或某些故障所掩盖。因此修正了某个软件缺陷，它屏蔽的故障所对应的失效就可能会显现出来。增加新功能、系统发生变化等导致对软件进行的修改也存在类似的问题。

因此在软件测试中，当执行完一轮测试后，需要根据测试情况进行返工修改，再重新评审检视修改的内容，或者对修改内容执行单元测试、集成测试等，然后进行回归测试。在回归测试时，不能仅用修改部分所对应的测试用例进行测试，而要将所有相关测试用例都执行一遍，即测试时要检查确认在前面测试中发现的缺陷修复了，同时没有引入新的缺陷或引发其他问题。

3．回归测试与测试自动化

回归测试通常是测试自动化（Test Automation）的对象。这是由回归测试本身的特点决定的。

首先，回归测试是因为程序修改引发的，这就意味着回归测试可能在所有的测试级别中执行。其次，回归测试不能通过，需要再次进行回归测试，直到问题修复为止。因此回归测试在测试某项特性时，可能需要重复执行多次。所以回归测试通常工作量大且非常耗费时间，因而采用人工测试代价高昂，一般都必须采用测试自动化完成。

注意，由于回归测试中使用的测试用例会多次运行，因而必须做好文档工作，并使之具有可重用性。

4.6.2 回归测试的范围

在进行回归测试时，必须决定回归测试的范围。下面是几种典型情况。

1）新的软件版本修正了软件缺陷后，重新运行所有发现故障的测试，也称缺陷再测试。

2）测试所有修改或修正过的程序部分，即对功能改变的测试。

3）测试所有新集成的程序，即新功能测试。

4）测试整个系统，即完全回归测试。

在第 1 种情况中，只进行了很少的再测试，而第 2、3 种情况中，只对修改的部分进行再测试，这样的测试往往是不够的。因为如果测试只覆盖变化部分或新的代码部分，那么测试就忽略了修改部分对没有修改部分的影响。

第 4 种情况是理想情况。除了对修正的缺陷和功能发生变化的部分进行再测试外，还应该重新执行已有的所有测试用例。只有这样，才能彻底测试软件修改的影响。但这样测试工作量又较大。

在第 1 章中曾指出，软件测试的原则之一就是软件测试是有风险的行为。在实际测试工作中的关键是如何把数量巨大的可能性减少到可以控制的范围。因此在回归测试过程中，需要寻找一些标准以帮助选择哪些旧的测试用例可以忽略，而不会丢失太多的信息，以此达到风险和成本的平衡。

如果对软件的更改对系统的所有部分都有影响的话，则应当运行完全回归测试；如果并非如此，则应合理地估计修改对软件的哪些部分有影响，然后将这些部分纳入回归测试之中。但对于没有充足文档或需求遗漏的系统进行估计可能会导致较大误差。

例如，可以采用下面的策略。

1）只重复测试计划中的高优先级测试。

2）在功能测试中，忽略特定的变化（一般指较特殊的情况）。

3）只针对特定配置进行测试（例如，只对英文版产品进行测试，只对操作系统的一个版本进行测试）。

4）只针对特定子系统或测试级别进行测试。

上述策略主要针对系统测试。在更低的测试级别，回归测试的范围可以基于设计或架构文档（例如，类层次）等信息做出选择。

4.7 软件测试实施中的常用工具

从本章前几节介绍的内容中不难发现，软件生命周期中测试的实施所需要的工作量通常都是很大的。为了提高测试实施的速度、效率、准确度和精确度，目前业界已经开发出很多测试工具。下面对一些常用的测试工具进行介绍（以开源软件为主）。

4.7.1 代码静态检查工具

1. 在 Visual Studio 中对 C/C++代码进行静态检查

对于用 C/C++语言编写的程序，由于语言本身的灵活性和复杂性，代码即使经过最高警告级别的编译过程，并通过了正式审查，也很可能存在着隐藏较深的缺陷。此时需要运用代码静态检查工具进行启发式检查，即通过分析程序的相关上下文来发现潜在的缺陷。在 Windows 平台下，Visual Studio 是最常使用的开发环境之一。下面介绍如何在 Visual Studio 中使用 Code Analysis 功能进行静态检查。

（1）版本要求

并非所有的 Visual Studio 版本都支持 Code Analysis 功能，支持该功能的常见版本包括以下几个。

1）Visual Studio 2005 SP1 - Team Suite。

2）Visual Studio 2008 - Team System 版。

3）Visual Studio 2010 Ultimate 版。

下文以 Visual Studio 2010 Ultimate 版为例进行介绍。

（2）开启代码分析功能

只要在工程的编译命令行中加上/analyze 选项，即可开启代码分析（Code Analysis）功能。可以通过下述步骤实现。

1）在工程属性页中，展开代码分析（Code Analysis）选项并选择“常规”（General）选项，选择“在生成时启用 C/C++的代码分析”复选框，如图 4-8 所示。

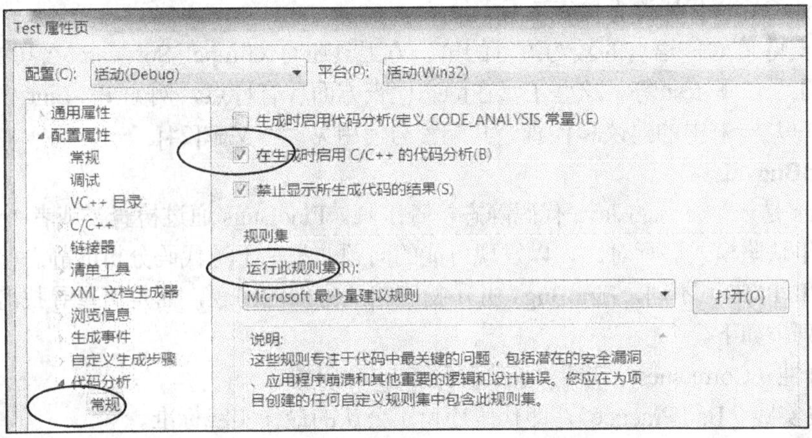

图 4-8　开启代码分析功能

2）在“运行此规则集”下拉列表框中，可以选择所需的规则集，如图 4-9 所示。单击“打开”按钮，即可查看该规则集中的具体内容。

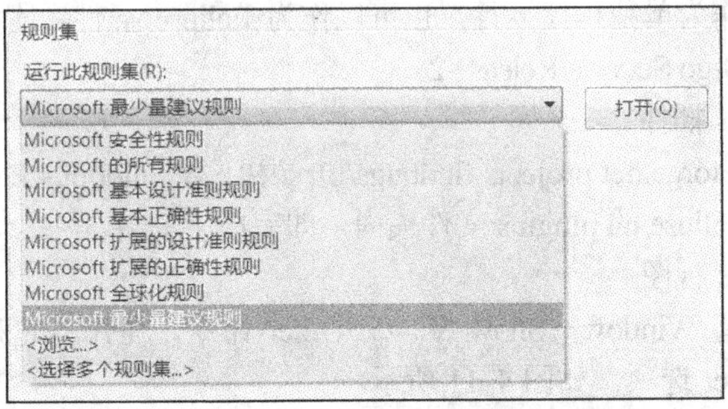

图 4-9　选择规则集

至此，对工程完成了代码检查功能的配置。

（3）使用代码分析功能

编写完代码后，可以在主界面的“生成”或“分析”菜单下选择进行代码分析，如图 4-10 所示。

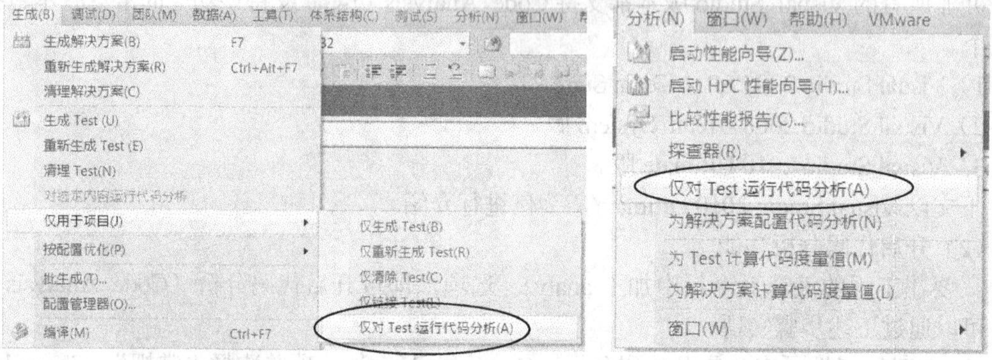

图 4-10　执行代码分析

（4）其他 C/C++代码静态检查工具

目前，支持 C/C++语言的较为流行的第三方工具还有 Gimpel Software 公司的 PC-Lint、Parasoft 公司的 C++ test 等。这些工具在静态检查方面各有特点，例如 PC-Lint 中有专门针对《Effective C++》一书中的建议和检查。其配置与使用见参考文献[24]。

2．FindBugs 工具

FindBugs 是一个开源的 Java 代码静态检查工具。FindBugs 通过检查类或者 JAR 文件，将字节码与一组缺陷模式进行对比，以发现可能的问题。与基于源代码分析的静态检查工具（如 Checkstyle 和 PMD）不同，FindBugs 并不检查格式方面的问题，而是着重寻找潜在的缺陷与性能问题，列举如下。

1）正确性（Correctness），即可能会导致 Bug 的问题。

2）不良实践（Bad Practice），即代码违反了公认的最佳实践标准。

3）多线程正确性（Multithreaded Correctness），包括同步和多线程方面的问题。

4）性能（Performance），即可能引发性能方面的问题。

5）安全性（Security），即可能引发安全相关的问题。

6）危险性（Dodgy），即该类型代码很可能导致缺陷。

FindBugs 既可以作为单独程序运行，也可以作为 Eclipse 插件。本章介绍后一种情况，使用的 Eclipse 版本为 Indigo Service Release 2。

（1）安装 FindBugs 插件

从网站http://sourceforge.net/projects/findbugs/files/中下载 Findbugs Eclipse Plugin，然后将下载的压缩文件解压到 Eclipse 的 plugins 文件夹内，即完成了安装。

（2）打开 FindBugs 视图

启动 Eclipse，选择 Window→Show View→Other 命令，在弹出的对话框中展开 FindBugs 选项，选择 Bug Explorer 选项，如图 4-11 所示。

（3）以自动模式运行 FindBugs 插件

在这种模式下，FindBugs 插件在整个工程或单独的 Java 文件生成（Build）时查找缺陷模式。因此如果设置了 Eclipse 自动编译选项（在 Project 菜单下选择了 Build Automatically 命令），当修改完 Java 文件保存时，FindBugs 就会运行并在 Bug Explorer 视图中显示相应的信息。

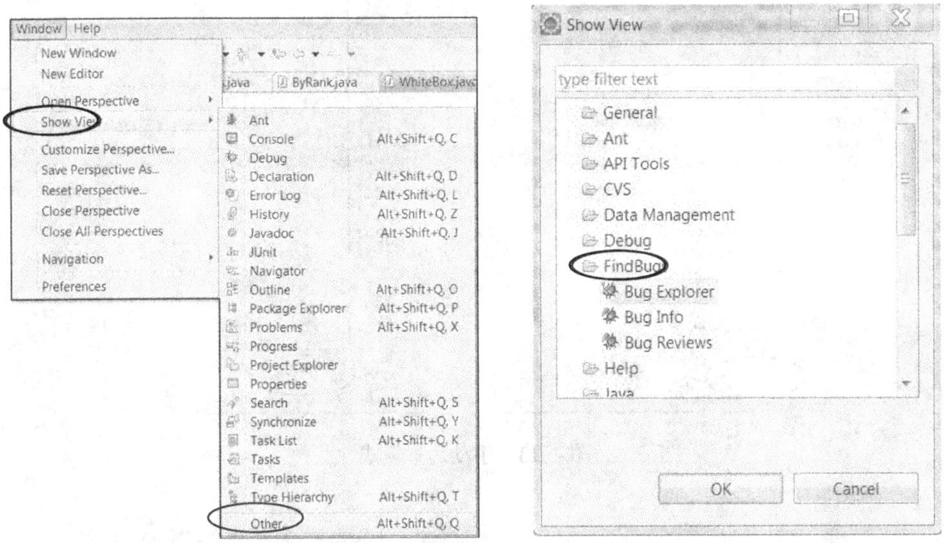

图 4-11　打开 FindBugs 视图

以下是设置步骤。

1）右击 Java 工程，在弹出的快捷菜单中选择 Properties 命令。

2）在弹出的对话框中选择 FindBugs 选项，并选择 Run automatically 复选框。

3）单击 OK 按钮。

如图 4-12 所示。

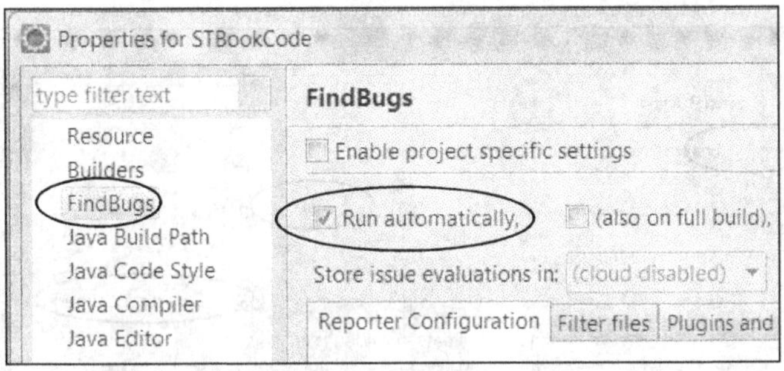

图 4-12　设置自动运行模式

（4）以手动模式运行 FindBugs 插件

以自动模式运行 FindBugs 插件时可能非常费时，此时可以选择以手动模式运行该插件，即在图 4-12 的设置中，不要选择 Run automatically 复选框。

以下是使用步骤。

1）右击要检测的工程、包或文件。

2）在弹出的快捷菜单中选择 Find Bugs→Find Bugs 命令。

3）检查完成后在 Bug Explorer 视图中显示问题列表，双击问题，即可定位到具体的代码行。

如图 4-13 和图 4-14 所示。

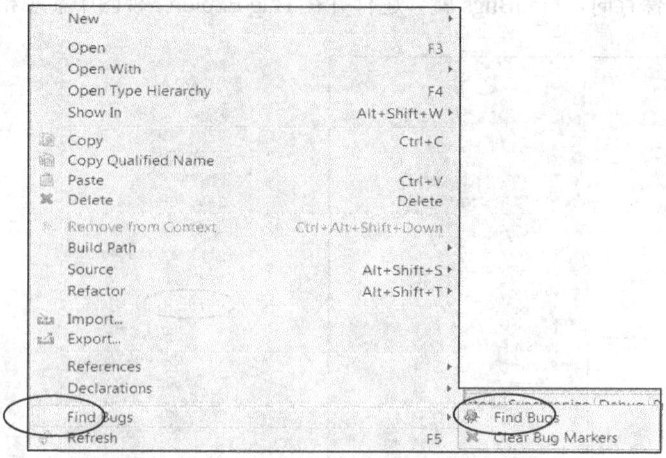

图 4-13　手动运行模式

图 4-14　运行结果

（5）配置检查内容

在图 4-12 中的 Properties 页面中，选择 Enable project specific settings 复选框后，即可对工程的检查内容、检查程度等进行配置，如图 4-15 所示。

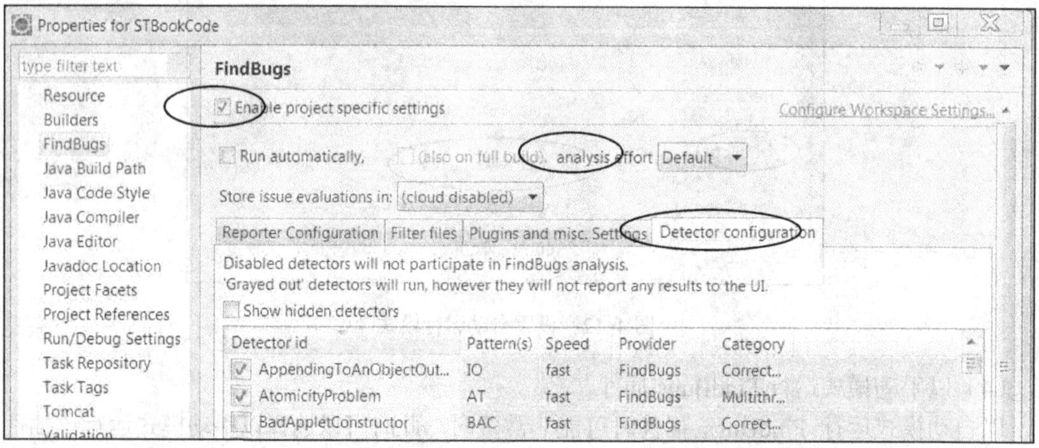

图 4-15　配置检查内容

4.7.2　单元测试工具

1．JUnit 工具

JUnit 是一个开源的 Java 语言程序测试框架，由 Kent Beck 和 Erich Gamma 开发，

是目前 Java 语言事实上的标准单元测试库。正如 Martin Fowler 所说，“在软件开发领域，从来就没有如此少的代码起到了如此重要的作用”。JUnit 背后的测试模型 xUnit 已经成为任何编程语言的标准框架，并衍生出了 NUnit（.NET）、pyUnit（Python）、CppUnit （C++）、dUnit（Delphi）及其他工具，促进了各种平台和语言上的测试工作。JUnit 的主要特性包括以下几个。

1）不同的 assert 方法使检查结果变得容易。

2）用于共享共同测试数据的测试工具。

3）用于方便地组织和运行测试的测试套件。

4）图形和文本的测试运行器。

5）可以和流行工具（Ant，Maven）及流行 IDE（Eclipse，JBuilder）整合。

目前 JUnit 的最新稳定版本为 4.12 版，可以访问项目主页 http://junit.org/并下载。

（1）安装 JUnit

下载某个版本的 JUnit（本节以 4.10 版为例介绍），然后解压缩 junit4.10.zip 到某个文件夹下，即完成了 JUnit 的安装。JUnit 可以作为单独工具在控制台窗口中以命令行方式运行，此时还需要把 junit4.10.jar 的路径添加到 CLASSPATH 中（在“环境变量”中设置）。本节不采用这种方式运行 JUnit，因此不做详述，请读者参考 JUnit 自带文档中的相关部分。

（2）在 Eclipse 中导入 JUnit

在需要测试的项目上右击，在弹出的快捷菜单中选择 Properties 命令。在弹出的对话框中选择 Java Build Path 选项，然后选择 Libraries 选项卡，在右侧单击 Add External JARs 按钮，在 JUnit 的安装路径下找到 junit4.10.jar，然后单击 OPEN 按钮。这样，就完成了在项目中使用 JUnit 进行测试的配置，如图 4-16 所示。

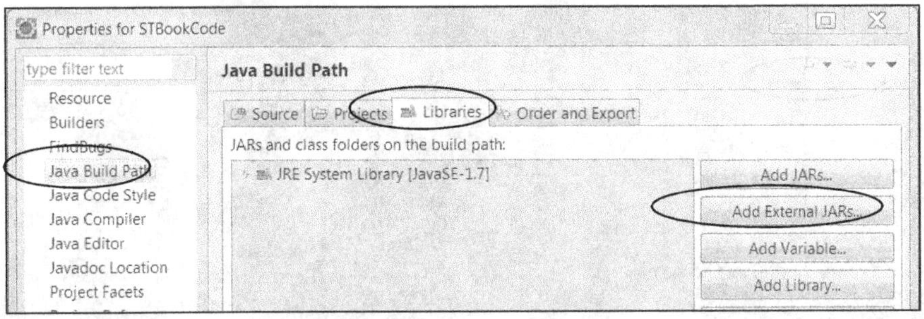

图 4-16　在 Eclipse 中进行配置

在 Eclipse 的某些版本中，也集成了 JUnit（较早的版本），此时只需单击 Add Library 按钮，即可选择并添加。

（3）生成测试类

首先编写一个简单的 Money 类（Money.java），然后对其进行单元测试。该类代码如下（此处的代码只是为了演示 JUnit 的使用而编写的）。

```
public class Money {
        private int fAmount;
        private String fCurrency;
```

```
    public Money(int amount, String currency) {
        fAmount= amount;
        fCurrency= currency;
    }
    public int amount() {
        return fAmount;
    }
    public String currency() {
        return fCurrency;
    }
    public void multiply(int factor) {
        this.fAmount *= factor;
    }
    public void addAmount(int amount) {
        this.fAmount += amount;
    }
    @Override
    public String toString() {
        StringBuffer buffer = new StringBuffer();
        buffer.append("["+amount()+" "+currency()+"]");
        return buffer.toString();
    }
}
```

然后在 Package 页面内右击 Money.java，在弹出的快捷菜单中选择 New→JUnit Test Case 命令，如图 4-17 所示。

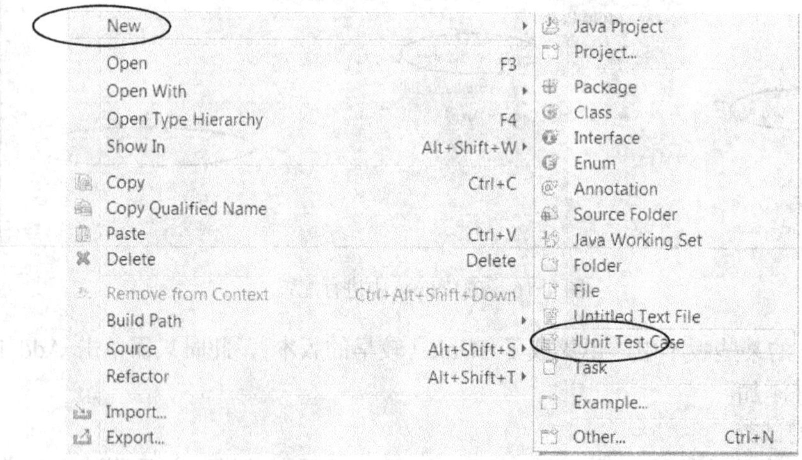

图 4-17　创建测试用例

在弹出的对话框中对要创建的单元测试类进行必要的配置后，单击 Next 按钮，选择需要测试的方法，如图 4-18 所示。

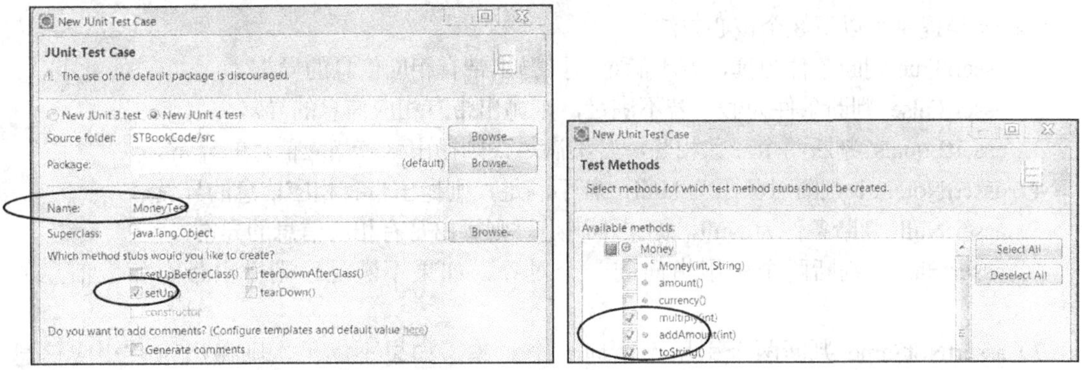

图 4-18　对测试用例类进行必要配置

单击 Finish 按钮后，即自动生成了测试类 MoneyTest。代码如下。

```
import static org.junit.Assert.*;
import org.junit.Before;
import org.junit.Test;

public class MoneyTest {
	@Before
	public void setUp() throws Exception {
	}
	@Test
	public void testMultiply() {
		fail("Not yet implemented");
	}
	@Test
	public void testAddAmount() {
		fail("Not yet implemented");
	}
	@Test
	public void testToString() {
		fail("Not yet implemented");
	}
}
```

从上述代码中可以大致看出使用 JUnit 测试用例类的结构。在 JUnit4 中，测试方法通过@Test 来标识；初始化方法通过@Before 来标识；释放资源的方法通过@After 来标识。为了让 JUnit4 的测试类在 JUnit3 中也可以使用，一般把初始化方法命名为 setUp，释放资源的方法命名为 tearDown，@Test 标记的测试方法的命名一般以 test 开头。JUnit3 和 JUnit4 的区别请读者参考 JUnit 的文档，此处不再赘述。

（4）编写测试方法

JUnit 框架使用一组 assert 方法封装了最常见的测试任务，使用这些 assert 方法可以极大地简化单元测试方法的编写。assert 方法继承自 TestCase 基类，其来源最终可追溯到 Assert 类（详见该类的 Javadoc）。

Assert 类提供了以下 8 个核心方法。

1）assertTrue 判断条件为真，若不满足，则抛出带有相应信息的异常。

2）assertFalse 判断条件为假，若不满足，则抛出带有相应信息的异常。

3）assertEquals 判断两个对象相等，若不满足，则抛出带有相应信息的异常。

4）assertNotNull 判断对象不为 Null，若不满足，则抛出带有相应信息的异常。

5）assertNull 判断条件为 Null，如果不满足，则抛出带有相应信息的异常。

6）assertSame 判断两个引用指向同一个对象，如果不满足，则抛出带有相应信息的异常。

7）assertNotSame 判断两个引用不指向一个对象，如果不满足，则抛出带有相应信息的异常。

8）fail 让测试失败，并给出指定的信息。

利用上面的 assert 方法，可以完成测试类 MoneyTest 中 testMultiply()和 testAddAmount()方法的编写，代码如下。

```java
import static org.junit.Assert.*;
import org.junit.Before;
import org.junit.Test;

public class MoneyTest {
	private Money fUSD;
	@Before
	public void setUp() throws Exception {
		fUSD= new Money(80, "USD");
	}
	@Test
	public void testMultiply() {
		fUSD.multiply(2);
		assertEquals(80*2, fUSD.amount());
		assertEquals(fUSD.currency(), fUSD.currency());
	}
	@Test
	public void testAddAmount() {
		fUSD.addAmount(12);
		assertEquals(80+12, fUSD.amount());
		assertEquals(fUSD.currency(), fUSD.currency());
	}
	@Test
	public void testToString() {
		fail("Not yet implemented");
	}
}
```

（5）使用 JUnit 进行测试

右击 MoneyTest 类，在弹出的快捷菜单中选择 Run As→JUnit Test 命令来运行测试，测试结果如图 4-19 所示。

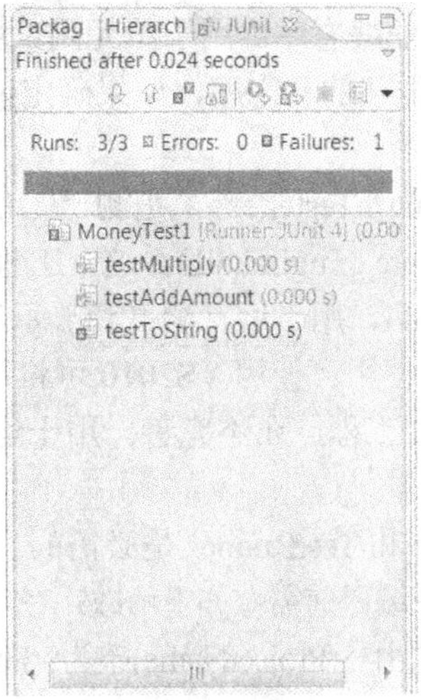

图 4-19 测试结果

从图中可见，testMultiply()和 testAddAmount()方法测试成功，而 testToString()方法因为其中包含的 fail 语句，导致测试失败。如果所有测试均通过，则显示绿色条。注意在图 4-19 中，Faliure 和 Error 的区别：Failure 是指测试失败，而 Error 是指测试程序本身出错。

有时测试会用到一些资源，例如可能 TestCase 中的几个测试需要连到同一个数据库并访问一些测试表，另一组测试需要复杂的数据结构和很长的随机输入序列等。JUnit 采用 fixture 来管理资源。TestCase 通过 setUp 和 tearDown 方法来自动创建和销毁 fixture。把若干个相关的测试方法放到一个 TestCase 中的一个重要理由就是可以共享 fixture。

例如，在上述 MoneyTest 类代码的第 9 行（fUSD= new Money(80, "USD");）中，就创建了一个测试用资源 fUSD。在代码第 13 行，testMultiply()方法已经将 Money 类的实例 fUSD 的成员变量 amount 的值乘以 2，即为 160；但从实验结果可以看出，在 testAddAmount()中 fUSD 的成员变量 amount 的值仍为 80（代码第 19、20 行），即 amount 并没有受到 testMultiply()方法的影响，即两个测试方法共享 fUSD 但互不影响。事实上，JUnit 框架内的每项单元测试都独立于其他所有单元测试运行，某一项测试并不依赖于前面测试造成的改变。

2．CppUnit 工具

CppUnit 是一个开源的 C/C++语言程序测试框架，它也是 xUnit 家族的一员。CppUnit 以源码方式发布，所以想要使用这个工具需要先下载并进行编译。Windows 下的 CppUnit 还带了一个 MFC 项目，支持以图形化的形式报告编译情况。

目前 JUnit 的最新版本为 1.12.1 版，可以访问其项目主页并下载，网址为http://sourceforge.net / projects/cppunit/files/cppunit/。下文介绍 JUnit 在 VS2010 中的配置与使用。

（1）编译 JUnit

解压 cppunit-1.12.1.tar.gz 到某个目录下，在该目录的 src 子目录下有一个项目文件 CppUnitLibraries.dsw，用 VS2010 打开这个文件。原文件是在 VC6.0 下开发的，接受转换并打开项目。

在 Solution Explorer 中可以看到，该解决方案中共有 6 个项目，分别是 cppunit、cppunit_dll、DllPlugInTester、DSPlugIn、TestPlugInRunner 和 TestRnner。其中：

1）cppunit 生成单元测试框架的静态库，用于单元测试用例的编写。

2）cppunit_dll 生成单元测试框架的动态库，如果确定使用 cppunit 工程的话，cppunit_dll 工程可以删去。

3）DllPlugInTester 生成 DllPlugInTester.exe，是测试 DLL 的一个工具（如 Examples 目录下的 simple_plugin 工程生成的 simple_plugind.dll）。这个工程也可以删去。

4）TestRunner 生成 testrunner.dll，用于运行测试和显示结果，这个工程是必需的。

5）DSPlugIn 仅提供给 VC6.0 使用，使用 VS2010 可将该工程删去。

6）TestPlugInRunner 为实验性工程，还不完善。用于运行某种界面的 DLL。这个工程也可以删去。

可见，6 个项目中只有 cppunit 和 TestRunner 是必需的。

默认以 Debug 的方式编译，在编译前需做如下修改：在项目的属性页中，在“配置属性”的“常规”选项中，“目标文件名”选项由 $(ProjectName)改为$(ProjectName)d，如图 4-20 所示。

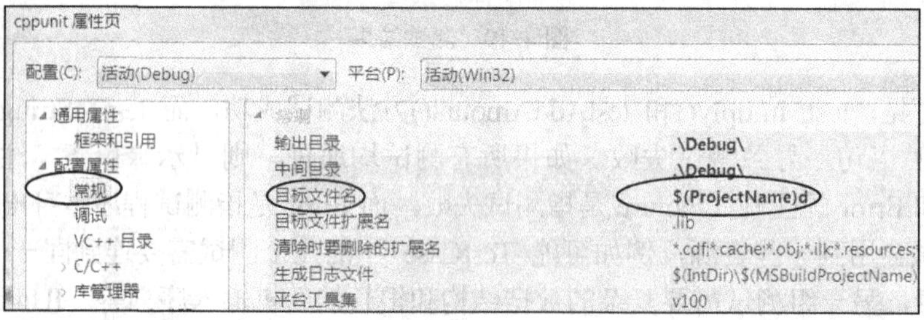

图 4-20　修改目标文件名

然后，在主界面菜单中依次选择“生成”→“批生成”命令，在弹出的对话框中选择要生成的目标，选择 Debug 版的几个选项，如图 4-21 所示。

图 4-21　选择生成对象

单击“生成”按钮，开始编译链接过程。编译出来的库文件和可执行文件都自动复制到 lib 子目录下，其中最重要的一个库文件是 cppunitd.lib。而所有的头文件都保存在 include 子目录下。

请注意，如果编译过程中出现“LINK : fatal error LNK1123: 转换到 COFF 期间失败: 文件无效或损坏”的提示，可以按下述方式解决。

1）在项目的属性页中，依次选择“配置属性”→“清单工具”→“输入和输出”→“嵌入清单”选项，将“是”改为“否”，如图 4-22 所示。

2）若还不能解决，则在 Microsoft Visual Studio 10.0 的安装目录下的\vc\bin\子目录中查找 cvtres.exe，并与 C:\Windows\Microsoft.NET\Framework\v4.0.30319\下的 cvtres.exe 比较，保留

较新的文件，并将老文件更名（一般都是\vc\bin\子目录下的 cvtres.exe 需要更名）。

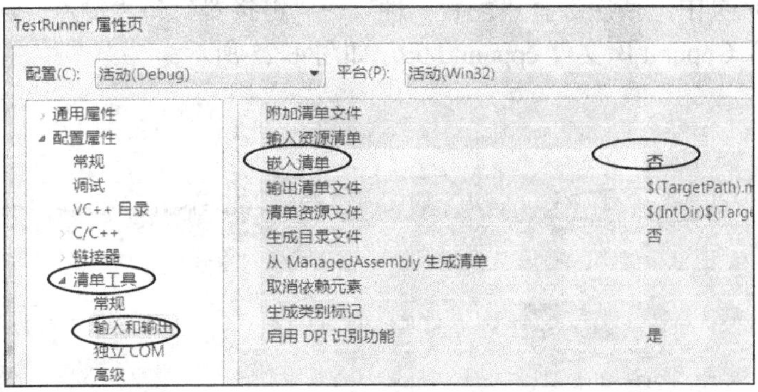

图 4-22　修改清单工具选项

（2）在项目中使用 CppUnit

首先，添加 CppUnit 的 include 目录。

在项目的属性页中，依次选择“配置属性”→“C/C++”→“常规”选项，选择“附加包含目录”，在其中加入 CppUnit 的 include 目录的路径，如图 4-23 所示。

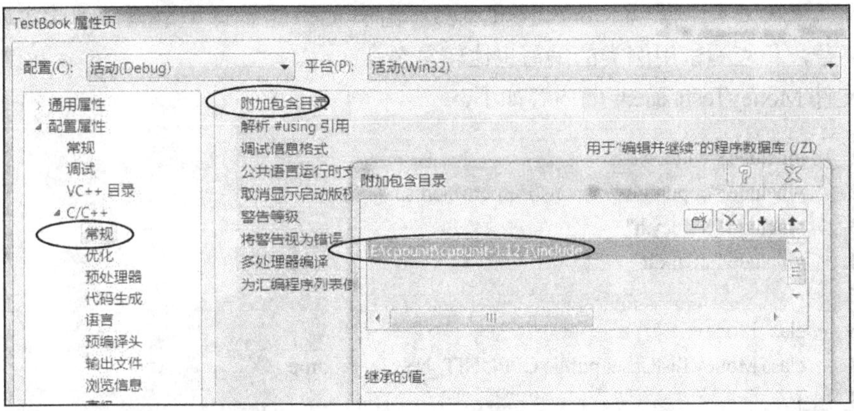

图 4-23　添加 CPPUnit 的 include 目录

其次，添加 CppUnit 的 lib 目录。

在项目的属性页中，依次选择“配置属性”→“链接器”→“常规”选项，在“附加库目录”中新建一个项目，加入 CppUnit 的 lib 目录的路径，如图 4-24 所示。

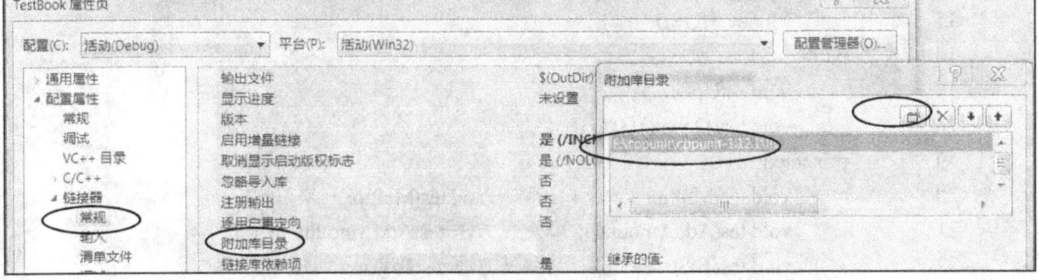

图 4-24　添加 CPPUnit 的 lib 目录

第三，加入 Cppunit 库文件。

在项目的属性页中，依次选择“配置属性”→“链接器”→“输入”选项，在“附加依赖项”的末尾填入 Cppunit 库文件 cppunitd.lib，如图 4-25 所示。

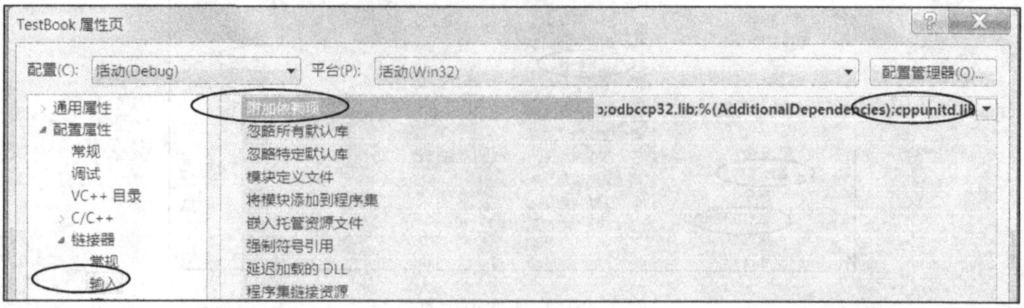

图 4-25　添加 CPPunit 库文件

至此，已经可以在项目中使用 CppUnit。

（3）编写测试类

可以仿照上文 Money.java 文件中定义的 Money 类，用 C++语言实现 Money 类。其头文件为 Money.h，实现文件为 Money.cpp，此处不再列出具体内容。

接下来编写测试用例类（MoneyTestCase）。由于 C++是编译型语言，因此实现单元测试框架比较复杂，相应测试用例类的编写也比较复杂。

类头文件 MoneyTestCase.h 的内容如下。

```
#include <windows.h>
#include <cppunit/extensions/HelperMacros.h>
#include "Money.h"
#include "stdafx.h"

class Money;
class MoneyTestCase: public CPPUNIT_NS::TestFixture
{
    CPPUNIT_TEST_SUITE(MoneyTestCase);//创建 test suite
    CPPUNIT_TEST(testMultiply);     //在 test suite 中添加测试方法 testMultiply
    CPPUNIT_TEST(testAddAmount); //在 test suite 中添加测试方法 testAddAmount
    CPPUNIT_TEST(testToString);     //在 test suite 中添加测试方法 testToString
    CPPUNIT_TEST_SUITE_END();
    private:
        Money *fUSD;
    public:
        void setUp();
        void tearDown(){};
    protected:
        void testMultiply();      //测试方法 testMultiply
        void testAddAmount();  //测试方法 testAddAmount
        void testToString();      //测试方法 testTostring
};
```

类实现文件 MoneyTestCase.cpp 的内容如下。

```
1   #include <cppunit/CompilerOutputter.h>
2   #include <cppunit/extensions/TestFactoryRegistry.h>
3   #include <cppunit/TestResult.h>
4   #include <cppunit/TestResultCollector.h>
5   #include <cppunit/TestRunner.h>
6   #include "stdafx.h"
7   #include "MoneyTestCase.h"
8
9   CPPUNIT_TEST_SUITE_REGISTRATION(MoneyTestCase);//注册测试用例类

10  void MoneyTestCase::setUp()
11  {
12          fUSD = new Money(80, "USD");
13  }
14  void MoneyTestCase::testMultiply()
15  {
16          fUSD->multiply(2);
17          CPPUNIT_ASSERT(fUSD->amount() == 80*2);
18          CPPUNIT_ASSERT(fUSD->currency()=="USD");
19  }
20  void MoneyTestCase::testAddAmount()
21  {
22          fUSD->addAmount(12);
23          CPPUNIT_ASSERT(fUSD->amount()==80+12);
24          CPPUNIT_ASSERT(fUSD->currency()=="USD");
25  }
26  void MoneyTestCase::testToString()
27  {
28          CPPUNIT_FAIL("this should fail here.");
29  }
```

从测试用例类的实现可以看出。

1）在具体测试方法上，CppUnit 仍然是通过一系列的 CPPUNIT_ASSERT 实现测试的具体内容。

2）需要定义 Test Suite，见 MoneyTestCase.h 的第 9～13 行。一个 Test Suit 就是一个测试集合，包含相关的一组测试。而在 JUnit 中，可以不定义 Test Suite，在运行时框架生成默认的 Test Suite 并把测试方法加入其中。

3）需要注册测试用例类，见 MoneyTestCase.cpp 的第 9 行。

在编写完测试用例类后，还需要在 main()方法中加入相应的调用，才能执行测试。包含 main()方法的实现文件的内容如下。

```
#include "stdafx.h"
#include <cppunit/BriefTestProgressListener.h>
#include <cppunit/CompilerOutputter.h>
```

```
#include <cppunit/extensions/TestFactoryRegistry.h>
#include <cppunit/TestResult.h>
#include <cppunit/TestResultCollector.h>
#include <cppunit/TestRunner.h>

int _tmain(int argc, _TCHAR* argv[])
{

    CPPUNIT_NS::TestResult controller; //创建事件管理器和测试控制器
    CPPUNIT_NS::TestResultCollector result; //加入侦听器收集测试结果
    controller.addListener( &result );
    CPPUNIT_NS::BriefTestProgressListener progress; // 加入打印圆点表示测试进程
    controller.addListener( &progress );
    CPPUNIT_NS::TestRunner runner; // 将顶层 suite 加入 test runner
    runner.addTest( CPPUNIT_NS::TestFactoryRegistry::getRegistry().makeTest() );
    runner.run( controller );
    // 输出测试结果
    CPPUNIT_NS::CompilerOutputter outputter( &result, CPPUNIT_NS::stdCOut() );
    outputter.write();
    system("pause");
    return result.wasSuccessful() ? 0 : 1;
}
```

上述代码可以复用，即可以加入任何测试工程的 main()方法中。

（4）使用 JUnit 进行测试

单击“启动调试”按钮或按〈F5〉键，即可运行测试。上述测试用例类运行结果如图 4-26 所示。

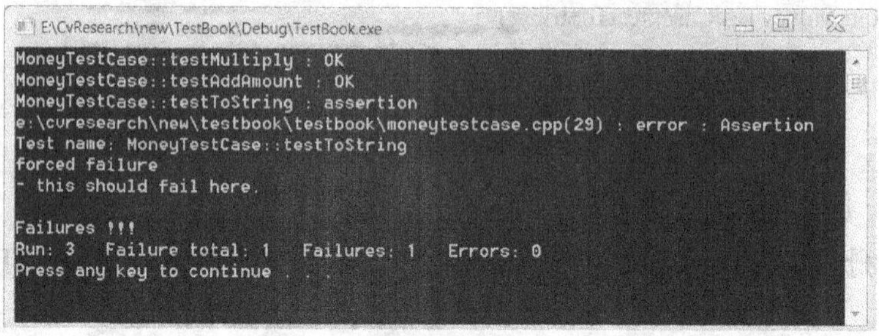

图 4-26 测试结果

从图 4-26 可见，测试结果与 JUnit 的测试类运行结果一致。

4.8 习题与练习

1．概念题

1）单元测试、集成测试、系统测试及验收测试各自的主要依据是什么？

2）在单元测试中，如果依据被测代码设计测试用例会造成什么问题？

3）单元测试的入口条件有哪些？

4）简述单元测试中，驱动函数和桩函数的作用。

5）在集成测试中，主要的集成方法有哪些？请分别进行简述。

6）集成测试的重点在于测试什么？

7）系统测试的主要内容有哪些？请分别进行简述。

8）验收测试有哪些主要形式？请分别进行简述。

9）系统测试与验收测试的主要区别是什么？

10）回归测试为什么是必要的？

11）如何确定回归测试的范围？

2．分析设计题

为下面函数构造一个驱动模块，其中包含 3 个测试用例。

```
double swap_add (int * xp, int * yp)
{
        int x = *xp;
        int y = *yp;
        *xp = y;
        *yp = x;
        return x+y;
}
```

3. 操作题

根据文中 Money 类、MoneyTestCase 类和 main()方法的代码做适当修改，使用 MfcTestRunner 完成测试，并记录测试结果。

第 5 章　软件测试的组织、计划与管理

软件测试的组织、计划与管理是一项困难且烦琐的工作。其主要难度体现在以下几个方面。

1）软件产品不是有形的、可触摸或者模型化的物件，在度量和规划上存在困难。

2）对软件测试的认可度不一，为测试项目寻找有专业能力的人才通常存在困难。

3）与产品设计、产品开发及质量控制等不同，软件测试阶段不存在有良好的定义或标准化的过程。

4）软件测试自动化工具仍然处于初始阶段。针对特定的项目，一般而言没有完全符合要求的工具。

5）软件测试的工作量不易评估，在时间表的制定上存在困难。

本章以最新国际标准 ISO/IEC/IEEE 29119—2 中提出的软件测试过程的层次模型为依据，介绍了与软件测试的组织、计划与管理相关的各项过程的主要内容，并对其细节进行了详细讨论。

5.1　测试过程的层次模型

软件生命周期中的所有测试活动可以组织为 3 个过程组，如图 5-1 所示。在每个组中的过程，具有不同的目的、期望的输出结果、活动内容及需要完成的任务。

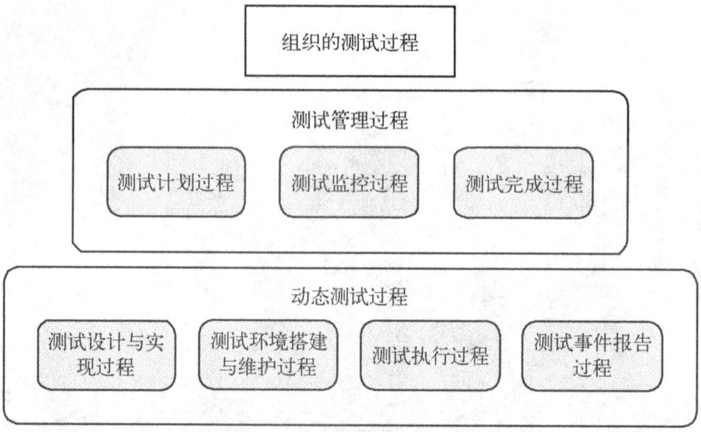

图 5-1　软件测试过程的层次模型

1. 组织的测试过程（The Organizational Test Process）

组织的测试过程定义了对组织的测试规范进行创建和维护的过程。测试规范主要包含了组织的测试方针（Organizational Test Policy）、组织的测试策略（Organizational Test Strategy）、过程和流程等内容。

2. 测试管理过程（Test Management Processes）

测试管理过程定义了一系列过程，用以管理某个特定的测试项目，或该测试项目中的某个测试阶段（如单元测试、集成测试、系统测试和验收测试），或者测试类型（如性能测试、功能测试等）。

3. 动态测试过程（Dynamic Test Processes）

动态测试过程定义了执行动态测试的通用过程。动态测试在测试活动的特定阶段（如单元测试、集成测试、系统测试和验收测试）中执行，或者在某种特定类型的测试（如功能测试、性能测试和安全性测试等）中执行。

软件测试的组织、计划与管理，涵盖了上述 3 个过程组中的所有管理性内容。下面分别进行介绍。

5.2 组织的测试过程

作为测试过程层次模型的最顶层，组织的测试过程起到统领组织内所有测试活动的作用。该过程包括了创建、审查和维护组织的测试规范相关的所有活动，同时也涵盖了对组织内相关活动的监督，以保证其符合规范。

5.2.1 组织的测试过程的主要目的

组织的测试过程的主要目的是开发和维护组织的测试规范，并检查其一致性。这些测试规范并不是针对某个特定项目，而是适用于整个组织的所有测试活动。组织的测试规范中最重要的是组织的测试方针（Organizational Test Policy）和组织的测试策略（Organizational Test Strategy）。

组织的测试方针是执行层面上（Executive-level）的文档，描述在组织中测试的目标、原则及总体范围。测试方针用于建立组织的测试实践，并提供一个框架来创建、审查并持续改善组织的测试方针、测试策略，以及项目测试管理工作。

组织的测试策略是详细的技术文档，定义了在组织中如何开展测试工作。该文档是通用的，为组织中的一系列项目提供指南，但其本身是与具体项目无关的。

5.2.2 组织的测试过程的主要内容

组织的测试过程的主要内容如图 5-2 所示。

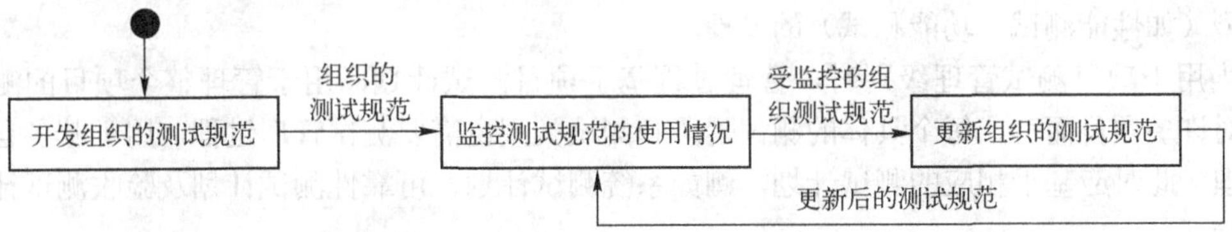

图 5-2 组织的测试过程的主要内容

1. 开发组织的测试规范

本项活动包含下述任务。

1）从目前组织已有的测试实践、利益相关方（Stakeholder）或其他途径（如分析相关文件、参加会议和讨论等）获取对组织的测试规范的具体需求。

2）以上述需求为依据制定组织的测试规范。

3）测试规范的内容应获得利益相关的认可。

4）在组织中通报测试规范的制定，并保证相关人员可获取该规范。

2. 监控测试规范的使用情况

本项活动包含下述任务。

1）检查测试规范的使用情况，确认其是否在组织中被有效使用。

2）采取合理措施鼓励利益相关方与组织的测试规范保持一致。

3. 更新测试规范

本项活动包含下述任务。

1）审查使用组织的测试规范而产生的反馈。

2）对使用和管理组织的测试规范的有效性进行考察，任何以改善规范的有效性为目的的反馈和改变都应该仔细考虑是否接受。可以通过评审反馈、研讨会等方式完成此项任务。

3）若对组织的测试规范的变更被批准通过，则应确保其得以生效。

4）向整个组织（包括所有的利益相关方）通报对测试规范的变更。

5.2.3 组织的测试过程的主要成果

组织的测试过程的主要成果如下。

1）确认对组织的测试规范的具体需求。

2）开发出组织的测试规范，其中最重要的是组织的测试方针和组织的测试策略（二者均以正式文件形式出现）。

3）与利益相关方在组织的测试规范上达成一致。

4）确保组织的测试规范可以获取。

5）监控组织的其他活动与组织的测试规范的一致性。

6）及时更新组织的测试规范并与利益相关方就更新达成一致。

5.3 测试管理过程

从图 5-1 中可以看到，测试管理过程由 3 个子过程组成：测试计划过程、测试监控过程和测试完成过程。这 3 个过程是通用的，既可以应用于项目级别（即项目的测试管理），也可以应用于不同测试阶段（如单元测试、集成测试、系统测试和验收测试）的管理，或者不同测试类型（如性能测试、功能测试）的管理。

当用于项目测试管理级别时，管理过程基于项目测试计划，用于管理整个项目的测试工作。对许多项目而言，每个具体的测试阶段和测试类型也需要测试管理过程，用于其各自工作的管理。此时应基于相应的测试计划，例如系统测试计划、可靠性测试计划及验收测试计划等进行管理。

5.3.1 测试管理过程的主要内容

测试管理过程的主要内容如图 5-3 所示。

测试管理过程主要包括 3 个子过程：测试计划过程、测试监控过程和测试完成过程。测试计划过程制定出测试计划，用于具体测试过程并提供监控的依据。测试监控过程保证测试过程与测试计划的一致性，并在必要时对测试计划进行更新。在具体测试过程得到测试结果后完成测试工作，最后生成完整的测试报告。

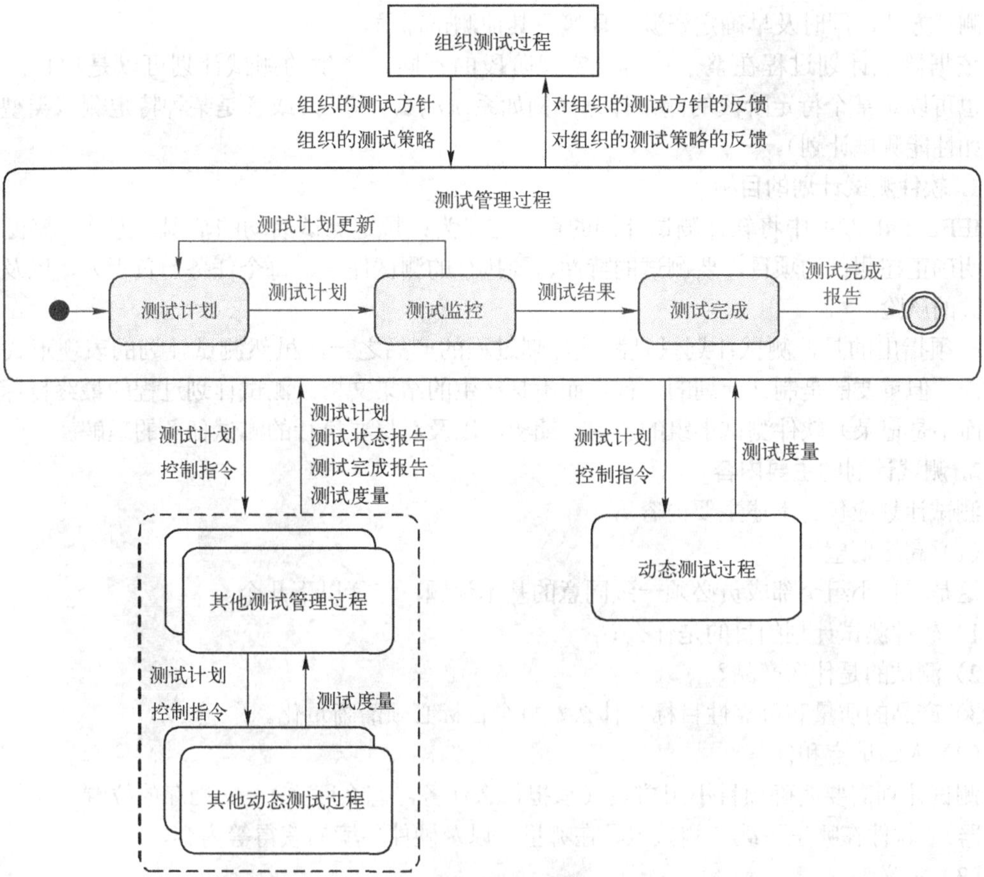

图 5-3　测试管理过程的主要内容

图 5-3 中还给出了测试管理过程与组织的测试过程、动态测试过程及其他测试管理过程之间相互交互的主要内容。

1. 与组织的测试过程之间的交互

测试管理过程必须与组织的测试过程的结果（组织的测试方针、组织的测试策略）保持一致。测试管理过程在执行中也要向组织的测试过程提供反馈，作为测试方针和测试策略更新的依据。

2. 与动态测试过程之间的交互

测试管理过程为动态测试过程提供测试计划和必要的控制指令，动态测试过程依照测试计划开展，并向测试管理过程反馈与测试相关的各种度量信息（例如各测试阶段的完成情况）。

3. 与其他测试管理过程之间的交互

在测试过程中往往存在着并行执行的若干个动态测试过程，分别受各自的测试管理过程控制。这些测试管理过程彼此之间也存在着信息的互相交流，如各自的测试计划、测试的执行情况等内容。通过这种方式协调并保证整个测试的进展符合总体测试计划的预定要求。

5.3.2 测试计划过程

测试计划过程的目的主要是开发软件测试计划，包括与利益相关方协商测试的范围和使用的测试方法，同时及早确定资源、环境及其他测试需求。

依据测试计划过程在整个项目中实现阶段的不同，产生的测试计划可以是项目测试计划，也可以是某个特定阶段的测试计划（例如系统测试计划），或者是某种特定测试类型的计划（如性能测试计划）。

1. 软件测试计划的目标

IEEE Std 829 中将软件测试计划的目标定义为：规定测试活动的范围、方法、资源和进度；明确正在测试的项目、要测试的特性、要执行的测试任务、每个任务的负责人，以及与计划相关的风险。

必须指出的是，测试计划只是测试计划过程的产品之一，虽然测试计划的表现形式是一份文档，但重要的是制订计划的过程，而不是产生的结果文档。测试计划过程的最终目标是交流（而不是记录）软件测试小组的意图、期望，以及对将要执行的测试任务的理解。

2. 测试计划的主要内容

测试计划应包含下述主要内容。

（1）高级期望

这是项目小组全部成员必须一致同意的基本论题，包括以下几个。

1）软件测试计划的目的是什么？

2）测试的是什么产品？

3）产品的质量和可靠性目标是什么？每个目标必须清晰量化。

（2）人、地点和任务

测试计划需要明确项目小组成员（承担什么任务，怎么联系）、文档存放位置（文件夹或服务器）、软件在哪里下载、测试工具在哪里，以及硬件环境的获得等内容。

（3）定义

项目小组中的全部成员在高级质量和可靠性目标上应达成一致，包括以下几个。

1）软件缺陷的定义。

2）用词和术语的定义。如构造的频率和期望质量、测试发布文档（TRD）、说明书完成日期等。

（4）团队成员的责任

明确指出可能影响测试工作的任务和交付的内容，并指定负责人。

（5）确定哪些要测试，哪些不要测试

必须明确软件的每一部分是否需要测试。如果不需要，必须给出明确的理由（例如在以前的版本中测试过）。

（6）测试的阶段

计划测试的阶段需要了解软件的开发模式，并决定在项目期间是采用一个测试阶段或分阶段测试。如果采用分段测试，则需要明确每一个预定的测试阶段并通知项目小组，还要对每个阶段确定进入和退出规则。

（7）定义测试策略

描述测试小组对总体和每个阶段进行测试的方法。例如，采用黑盒测试方法还是白盒测试方法、采用手工测试还是自动测试，以及测试工作是否外包。

（8）计划资源需求

在项目期间，测试可能用到的任何资源都要考虑到，包括人员、设备、办公室、软件及外包公司等。

（9）测试员的任务分配

明确测试员负责软件的哪些部分及哪些可测试的特性。

（10）测试进度

测试进度需要上述全部信息，并映射到整个项目进度中，在测试计划工作中非常重要。测试进度安排可以为产品小组和项目经理提供信息，以便更好地安排整个项目进度，甚至根据测试进度决定去掉产品的某些特性，或推迟到下一个版本。

请注意，测试工作不能平均分配到产品的开发周期。测试任务的数量、人员数量和测试花费往往在产品发布之前形成高峰，造成进度破坏。

（11）测试用例

测试计划过程将决定用什么方法编写测试用例，在哪里保存测试用例，以及如何使用和维护测试用例。测试用例的具体内容见 5.4.2 节。

（12）软件缺陷报告

测试计划中应决定采用什么方法记录和跟踪软件缺陷。

（13）度量和统计

测试计划应明确需要收集哪些信息，要做出什么决定，以及谁来负责收集信息。

（14）风险和问题

测试计划中必须明确指出项目的潜在问题或者风险区域。

3. 测试计划过程的主要内容

为明确上文列出的测试计划的 14 项内容，需要依据组织的测试方针、测试策略，以及其他与测试计划过程相关的程序和文档完成一系列工作，如图 5-4 所示。

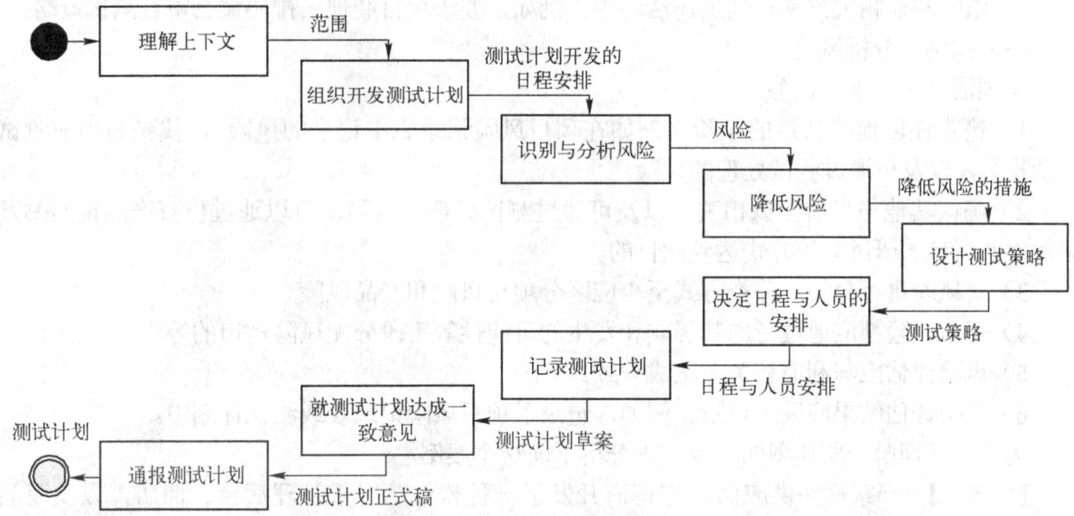

图 5-4　计划测试工作

从图 5-4 中可以看到，测试计划是随着各个步骤的推进逐步细化并最终得以完成的。在图中，整个计划测试工作的过程是顺序执行的，但在实际工作中，在获得完整的测试计划之前，图中的一些活动可能需要重复执行。例如，识别与分析风险、降低风险、设计测试策略，以及决定人员与日程的安排这 4 项工作经常是以迭代方式完成的，并可能反复多次执行以得到可以接受的测试计划。

在测试执行过程中，为响应计划实施的结果或新出现的信息，可能会需要修正测试计划。此时视变化的规模和性质，可能会重新执行部分工作。例如，如果测试计划完成后，又发现了危及项目或可交付的产品的新风险，或者已有的风险发生了变化，则需要重新进行风险识别与分析工作。

（1）理解上下文

本项活动包含下述任务。

1）理解上下文和软件测试需求，用以准备测试计划。

2）就上下文和软件测试需求的理解与利益相关方达成一致。

3）建立交流计划，记录交流的内容。

针对上述 3 项任务，应从下述文档中获取信息并进行分析：组织的测试方针和组织的测试策略、项目的管理计划中影响到测试的相关信息（如预算和资源等）、相关标准与规范、产品文档（如产品规格说明书等）、质量特征的定义与说明，以及软件的开发计划等。如果所计划的测试受上层测试计划的控制，则还应该从其中了解对当前测试的需求与限制。

（2）组织开发测试计划

本项活动包含下述任务。

1）基于理解上下文活动中明确了的测试需求，确认和安排用以完成测试计划的各项活动。

2）明确利益相关方应当参与到哪些活动中。

3）在活动、日程安排及参与者等方面与利益相关方（如项目经理、项目测试经理等）达成一致。

4）组织利益相关方参与到上述活动中。例如，要求项目经理安排协调会审查测试策略。

（3）识别与分析风险

本项活动包含下述任务。

1）检查在以前确认过的风险（例如在项目风险记录表中记录的风险），找到与当前测试活动相关，以及可通过测试处理的风险。

2）确认其他与当前测试相关，以及可通过测试处理的风险。可以通过检查产品说明书及其他文档、参加研讨会等方式达到此目的。

3）对风险进行分类。分类方式至少应区分项目风险和产品风险。

4）每个风险都应通过考虑其影响和发生的可能性等手段分配风险敞口的等级。

5）风险评估应与利益相关方达成一致。

6）风险评估结果应妥善记录。例如，记录于项目风险记录表或测试计划中。

为了便于理解一些典型的风险，来分析下面这个案例。

【例 5-1】 一家软件供应商为零售商开发了一种软件，用于管理后台、商店，以及商品流动和供应商与客户相关的信息。这些应用是建立在最新技术之上的。识别与分析可能存在的风险。

解：可能存在的风险列举如下。

1）技术风险。

假设上述应用既需要作为一个基于网页的 Java 应用来测试，也需要测试它与移动模块的集成。移动模块的一个组件依赖于由 GPS 服务记录的货运汽车跟踪定位信息。在测试这个移动模块时，下列技术因素应该被当做风险来考虑。

- 是否存在合适的移动仿真设备来帮助测试这一模块？
- 这个移动仿真设备能成功安装在现有的硬件和操作平台上吗？
- 测试团队过去是否有测试这类移动模块的经验？
- 主应用能与这个移动仿真设备顺利集成吗？数据是否能在主应用和仿真设备之间双向传输？
- 测试是否也涉及从移动端获取真实的地理坐标数据，然后基于这个数据找到它的位置？如果是这种情况，那么测试用例就需要使用任意的 GPS 服务获取真实的地理坐标位置。

2）日程安排风险。

- 为了测试这一模块，团队是否需要经过培训？
- 需要哪些方面的培训？
- 有培训服务机构提供这方面的培训吗？培训需要多少时间？
- 在项目预算中需要将培训的时间包括进去。

3）人力风险。

- 现有的团队能够测试这一移动模块吗？是否需要聘用新的雇员/项目承包人来执行测试任务？
- 如果需要雇佣新的员工，那么可能需要创建一份招聘计划，并将它加入到测试计划中去。

读者还可以根据自己的理解，增加这份风险清单。此处不再赘述。

（4）降低风险

本项活动包含下述任务。

1）基于风险类型、分类及风险敞口等级，确认应对风险的合适措施。例如在测试阶段、测试类型、测试设计技术及测试完成的标准等内容中有针对性地予以考虑。

2）降低风险的结果应妥善记录。例如，记录于项目风险记录表或测试计划中。

（5）设计测试策略

在计划测试工作阶段所设计的测试策略与组织的测试过程中得到的组织的测试策略有所不同。组织的测试策略可能包括多份技术文档，定义了在组织中如何开展测试工作，为组织中的一系列项目提供指南。而测试计划中的测试策略主要指在特定的项目中如何开展测试工作，定义测试的整体和每个阶段的具体技术手段，一般作为测试计划的一个组成部分出现。

本项活动包含下述任务。

1）初步估计实现组织的测试方针和组织的测试策略中定义的需求所需的资源。更高层的测试策略对具体项目的约束条件应考虑在内。

2）初步估计执行各项降低风险活动所需的资源。依据风险敞口等级的高低（在识别与分析风险中获得）依次进行。

3）设计测试策略，包括测试阶段、测试类型、应测试的特性、测试设计技术、测试完成标准、暂缓测试与恢复测试的标准等方面的选择。在设计中应考虑测试基础（Test Basis）、风险，以及各项约束条件（包括组织方面的、项目方面的和产品方面的约束）。

在这一步中，需要考虑风险敞口等级（用以对各项测试活动区分出优先顺序）、初始的测试估计、用以完成测试的资源，以及组织、项目和产品方面的约束条件。典型的约束条件包括以下几个。

- 监管的标准。
- 组织的测试方针、测试策略，以及项目测试计划方面的要求。
- 合同的规定。
- 项目时间和经费。
- 是否有具备相关知识和技能的测试员。
- 环境和工具的可用性。
- 技术、系统或产品方面的限制。

注意，如果实现组织的测试策略中的要求以及应对确定的风险时与各项约束发生冲突，则应放松约束条件，重新进行降低风险这个步骤，并重新进行 1）～3）项工作，直到可接受的测试策略得以完成。若确实无法满足组织的测试策略，则应如实记录。

4）确定测试监控中所用的测试度量。

5）确定测试数据。

6）确定测试环境需求和测试工具需求。

7）确定测试的可交付部分（Deliverable），记录其正式程度和交流的频度。

📖 在软件行业中，可交付的部分是描述制造出来并交付他人的产品的术语。

8）初步估计完成在测试策略中描述的完整的测试活动所需的资源。

9）详细记录测试策略。测试策略应作为一个小节出现在测试计划中。

10）测试策略应与利益相关方达成一致。

（6）决定人员与日程安排

本项活动包含下述任务。

1）确定执行测试策略中描述的各项测试活动的人员所承担的角色及其应具备的技能。这可能涉及人员的招聘与培训。

2）为测试策略中描述的各项测试活动安排日程。

3）日程和人员安排应与利益相关方达成一致。

可能需要反复执行上述活动多次才能最终确定下来。

（7）记录测试计划

本项活动包含下述任务。

1）基于测试策略和日程与人员的安排，对测试进行最终估算。如果对前述各项的初步估算有不同意见，则需重新执行（5）和（6）两步进行修正。

2）测试策略、日程与人员的安排及最终的估算应包含在测试计划中。

（8）就测试计划达成一致意见

本项活动包含下述任务。

1）收集利益相关方对测试计划的意见，可以通过会议、面谈等方式进行。

2）测试计划与利益相关方的不一致应妥善解决。

3）必要时测试计划应进行更新，以反映利益相关方的反馈。这可能会导致测试计划工作的重复执行。

4）测试计划应最终与利益相关方达成一致。

（9）通报测试计划

本项活动包含下述任务。

1）应使测试计划处于可获取状态。

2）向利益相关方通报测试计划完成并可以获取。

5.3.3 测试监控过程

监测试控过程的目的主要是确定测试过程是否与测试计划、组织的测试方针、组织的测试策略保持一致。测试监控过程还对测试活动进行必要的控制，并确认对测试计划的必要更新（例如修订测试完成准则或采取新措施来弥补对测试计划的偏离）。

本过程可以用于管理整个测试项目（通常由一系列测试过程与测试类型组成），也可以应用于特定测试阶段或测试类型的管理，确认测试过程是否与更高层的测试计划相符合。若是后者，测试监控过程应用于动态测试过程（见 5.4 节中的内容）的监控；如果是前者，测试监控过程与管理各测试阶段和测试类型的测试管理过程交互。

1. 测试监控过程的主要内容

为完成测试监控过程的目标，需要进行一系列具体步骤，其内容如图 5-5 所示。

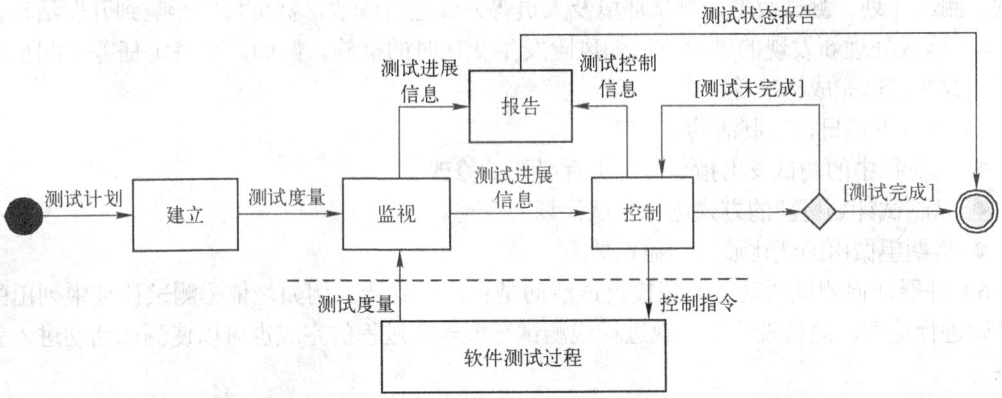

图 5-5 测试监控过程

从图 5-5 中可以看到，测试监控过程主要包括测试度量的建立、监视、控制和报告 4 个子过程。首先，建立收集合适的度量以监控测试过程与风险的方法，继而依据测试计划监视测试的进展。发现新的风险或原定义的风险发生变化时，采取应对措施，确定必要的控制行为。在判断测试可以结束时，进入到测试完成过程。

在实际工作中，测试监控过程中的各项工作可能是以迭代方式完成的，其中的子过程可能进行修正并反复多次执行。

（1）建立

本项活动包含下述任务。

1）如果在测试计划或组织的测试策略中尚未定义用于监控测试过程的度量，则应在本项活动中确定。

2）如果在测试计划或组织的测试策略中尚未确定发现新的风险或原定义的风险产生变化的手段，则应在本项活动中确定。

3）监视活动（包括报告测试状态、收集测试度量等活动）应准备就绪，可以获取在 1）和 2）中定义的度量。

（2）监视

本项活动包含下述任务。

1）收集并记录对测试的度量。

2）用收集的度量对测试活动的进展进行监视，评估其是否符合测试计划。

3）记录偏离测试计划的活动和阻碍测试进程的各项因素。

4）发现新的风险并对其进行分析，确定其中需要通过测试来降低风险或应与利益相关方进行交流的部分。

5）检测到已知的风险发生变化时，确定其中需要通过测试来降低风险或应与利益相关方进行交流的部分。

（3）控制

本项活动包含下述任务。

1）执行实现测试计划所必需的各项活动。例如给测试员分配任务。

2）执行实现来自更高层管理过程发出的控制指令所必需的各项活动。

3）确认当实际测试活动偏离测试计划时进行管理的控制活动。这些控制活动可能需要对测试、测试计划、测试数据、测试环境及人员等方面进行修改，甚至可能影响到开发活动。

4）确认处理新发现的风险或已知风险发生变化时的措施。例如，对特定任务分配更多测试员、改变测试完成标准等。

5）执行下述日常控制活动。

- 向执行中的测试发出指令，以进行必要的修改。
- 以测试计划更新的方式进行测试计划的变更。
- 将期望做出的变化通知利益相关方。

6）开展任何测试活动之前先检查该活动是否已经就绪。例如，依据测试计划中列出的入口准则进行检查。测试设计与实现过程或测试环境建立过程的完成也可以使测试活动进入就绪状态。

7）测试活动结束前应得到批准。例如，依据测试计划中列出的出口准则进行检查。

8）在满足测试终止条件时，应及时批准测试活动的完成请求。

（4）报告

本项活动包含下述任务。

1）测试进程应在特定的测试报告周期内以测试状态报告的形式通知利益相关方。

2）新发现的风险或已知风险发生的变化应在风险记录表中予以更新，并通知利益相关方。

2. 监控测试工作过程的主要成果

执行监控测试工作过程应得到如下成果。

1）测试状态报告。

2）测试计划更新。

3）控制指令（如测试、测试计划、测试数据、测试环境和人员等方面的变化）。

4）项目和产品的风险信息。

5.3.4 测试完成过程

测试完成过程的目的主要是使得测试资源能够在以后的工作中使用，恢复测试环境，记录测试结果并通知利益相关方。

测试资源主要包括测试计划、测试用例规格说明、测试脚本、测试工具、测试数据和测试环境的基础设施。

1. 测试完成过程的主要内容

为完成本项活动的目标，需要进行一系列具体步骤，其内容如图 5-6 所示。

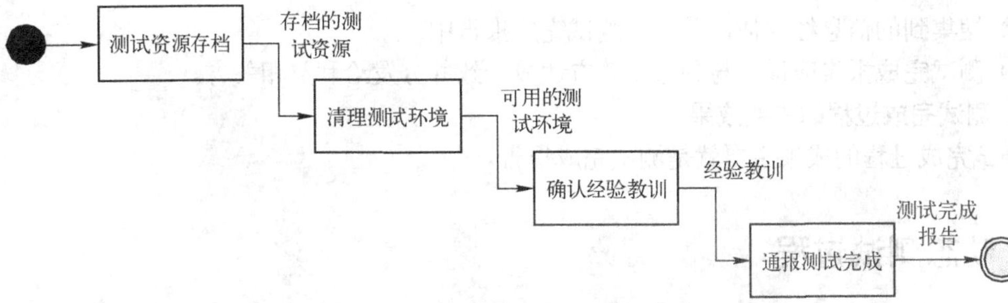

图 5-6　完成测试工作

从图 5-6 中可以看到，测试完成过程主要包括测试资源存档、清理测试环境、确认测试经验教训及通报测试完成 4 个子过程。首先，测试资源被存档或直接发送到利益相关方，使之可以用于其他过程；其次使得测试环境处于合适的状态，可以为其他工作所用；第三，总结经验教训，为今后的工作提供基础；最后，完成测试报告并通知利益相关方。

虽然图 5-6 中所示的各子过程以顺序方式执行，但在实际工作中，测试完成工作同样可能是以迭代方式完成的，其中的子过程可能进行修正并反复多次执行。

（1）测试资源存档

本项活动包含下述任务。

1）确定后续工作可能用到的测试资源，并以合适的方式使之可用。例如，对可以重复使用的测试资源在配置管理系统中进行标记。

2）确定其他项目可重用的测试资源并进行存档。

3）可重用测试资源的可用性记录在测试完成报告内，并通报利益相关方。

（2）清理测试环境

本项活动的主要任务是在所有的测试活动结束之后，将测试环境重置于测试开始前的状态。

（3）确认经验教训

本项活动包含下述任务。

1）记录测试执行过程中的经验教训。列举如下。

- 测试活动中哪些部分运转良好。
- 测试活动中哪些部分运转不良。
- 推荐对测试过程或其他相关过程（如开发过程）的改进措施。

2）结果记录在测试完成报告内，并向利益相关方通报。

（4）报告测试完成

本项活动包含下述任务。

1）从下列文档中搜集相关信息。

- 测试计划（如项目测试计划、系统测试计划及性能测试计划等）。
- 测试结果。
- 测试状态报告。
- 特定测试阶段或测试类型的测试完成报告（如果是报告整个项目测试的完成，则从单元测试、性能测试及验收测试等的完成报告中搜集信息）。
- 异常事件报告（具体见 5.4 节）。

2）搜集到的信息经评估，总结到测试完成报告中。

3）测试完成报告应最终与利益相关方达成一致并分发给利益相关方。

2. 测试完成过程的主要成果

测试完成过程的成果主要就是测试完成报告。

5.4 动态测试过程

动态测试过程用来具体执行某个特定阶段的动态测试（如单元测试、集成测试、系统测试及验收测试等），或者特定测试类型的动态测试（如性能测试、功能测试、安全性测试及可用性测试等）。

从图 5-1 中可以看到，动态测试过程由 4 个子过程组成：测试设计与实现、测试环境搭建与维护、测试执行及测试事件报告。

5.4.1 动态测试过程的主要内容

动态测试过程的主要内容如图 5-7 所示。

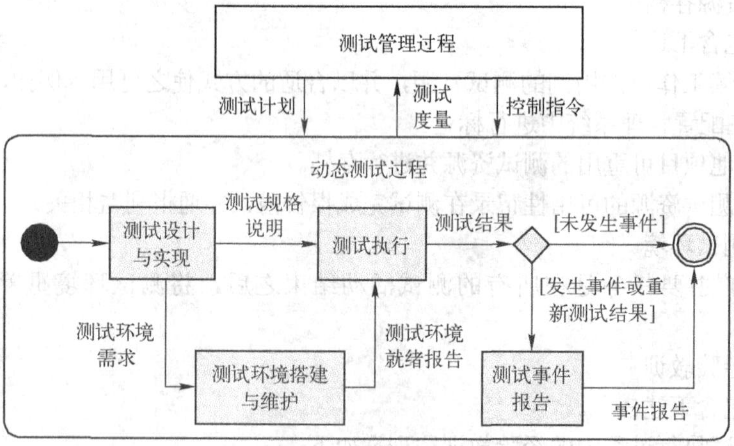

图 5-7 动态测试过程

从图 5-7 中可以看出测试管理过程的 4 个子过程之间的关系。测试设计与实现过程输出测试规格说明书和测试环境需求。前者直接用于测试执行，后者为测试环境的搭建与维护提供依据，测试环境用于支持测试的执行。在得到测试结果后，如果测试执行中发现并记录了事件，或在缺陷修复后进行了重新测试，则将结果记录到测试事件报告中并通过合适的渠道发布该报告。

通常，动态测试过程都需要执行多次，以完成特定的测试阶段或测试类型。例如，在某项测试执行过程中，测试管理过程中的测试监控子过程通过某种测试度量发现需要进行更充分的测试，于是发出相应的控制指令。动态测试过程则需要针对该控制指令设计额外的测试用例进行测试，直到达到测试完成标准。

图 5-7 中给出了动态测试过程与测试管理过程之间相互交互的主要内容。

测试度量可以在任何动态测试活动中生成，作为动态测试过程的输出及测试监控过程的输入，为测试管理人员提供测试状态和进展方面的信息。例如，用测试度量向测试管理过程通报测试团队开发了多少测试用例。

与之类似，控制指令作为测试监控过程的输出和动态测试过程的输入，可以在任何动态测试活动中生效。控制指令是指测试管理人员对测试团队如何开展动态测试工作方面的指令。例如，向测试团队发出指令，要求其设计额外的测试用例对程序的新性能进行测试。

5.4.2 测试设计与实现过程

测试设计与实现过程的主要目的是导出测试用例和测试程序（Test Procedure），二者被记录在测试规格说明中，用于测试执行过程。在测试设计与实现过程中，对测试基础进行分析，特征被提取汇总为特征集合，测试条件、测试覆盖项、测试用例及测试程序被导出，集成为测试集。请注意，在某些情况下可以重用以前的测试资源，特别是在开发回归测试的时候。

测试设计与实现过程可能退出并重新开始若干次。例如，如果在执行测试程序或报告事件后，发现需要额外的测试用例以满足测试完成标准，这样就需要重新开始本过程。因此，允许每次执行本过程仅开发出测试对象所需的测试用例集合的一部分。

测试设计与实现过程要求测试员应用一种或多种测试技术导出测试用例和测试程序，最终目标是达到测试完成标准（通常是达到某种覆盖率指标）。上述的测试设计技术和测试完成标准应在测试计划中确定。

1. 测试用例与测试程序

（1）测试用例

测试用例的定义见 1.4 节中的相关内容。测试用例主要包括以下几点内容。

1）标识符。它是测试用例引用的唯一标识符。

2）测试对象。描述被测试的详细特性、代码模块等。

3）输入说明。列举软件执行测试用例需要的所有输入内容或条件。

4）输出说明。描述测试用例执行的预期结果。

5）环境要求。描述执行测试用例的必要硬件、软件、测试工具和人员等。

6）特殊过程要求。描述执行测试用例的特殊要求。

7）测试用例之间的依赖关系。

（2）测试程序

测试程序的定义见 1.4 节中的相关内容。测试程序主要包括以下几点内容。

1）标识符。它是测试程序、用例和相关测试设计捆绑在一起的唯一标识符。

2）目的。描述测试程序的目的及将要执行的测试用例的引用信息。

3）特殊要求。描述执行测试程序所需要的其他程序、特殊测试技术或设备。

4）程序步骤。详细描述如何执行测试。包括以下几个方面。

- 日志。明确如何记录结果和现象。
- 设置。说明如何准备测试。
- 启动。说明启动测试的步骤
- 程序。说明运行测试的步骤。
- 度量。描述如何来判断程序的结果。
- 关闭。说明由于意外挂起测试的步骤。
- 重启。说明出现故障或关闭后如何重启测试。
- 终止。描述测试正常停止的步骤。
- 重置。说明如何把环境恢复到测试前的状态。
- 偶然事件。说明出现计划外的情况时应该如何处理。

注意，测试程序没有单一和正确的答案。因此测试的细节和真实性应注意适可而止，找到合适的详细程度即可，没有必要过分苛求。

2. 测试设计与实现过程的主要内容

为了完成测试设计与实现过程的目标，需要进行一系列具体步骤，其内容如图 5-8 所示。

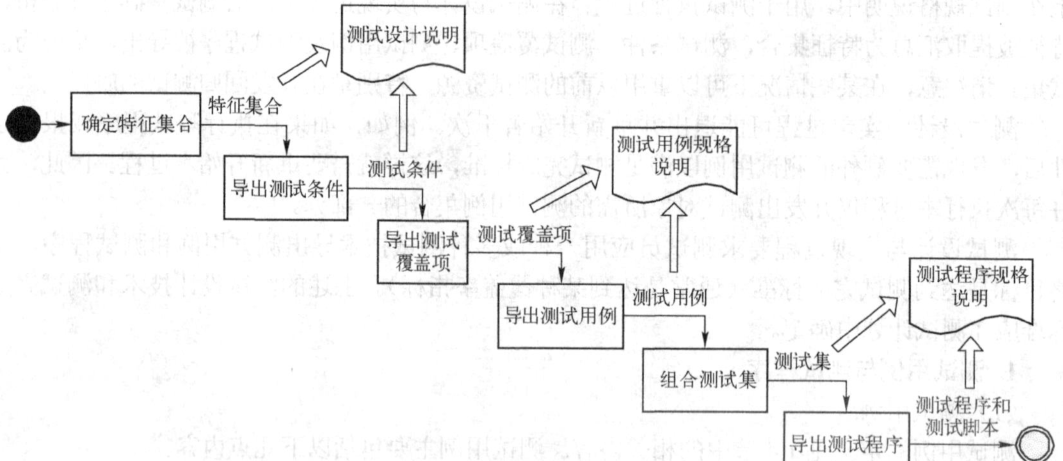

图 5-8　测试设计与实现过程

从图 5-8 中可以看到，测试设计与实现过程主要包括确定特征集合、导出测试条件、导出测试覆盖项、导出测试用例、组合测试集及导出测试程序共 6 个子过程。其中导出测试条件、导出测试覆盖项和导出测试用例的具体内容已经在第 2、3 章中通过大量实例进行了介绍。

虽然图 5-8 中所示的各子过程是以顺序方式执行的，但在实际工作中，同样可能是以迭代方式完成的。导致迭代的原因很多，例如，利益相关方不同意某些测试活动的结果；某项测试活动的结果表明测试计划中选择的测试完成标准与项目时间线的限制产生冲突等。

（1）确定特征集合

本项活动包含下述任务。

1）分析测试基础，理解对测试对象的要求。

2）被测试的特征组合为特征集合。注意一个特征集合应能够相对其他集合独立地开展测试。对单元测试而言只有一个特征集合，而更高层的测试（例如系统测试）可能有多个特征集合。

3）对特征集合的测试应依据识别与分析风险的结果（在测试计划过程中完成，见 5.3.2 节），按照风险由高到低依次进行。

4）特征集合的生成及其优先次序应与利益相关方达成一致。

5）特征集合应记录于测试设计说明中。

6）记录测试基础与特征集之间的可追溯性。

【例 5-2】 针对【例 2-8】给出的测试基础，确定特征集合。

解： 由于在测试基础中只有一个测试对象，因此只有一个特征构成特征集合，即三角形类型判定函数。

（2）导出测试条件

一项测试条件，即是待测系统或组件的一个可测试的方面（Testable Aspect），例如功能、质量特性及程序结构元素等。

本项活动包含下述任务。

1）基于测试计划中规定的测试完成标准，确定每个特征（Feature）的测试条件。

2）依据识别与分析风险工作中记录的风险等级对测试条件划分优先顺序。

3）将测试条件记录于测试设计说明中。

4）记录测试基础、特征集合与测试条件之间的可追溯性。

5）测试设计说明应与利益相关方达成一致。

（3）导出测试覆盖项

一个测试覆盖项，即是某个（或某些）测试条件的属性或属性的组合。例如，如果输入数据的某个边界作为一项测试条件，那么相应的测试覆盖项既可以是该边界本身，也可以包括边界两侧的数据。因此一项测试条件可能对应一个或多个测试覆盖项。

本项活动包含下述任务。

1）以如下方式导出测试覆盖项：应用测试设计技术（动态黑盒测试技术或动态白盒测试技术）于测试条件，以达到测试完成标准中指定的覆盖率指标。注意，如果覆盖率指标小于100%，则应从达到 100%覆盖的测试覆盖项中选择出一个子集。选择的标准在测试计划或组织的测试策略中给出，例如不选择那些低风险的测试覆盖项。选择的结果可能会依据其后测试活动的结果进行调整。

2）依据识别与分析风险工作中记录的风险等级对测试覆盖项划分优先顺序。

3）将测试覆盖项记录于测试用例规格说明中。

4）记录测试基础、特征集合、测试条件与测试覆盖项之间的可追溯性。

（4）导出测试用例

本项活动包含下述任务。

1）通过指定测试的前置条件（Pre-conditions）、选择输入数据、在必要时指定执行选定的测试覆盖项所需的动作，以及确定相应的期望输出，来导出一个或多个测试用例。注意，一个测试用例可能执行多个测试覆盖项，即可以将多个测试覆盖项组合到一个测试用例中。在第 2、3 章中给出的例子中已经接触到了这种情况。

2）依据识别与分析风险工作中记录的风险等级对测试用例划分优先顺序。

3）将测试用例记录于测试用例规格说明中。

4）记录测试基础、特征集合、测试条件、测试覆盖项与测试用例之间的可追溯性。

5）测试用例规格说明应与利益相关方达成一致。

（5）组合测试集

本项活动包含下述任务。

1）根据执行上的约束，将测试用例分配到不同的测试集。例如，有些测试用例需要特定的测试环境，或者有些用例适合自动测试而有些用例适合人工测试等。

2）将测试集记录于测试程序规格说明中。

3）记录测试基础、特征集、测试条件、测试覆盖项、测试用例与测试集之间的可追溯性。

（6）导出测试程序

本项活动包含下述任务。

1）依据在前置条件、后置条件及其他测试需求中描述的依赖关系，安排测试集中测试用例的执行顺序，并以此导出测试程序。所有其他的相关活动，如建立用例的前置条件等，都应包含在测试程序中。如果测试程序的执行需要使用工具，则需要详细说明细节并给出自动测试脚本。

2）确认没有在测试计划中列出的测试数据和测试环境需求。

3）依据识别与分析风险工作中记录的风险等级对测试程序划分优先顺序。

4）将测试程序记录于测试程序规格说明中。

5）记录测试基础、特征集、测试条件、测试覆盖项、测试用例、测试集与测试程序之间的可追溯性。

6）测试程序规格说明应与利益相关方达成一致。

5.4.3 测试环境搭建与维护过程

环境搭建与维护过程的主要目的是建立和维护所需的测试环境，并向利益相关方通报测试环境的状态。测试环境的维护包括根据测试结果所做出的必要修改。

对测试环境的需求在测试计划中列出，但一般而言只有在测试设计与实现过程开始后才能逐步弄清测试环境的具体组成。

1. 测试环境搭建与维护过程的主要内容

为了完成测试环境搭建与维护过程的目标，需要进行一系列具体步骤，其内容如图 5-9 所示。

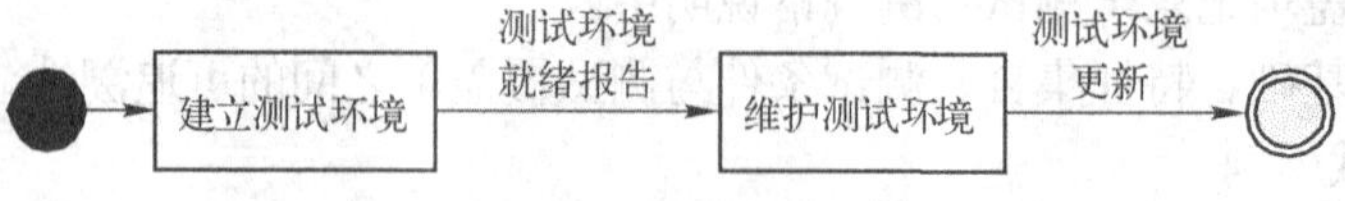

图 5-9 测试环境搭建与维护过程

从图 5-9 中可以看到，测试环境搭建与维护过程主要包括建立测试环境和维护测试环境两个子过程。在测试环境搭建完成后，应给出测试环境就绪报告，并提供给测试使用。在测试中如果发现必须对测试环境进行修改，则还需要进行测试环境的更新。

（1）建立测试环境

本项活动包含下述任务。

1）基于测试计划，在测试设计与实现过程的结果中给出对测试环境、测试工具等的详细需求。基于这些信息，开展下列活动。

- 计划测试环境搭建工作，包括需求、接口、时间安排和费用等内容。
- 设计测试环境。
- 确定如何进行配置管理。
- 实现测试环境，包括硬件与软件部分。
- 准备测试需要的数据。
- 准备好测试需要的工具。
- 在测试环境中安装测试对象，并进行适当配置。
- 验证测试环境是否符合测试环境需求。
- 在需要时提供测试环境符合所定义的测试环境需求的保证。

2）测试环境与测试数据的状态应记录在测试环境就绪报告和测试数据就绪报告中，并通报利益相关方（如测试员、测试经理等）。

3）测试环境就绪报告应包括对测试环境与实际运行环境之间差异的描述。

（2）维护测试环境

本项活动包含下述任务。

1）按照测试环境需求中规定的内容维护测试环境，例如根据测试结果对测试环境做出变更等。

2）测试环境的状态变化应通报利益相关方（如测试员、测试经理等）。

2. 测试环境搭建与维护过程的主要成果

执行测试环境搭建与维护过程应得到如下成果。

1）测试环境。

2）测试数据。

3）测试环境就绪报告。

4）测试数据就绪报告。

5）测试环境更新。

5.4.4 测试执行过程

测试执行过程的主要目的是在准备好的测试环境中执行在测试设计与实现过程中导出的测试程序，并记录测试结果。

由于所有的测试程序不一定都可以在一次迭代中完成，因此测试执行过程可能需要运行多次。此外，在修正缺陷后也需要重新运行测试执行过程。

测试执行过程可能在某些情况下被中断，例如某个用例发现了缺陷、测试环境出现问题、测试计划发生变化，以及在测试暂停规则中规定的其他情况等。在这些情况下，测试执行过程可能在后续任务中恢复，也有可能取消。

如果在执行一个或多个测试用例后，发现必须执行额外测试用例才能达到测试完成标准，测试执行过程即重新开始。因此，在任何一次迭代中可能只执行测试用例的一个子集。

1. 测试执行过程的主要内容

为了完成测试执行过程的目标，需要进行一系列具体步骤，其内容如图 5-10 所示。

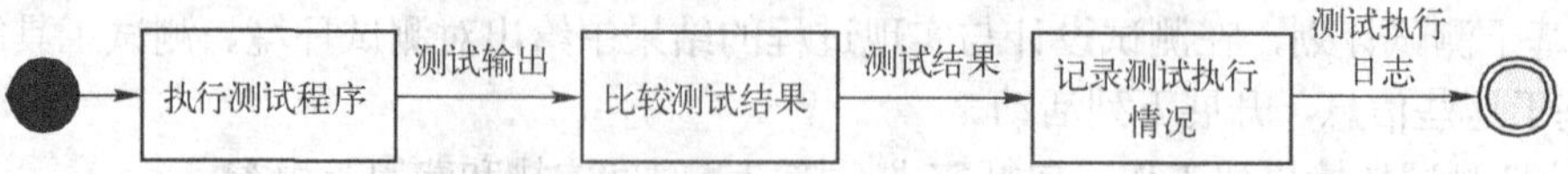

图 5-10　测试执行过程

图 5-10 中所示的各子过程的次序仅是其逻辑顺序。在实际测试活动中各子过程间可能产生迭代，例如测试结果比较和记录测试执行情况通常与执行测试程序交替进行。

（1）执行测试程序

本项活动包含下述任务。

1）一个或多个测试程序在准备好的测试环境中运行（自动或人工运行）。

2）观察测试程序中每个测试用例运行的结果。

3）记录实际运行结果。根据测试用例规格说明书的设定，既可能是自动记录，也可能是人工记录。

（2）比较测试结果

本项活动包含下述任务。

1）比较测试程序中每个测试用例的预期结果与实际运行结果。在自动化测试中，预期结果通常记录于自动化测试脚本中，由测试工具执行比较任务。

2）确定执行测试程序中各测试用例的结论。如果是重新测试，则测试通过的结论需要在测试事件报告中进行更新；如果发生了失败或测试环境的意外变化，则将其作为测试事件报告过程的输入。

（3）记录测试执行情况

本项活动包含的任务是：按照测试计划的规定记录测试执行情况。通常是记录到测试执行日志中。

2. 测试执行过程的主要成果

执行测试执行过程应得到如下成果。

1）测试用例运行的实际结果。

2）测试结论，包括测试通过、失败或出现异常事件。

3）测试执行日志。

5.4.5 测试事件报告过程

测试事件报告的主要目的是向利益相关方通报在测试执行过程中发现且需要进一步处理的异常事件。对于一项新测试，应创建事件报告；如果是重新测试，则需要更新事件报告，但发生更多事件时也应该创建新的事件报告。本过程可以由发现测试失效、发现测试执行过程中的异常事件及重新测试所引发。

从表面上看，报告发现某些错误是省事省力的工作。但实际上其重要性和难度都是相当高的，需要经验的积累。

1. 报告测试事件的重要性

如果测试员没有准确、及时并以合适的方式报告发现的问题，很可能导致软件缺陷被误认为不是缺陷，没有重要到要推迟产品发布，以及修复风险太大或不值得修复。

因此，要求测试员简洁、清晰地把发现的问题告知决定修复/不修复的小组，使其得到足够的信息来决定采取什么措施。

2. 报告软件缺陷的基本原则

1）尽快报告软件缺陷。缺陷报告时间越晚，修复可能性越低。

2）有效描述软件缺陷。注意以下几个要点。

- 只解释事实和演示、描述引发软件缺陷必需的细节。
- 每个报告只针对一个缺陷。
- 采用容易看懂、简单易行的步骤描述软件缺陷。
- 保证使用软件缺陷描述中的步骤能重现软件缺陷。

3）报告软件缺陷时不要做主观评价。

4）对软件缺陷跟踪到底，监视其修复过程。

3. 分离和再现软件缺陷的若干技巧

为了有效报告软件缺陷，就需要有效分离和再现软件缺陷。但是，验明和建立有完全相同的输入和完全相同的环境条件要求有较高的技巧性，而且非常耗时。不存在不可以复现的缺陷，问题是如何建立完全相同的输入和环境。以下技巧仅供参考。

1）不要想当然地接受任何假设，忠实记录所做的每一件事——每一个步骤、每一次停顿和每一件工作，确保导致软件缺陷所需的全部细节都可见。这样做也可以为缺陷定位提供信息。

2）查找时间依赖和竞争条件方面的问题，考虑时序。

3）边界条件缺陷、内存泄露或数据溢出等白盒问题积累到一定程度才会显现，需要查看前面执行的测试。

4）状态缺陷只在特定软件状态中显露，注意事件发生的次序。

5）考虑资源依赖性，如内存、网络和硬件共享的互相作用。

6）不要忽视硬件，因为硬件不像软件，可能降低性能运行。应设法在不同硬件上再现缺陷，尤其在执行配置和兼容性测试时。

按照上述步骤，仍然不能再现缺陷，则应找相应开发人员一起分析。

4. 测试事件报告过程的主要内容

为了完成测试事件报告过程的目标，需要进行一系列具体步骤，其内容如图 5-11 所示。

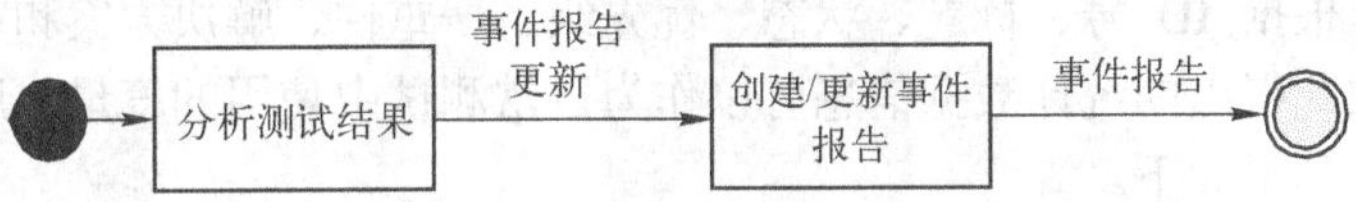

图 5-11　测试事件报告过程

从图 5-11 中可以看到，在测试事件发生后，应及时发现并进行分析，继而创建或更新事件报告，并及时通报利益相关方。

（1）分析测试结果

本项活动包含下述任务。

1）当测试是针对以前发现的异常或事件时，应分析测试结果，并更新事件的具体细节。

2）当测试结果表明发生了新事件，应按前文所介绍的技巧进行分析，决定是需要报告的事件，还是无须报告就可以解决，或者还需要后续处理。

3）分配任务给合适的人员进行处理。

（2）创建/更新事件报告

本项活动包含下述任务。

1）确定需要记录的事件信息，对其进行报告或更新。事件报告可能由测试对象、测试程序、测试基础及测试环境引起。在重新测试的结果表明问题已经解决后，应更新并关闭事件报告。

2）新事件或事件更新的状态信息应及时通报利益相关方。

5. 测试事件报告过程的主要成果

执行测试事件报告过程获得的成果即是事件报告。

5.5 成效评价与测试停止标准

在测试中，应将发现的软件缺陷登记并记录到软件缺陷跟踪数据库中。这样，就能够提取各种数据，并据此评价测试工作的成效和项目的进展情况。例如，可以回答下述问题。

1）缺陷分布区域，即软件的哪些区域缺陷最多，哪些区域缺陷最少。

2）分配给某个测试员的缺陷中，有多少个已经解决。

3）某个测试员发现的软件缺陷是否能够在他工作变动前全部修复。

4）本周/本月/本项目期间发现了多少缺陷，是否有大量高优先级缺陷仍然处于打开状态。

5）估计软件开发是否处在正常轨道上，能够满足预定发布日期的要求。

软件缺陷跟踪数据库可以告诉用户过去发生了什么，现在发现了什么。项目管理人员可以通过分析软件缺陷跟踪数据库中的数据对趋势进行合理的推测，有效地评测项目的状态和测试员的工作进展。

5.5.1 日常测试中使用的度量

软件度量是用于描述软件项目特定属性评价的术语，在测试计划过程中应对其进行定义。每个测试员每天发现的缺陷平均数量、每个区域发现的缺陷数量，以及严重性最高的缺陷和严重性最低的缺陷数量的比值等都可作为软件度量。

除了输入软件缺陷之外，软件缺陷跟踪数据库最常用的特性就是执行查询，获得感兴趣的软件缺陷清单。根据 ID 号、标题、状态、优先级、严重性、解决方案和产品名称等构造合适的查询请求，由此得出的统计数据信息可以作为日常测试中使用的度量，用于回答日常测试情况方面的问题，列举如下。

1）本日（本周、本月）内共提交了多少个软件缺陷，有多少个是高优先级的。

2）某产品目前有多少缺陷是以不修复的形式解决的。

3）某测试人员本日（本周、本月）内提交了多少个软件缺陷，其 ID 号是多少。

为了使信息更加有用，得到查询结果后，还可以转化为打印表单和图形化表单。

5.5.2 常用的项目级度量

从软件缺陷跟踪数据库中提取缺陷信息进行分析，形成各种图表，可以为测试管理过程提供下述度量信息。

1. 软件的质量和可靠性等级

在第 1 章中曾指出，发现问题越多的地方，潜在的问题也越多。因此，可以从软件缺陷跟踪数据库中查询数据，建立软件各个功能区域中打开的缺陷的度量和图表。如果发现某个区域存在大量缺陷，那么在该区域中还可能进一步寻找到大量缺陷。因此从软件质量和可靠性的角度考虑，应设计更多测试用例以加强对该区域的测试。

2. 软件项目是否按进度推进

根据软件缺陷跟踪数据库中的数据，可以建立软件缺陷随时间推移的图表，从中可以评估软件项目是否按进度推进。

如图 5-12 所示，该项目在时间 T 处仍然有相当数量的软件缺陷被打开，累计打开的缺陷曲线仍然呈现上升趋势，因此在时间 T 处无法发布产品。若产品发布日期离 T 较近，则该项目有超过规定期限的风险。

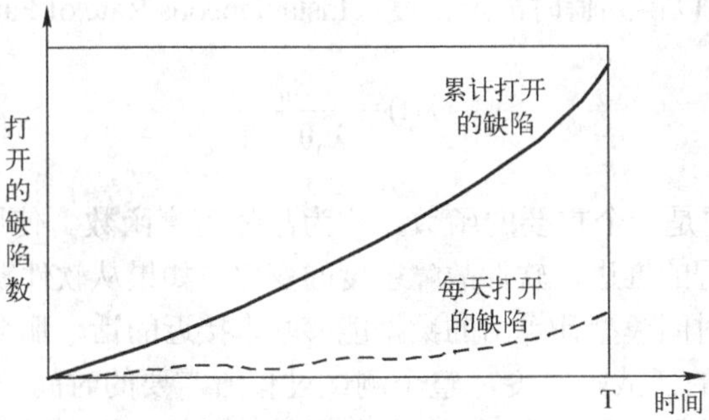

图 5-12　某项目随时间打开的软件缺陷数目

如图 5-13 所示，该项目在时间 T 处，累计打开、解决和关闭的缺陷曲线趋于水平且重合，代表打开的缺陷都已经解决并关闭，同时也没有新打开的缺陷了，因此在时间 T 处可以发布产品。

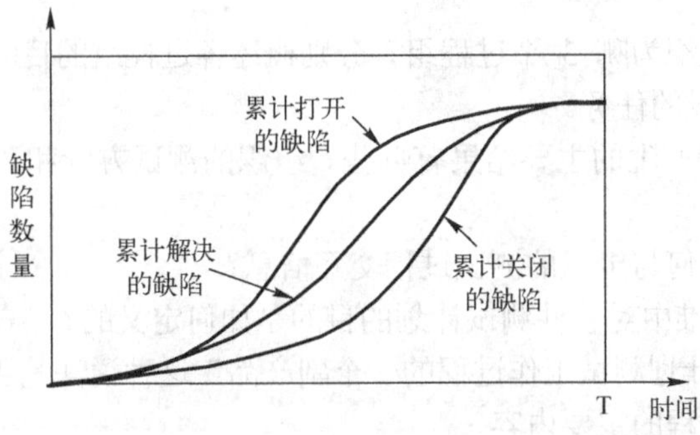

图 5-13　某项目随时间累计打开、解决和关闭的软件缺陷数目

注意，在进行分析时，前提是开发和测试都是正常进行的，即没有发生诸如测试人员减少、大规模修改代码等情况。

5.5.3 测试停止标准

在第 1 章中曾指出，软件测试的基本原则之一就是软件是无法完全测试的。那么，如何衡量是否已经进行了充分的测试，从而可以停止测试了呢？Musa 和 Ackerman 提出：“如果一个在按照概率的方法定义的环境中，1000 个 CPU 小时内不出错的操作概率大于 0.995 的话，那么我们就有 95%的信心说我们已经进行了足够的测试。”

使用概率论模型和可靠性理论，可以建立软件故障作为执行时间的函数（即在测试过程中发现错误）的模型。通常采用的是对数泊松执行时间模型（Logarithmic Poisson Execution-time Model）。这种软件故障模型定义为：

$$\mu(t)=\frac{1}{\theta}\ln(\lambda_0\theta t+1) \tag{5-1}$$

在式（5-1）中，$\mu(t)$ 是在测试时间 t 后，预期的故障累积数目。λ_0 是测试开始时初始软件故障的密度（Failure Intensity，用单位时间内的故障数目表示）。θ 值决定了随着软件错误被发现和修正过程的推进，故障密度呈指数递减的程度。

由式（5-1）求导可以得到瞬时故障密度（Instantaneous Rate of Failure）为：

$$\lambda(t)=\frac{\lambda_0}{\lambda_0\theta t+1} \tag{5-2}$$

$\lambda(t)$在可靠性度量中是一个重要的函数，称为故障密度函数。使用式（5-2）中给出的关系，可以预测随测试进程的推进，软件故障密度的变化。如果从软件缺陷跟踪数据库中查询到的数据和对数泊松执行时间模型计算出的数据能够基本接近的话，那么可以用这个模型来预测为了达到一个可以接受的低故障密度，整个测试过程所需要的时间。上述仅属于较理想的情况，一般而言，在测试的量化规则建立之前仍然需要大量的工作。但是，用现有的经验理论仍然比用直觉判断何时可以停止测试更好。

5.6 习题与练习

1. 概念题

1）测试活动可以组织为哪 3 个过程组？分别概述各过程组的目的、期望的输出结果、活动内容，以及主要应完成的任务。

2）组织的测试过程产生的主要结果有哪些？组织的测试方针和测试策略的主要内容是什么？

3）测试管理过程如何与组织的测试过程交互信息？

4）IEEE Std 829 标准中对软件测试计划的目的是如何定义的？

5）“测试计划只是计划测试工作过程的一个副产品”这种说法是否正确？为什么？

6）概述测试计划过程的主要内容。

7）测试计划阶段的测试策略与组织的测试过程中的测试策略有什么区别？

8）测试监控过程如何与动态测试过程交互信息？

9）概述测试监控过程的主要内容。

10）测试完成报告应包括哪些主要内容？

11）动态测试过程包括哪些子过程？分别概述其主要目的和工作内容。

12）ISO/IEC/IEEE 29119—1 标准中规定测试用例包括哪些主要内容？

13）ISO/IEC/IEEE 29119—1 标准中规定测试程序包括哪些主要内容？

14）什么是特征集合？为什么单元测试一般只有一个特征？

15）概述测试条件和测试覆盖项的内涵。

16）建立测试环境需要进行哪些活动？

17）测试执行过程中如果发现缺陷，应完成哪些相关工作？

18）报告软件缺陷的基本原则有哪些？

19）测试事件报告过程有哪些子过程？分别概述其主要目的和工作内容。

2. 分析题

以下是 Windows 计算器程序的产品说明书的摘录。根据这些规格说明，编写一份测试计划。

Edit 菜单有两个命令选项：Copy 和 Paste。其选择方式有 3 种：指向并单击菜单；使用菜单命令访问键（〈Alt+E〉组合键，然后 Copy 按〈C〉键，Paste 按〈P〉键）；或者使用标准的 Windows 快捷键，Copy 按〈Ctrl+C〉组合键，Paste 按〈Ctrl+V〉组合键。

Copy 功能将数字输入框中显示的内容复制到 Windows 剪贴板中。Paste 功能将剪贴板中存储的数值粘贴到数字输入框中。

第 6 章　软件测试的高级专题

在前面 5 章中，已经介绍了软件测试的核心内容，包括软件测试的基本概念、软件测试的基本技术、软件测试的具体实施，以及其组织、计划和管理。除了这些内容外，在软件测试领域还有一些比较复杂和专业性较强的测试形式和测试技术。本章介绍嵌入式软件测试、面向对象软件测试、安全性测试和程序变异测试的相关基本概念，并对其中的细节问题进行讨论。

6.1　嵌入式软件测试

嵌入式软件测试建立在一般软件测试的基础之上，其实施与一般的软件测试相似。但嵌入式软件由于与通用软件的应用范围不同，具有自身的特点，例如实时性要求强、内存不丰富、I/O 通道少、开发工具昂贵且与硬件紧密相关，以及 CPU 种类繁多等，这就决定了嵌入式软件的测试必须有其专有的一些方法和技术。

6.1.1　嵌入式软件的特点及其对测试的影响

嵌入式软件是指运行于嵌入式系统中的软件，包括嵌入式操作系统和嵌入式应用软件。应用软件控制着系统的运作和行为；而操作系统控制着应用软件与硬件的交互作用。在本章中，嵌入式软件主要指嵌入式应用软件。

嵌入式软件与通用软件相比具有如下特点。

1. 实时性

绝大多数嵌入式软件都有实时性方面的要求。所谓实时性，即必须满足时间约束的特性。嵌入式软件往往需要准确且及时地完成任务，因此其正确性不仅由系统的功能特性决定，还依赖于系统的时间特性。

嵌入式软件的实时性测试可以在静态测试和动态测试中完成。在静态测试中，主要确定程序在最坏情况下的执行时间，即程序最大执行时间是否满足时间约束。在动态测试中，通过执行程序来测试程序的时间特性。常用在线仿真器 ICE、指令仿真器和插桩测试对嵌入式软件进行测试。此外，由于同样的输入在不同时刻可能有不同的输出，因此还需要研究有效的测试用例生成方法。

2. 嵌入性

嵌入性即嵌入式软件的开发环境和运行环境往往是不一致的，嵌入式软件一般是在宿主机上开发，在目标机上运行，与目标机的硬件环境密切相关。

嵌入式软件的开发环境和运行环境的不一致性，对嵌入式软件测试提出了新的要求。首先，测试工具运行在宿主机上，但测试所需要的信息在目标机上产生，并通过一定的物理/逻辑连接传输到宿主机上，由测试工具接收。因此嵌入式软件测试需要解决数据信息的传输问题。其次，仅在宿主机环境下测试通过并不能说明在目标机环境下运行该软件不出现问题。因此，嵌入式软件测试的策略中还必须考虑哪些测试分配在宿主机环境中进行，哪些测试分配到目标机环境中进行。

3. 反应性

嵌入式系统归属于反应式系统（Reactive System）。反应式系统中的软件是由与环境保持同步关系的进程构成的，这些进程交替经历两种周期：等待周期和响应周期。反应式系统中的进程通常是无终止地、不间断地响应环境的激励。

嵌入式软件的反应性意味着并发性（Concurrency）。任何反应式程序中均包含若干并发进程，所以不能简单地将软件的行为描述为输入数据和输出数据，而应表示为一个输入序列和输出序列的二元组。输入事件序列的各种组合使程序的输入数据空间急剧膨胀。同样的输入数据在不同时刻会产生不同的结果，这给测试工作带来了特殊的困难。因此设计测试用例时如何进行取舍就成为关键问题之一。

4. 专用性强和硬件依赖性

嵌入式软件运行于特定的目标环境，针对特定的应用领域，具有很强的专用性。另外，嵌入式软件的运行与硬件有着紧密的联系，具有很强的硬件依赖性。

5. 小型化

尽管处理器速度不断提高，存储器容量不断增加，但在大多数应用中，存储空间仍然是宝贵的，为此，在要求保证程序质量的同时应尽量减少程序代码长度。

6.1.2 嵌入式软件测试环境的搭建

嵌入式软件测试通常在交叉测试（Cross Test）环境下进行。测试工具运行在软硬件配置丰富的宿主机上，而嵌入式应用程序运行在软硬件资源相对缺乏的目标机上，测试信息在目标机上产生，并通过一定的物理/逻辑连接传输到宿主机上，由测试工具接收。

在嵌入式软件测试过程中，目标机可以采用仿真技术进行模拟。即用特定的软件或硬件模拟目标设备的功能，以达到简化测试环境的目的。仿真又可分为硬件仿真和软件仿真。硬件仿真即用外部硬件仿真设备来替代目标机，仿真设备与软件的交互在功能上和目标设备相同，在性能上也非常接近。软件仿真是开发相应的软件替代硬件设备，所开发的替代软件与嵌入式软件的交互在功能上和目标硬件基本上完全相同，但在性能上一般不如硬件仿真设备。

交叉测试环境如图 6-1 所示。宿主机是执行编译、链接和定址过程的计算机，目标机是运行嵌入式软件的硬件平台。首先必须开发测试监控程序，然后把它编译为可以在目标机上运行的程序，这一步由交叉编译器实现。所谓交叉编译器，就是运行在宿主计算机平台上并为目标机平台产生代码的编译器，它生成的文件是可以在嵌入式平台上执行的二进制代码。在测试时宿主机运行测试驱动软件，与目标机测试监控程序进行通信。后者运行被测程序，按前者的要求输入测试数据，接收测试结果并传回宿主机的测试结果分析程序。可以利用已有的辅助测试工具，如嵌入式 Linux 系统 Monta Vista Linux 下的 GdbServer 工具完成监控任务。

在图 6-1 中，目标机运行嵌入式操作系统。而在实际项目中，可能嵌入式设备并不具备这一条件。此时测试监控程序需要处理的任务更多，开发更为复杂。

嵌入式软件测试的一个重要问题是建立宿主机与目标机之间的物理/逻辑连接，以解决宿主机和目标机之间的数据通信问题。常用的通信方式有两种：读取内存区数据和用通信通道进行通信。

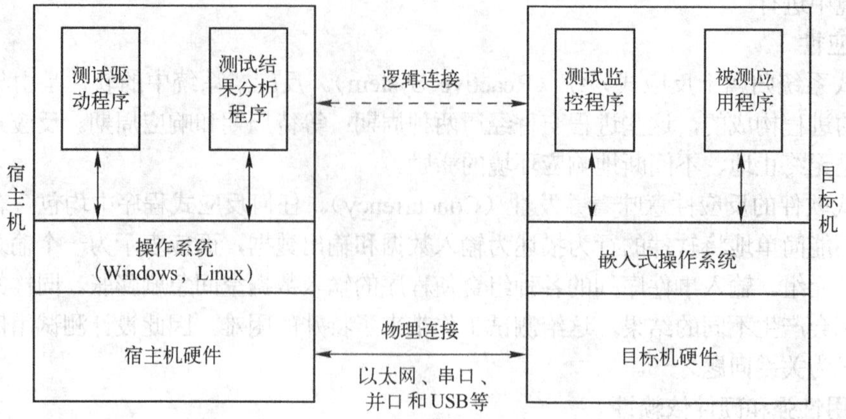

图 6-1　嵌入式软件测试环境

1. 读取内存区数据

如果目标系统没有物理通信通道，可以采用读取内存数据的方式。在目标机内存中开辟一块足够大的缓存，把测试输出数据写入缓存中，在测试过程中或者测试执行后，使用开发工具读取缓存中的数据，保存到宿主机上。这种方式需要目标系统具有足够的内存资源。

2. 用通信通道

这种方式要求目标机和宿主机之间具备物理通信方式，比如以太网、串口、并口和 USB 等。在测试时直接使用通信程序和宿主机通信，实现测试数据的双向传递，这种方式最方便，但是要求系统必须具备通信通道和通信软件。

6.1.3　嵌入式软件测试中的程序插桩技术

1. 概述

程序插桩的概念是由 J. C. Huang 首次提出的，它使被测试程序在保持原有逻辑完整性的基础上在程序中插入一些探针，通过探针的执行抛出程序的运行特征数据。对这些特征数据进行分析，可以获得程序的控制流及数据流信息。在嵌入式软件测试中，常利用程序插桩技术进行覆盖测试。

插桩过程主要分为 4 个阶段。

（1）探针植入阶段

本阶段对被测程序进行静态分析，得到程序结构，以此寻找插桩点，根据插桩点的类型插入相应的探针。

（2）编译执行阶段

本阶段将插桩后的源程序重新编译，生成针对目标机的可执行程序。

（3）执行阶段

本阶段中，在目标机上运行插桩后的可执行程序，程序在运行过程中，探针抛出程序运行的特征数据，并将这些数据记录下来。

（4）数据处理阶段

本阶段将探针抛出的特征数据与源程序进行匹配，然后进行统计，计算出覆盖率指标，并输出相应的信息。

2. 利用 GCC/GCOV 进行程序插桩

程序插桩既可使用手工方式进行，也可使用自动方式进行。在使用手工方式插桩时，测试员需要自己在需要获取程序运行信息的地方写入相应的探针（信息采集代码）以完成代码插桩的工作，然后在编译链接程序时需要将包含覆盖信息采集功能函数的库链接进来。这种方式的优点是用户可以有针对性地采集信息，代码膨胀率小，与编译器无关。但缺点是会破坏源程序，在完成测试后还需要将插入的探针删除或屏蔽掉。除了比较烦琐外，由于涉及修改源程序，因而是一项风险高的活动。所以目前一般均采用自动方式进行，即被测软件在编译链接时自动插入探针，并自动链接相关的库函数，生成可执行文件。这种方式不会破坏源程序，测试过程相对比较简单。

目前已经有多种实现插桩功能的商业软件，如 CoverageScope、CodeTest 及 SafePro 等。也可以使用开源软件 GCC/GCOV 完成某些类型的覆盖测试。

GCC 是 GNU Compiler Collection 的简称，它支持 C/C++、Ada、Java、Pascal 和 COBOL 等。GCOV 是随 GCC 发布的覆盖测试程序，与 GCC 结合起来，它可以获取程序执行的一些统计信息，例如每一行代码的执行次数、每一个分支的执行次数、每个函数调用返回的次数、程序的语句覆盖率，以及程序的分支覆盖率等。

（1）工作流程

GCOV 与 GCC 配合进行测试的工作流程如图 6-2 所示。

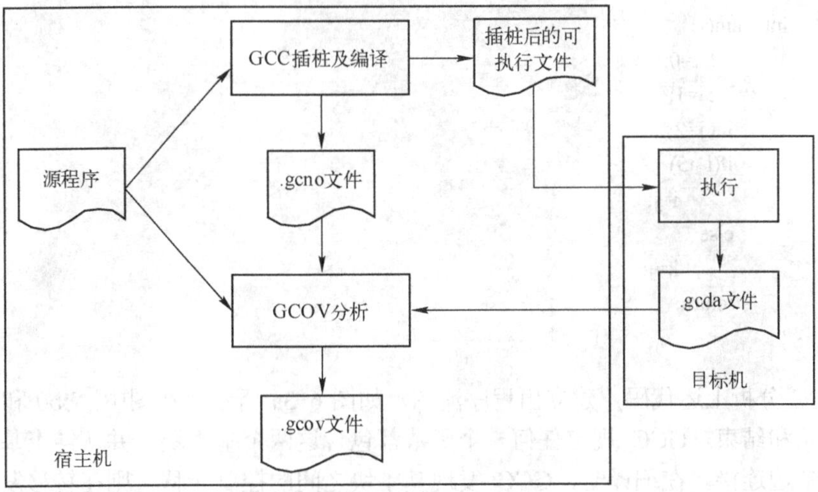

图 6-2　GCOV 与 GCC 配合进行插桩测试的工作流程

从图中可以看到，代码插桩和数据文件生成实际上是由编译器 GCC 完成的。GCOV 本身只负责数据分析和结果输出，它综合源文件、.gcno 文件及.gcda 文件得到分析结果——.gcov 文件。包含插桩代码的被测程序在目标机上运行，桩代码在运行时产生的数据保存在.gcda 文件中，需要用某种方式传回宿主机，例如在目标机上运行所有的测试用例，生成完整的.gcda 文件后用网络或 USB 口回传给宿主机。注意，根据 GCC 版本的不同，上述几个文件的扩展名可能不同。

GCC 对源程序进行插桩，然后对插桩后的代码进行编译链接，生成包含插桩信息的可执行文件。在目标机执行该文件时，一旦程序流程执行到插桩点处，插桩代码就会被执行，完成相关的数据收集任务。具体而言，GCC 为每一个插桩点分配一个 4 字节的整型变量。所有的变量组成一个数组，数组长度就是桩点的数目。每个数组元素的值表示对应插桩点被执行的次数。每个插桩点处的插桩代码要执行的操作就是对该桩点的数组元素值加 1。在程序执行完成后，这个数组就记录下了所有插桩点的执行情况。数组信息输出到.gcda 文件中存储，由 GCOV 进行分析和处理。

GCOV 通过分析源文件和 GCC 插桩后编译产生的.gcno 文件重建程序流图。程序流图建立以后，GCOV 读取.gcda 文件的内容。.gcda 文件记录了部分语句执行的次数，这些语句是整个程序执行过程中的关键语句，通过对它们的分析可以得到其他语句的相关信息。在得到这些信息后，GCOV 计算各代码行和分支的执行次数，然后把这些统计信息输出到.gcov 文件中。

（2）GCC 插桩的原理

GCC 首先分析程序源代码，将程序划分为若干个基本块，再按照各基本块之间的分支信息构造出程序流图，然后以程序流图为基础进行分析，找到插桩点并插入相应的代码。这里的程序流图与第 3 章中介绍的 CFG 图类似，均是以基本块作为图的节点。程序流图中的分支（Arc）是指基本块之间的控制转移，并不对应任何语句。因此在表示分支选择和循环结构时与 CFG 略有不同。

【例 6-1】 分析 GCC 如何对下述代码插桩。

```
int main(){
        int k=0;
        int i=1;
        int j=2;
        if(i >5)
                i=j;
        else
                k=j;
        return;
}
```

解：GCC 分析上述代码，建立出程序流图，如图 6-3a 所示。在图中，bb0 和 bb5 分别代表程序的开始和结束。GCC 规定任何一个函数都包含这两个基本块，并从结束基本块到开始基本块用一条边连接。在编译时，GCC 发现基本块之间的控制转移，则在转移发生之处标记插桩点，并插入桩代码，如图 6-3b 所示。其中 Stub1～Stub4 即为插桩点。

只要在交叉编译时加入“-ftest-coverage -fprofile-arcs”选项，即可打开 GCC 的插桩功能。另外，编译选项中可以加入 -g3 -O0，前者是为了增加调试信息，后者是为了禁用优化，免得覆盖率测试不准确。如果【例 6-1】中的代码来自文件 test.c，则使用下面的编译命令，即可产生 test.gcno 文件，如图 6-4 所示。

```
arm-linux-gcc -fprofile-arcs -ftest-coverage -o test test.c -static
```

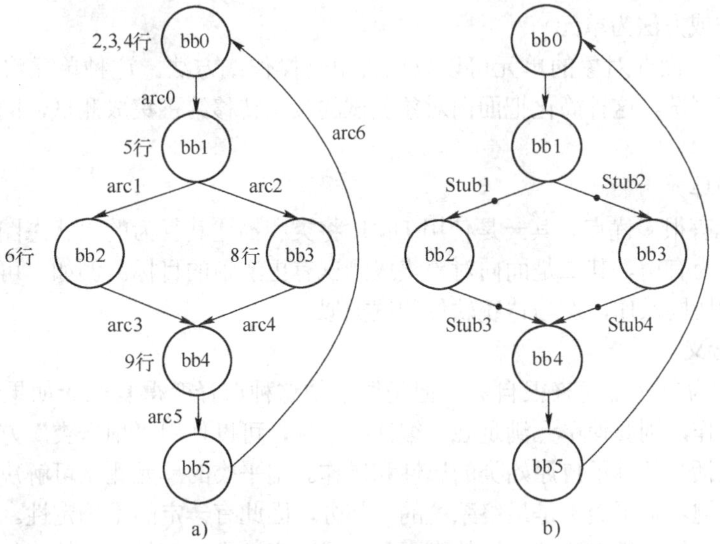

图 6-3 插桩过程

a) 插桩前 b) 插桩后

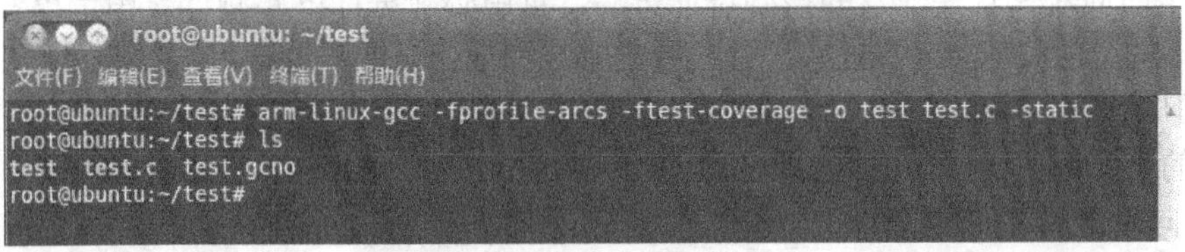

图 6-4 编译时开启插桩功能

从 GCC 的插桩方式不难看出，GCC/GCOV 能够实现语句覆盖、分支覆盖和判定覆盖，可以满足一般情况下的软件测试需要。但对可靠性要求苛刻的软件，如果需要进行较复杂的覆盖测试（例如 MCDC 覆盖测试），还需要对 GCC 进行二次开发。

6.2 面向对象软件测试

面向对象程序设计语言改变了程序设计的风格，也影响了软件测试的方式和方法。面向对象体系结构导致包括相互协作类的一系列分层子系统产生。为了在类相互协作及子系统跨体系结构层次的通信中发现错误，有必要在不同的层次上测试面向对象系统。在方法上，面向对象测试与传统系统测试类似，但在测试策略和技术上都有不同之处。

6.2.1 面向对象测试的相关概念

面向对象软件比传统软件有很多测试问题需要解决。首先是测试层次的问题，要明确如何划分面向对象的单元。其次，要考虑集成策略引出的一些问题。面向对象软件的特征是继承、封装和多态性，需要扩展传统测试手段以解决这些问题。

1. 面向对象测试的单元

面向对象测试有两种划分单元的方法。

（1）以操作或方法为单元

极端情况下，面向对象的单元可以只包含单一操作或方法。这种单元将面向对象的单元测试退化为传统测试。这种简化把面向对象测试的负担转移给了集成测试，同时放弃了封装的优点。

（2）以类为单元

以类为单元有很多优点。其一是使用 UML 将类和描述其行为的“状态图”关联起来，对测试用例标识极为有用。其二是面向对象集成测试有更清晰的目标。例如，可以检查已经通过单独测试的类的协同操作，这与传统软件测试类似。

2. 继承的含义

虽然将类作为单元看起来很自然，但是继承使这种选择变得复杂。如果给定类继承了上层类的属性或操作，则要使单元满足独立编译的条件，可以使用“扁平类”方法。扁平类是将类进行扩充以包括全部继承自原始类的属性和操作。扁平类的单元测试可解决继承问题，但是会带来另一个问题。扁平类不是最终系统的一部分，因此有一定的不确定性。扁平类方法对于类的测试是不充分的，带有测试方法的类不是（或不应该是）交付系统的一部分。这与在传统软件中是测试原始代码还是经过处理的代码的问题非常类似。

3. 重用、封装和多态性

重用是面向对象软件开发的核心设计策略。重用必须进行单元测试。由于单元（类）可以由以前不知道的其他单元合成，因此传统的耦合和聚合概念不再适用。封装有解决这种问题的潜力，但是只有当单元（类）高度内聚且耦合非常松时，封装才能发挥作用。有时即使进行了非常好的单元级测试，真正重用时的工作还是集中在集成测试层次上。

4. 面向对象测试的层次

根据单元的构成，面向对象测试采用 3 层或 4 层方式。如果把单个操作或方法看做单元，则有 4 层测试，即操作/方法、类、集成和系统测试。采用这种方法，操作/方法测试与过程性软件的单元测试相同。类和集成测试可以被重命名为类内的测试和类间的测试。面向对象的集成测试必须考虑已经通过测试的类之间的交互测试。最后，系统测试在端口事件层上进行，并且与传统软件的系统测试相同，唯一不同的是系统级测试用例的来源。

6.2.2 类测试

类测试的主要问题是：类和方法哪一个是单元。在传统软件测试中，通常将能够自身编译的最小程序块、单一过程/函数（独立）及由一个人完成的小规模工作作为单元。但在面向对象软件的测试中这一问题变得较为复杂。从技术上看，可以忽略类中的其他方法（例如可以将这些方法注释掉），但是这会带来组织上的混乱。下面给出两种面向对象单元测试的方法，使用时可以根据具体环境确定最合适的一种。

1. 以方法为单元

简单地说，以方法为单元可以将面向对象单元测试归结为传统的（面向过程的）单元测试。可以使用所有动态黑盒测试和动态白盒测试技术。过程代码的单元测试需要桩和驱动程序，以提供测试用例并记录测试结果。类似地，如果把方法看做是面向对象的单元，也必须提供能够实例化的桩类，以及起驱动作用的“主程序”类，以提供和分析测试用例。

一般而言，单个方法不会太复杂，其圈复杂度总是很低。但即使圈复杂度很低，其接口复杂度也仍然很高。这意味着创建合适桩的工作量差不多与标识测试用例的工作量相同。另一个更重要的结果是，大部分负担被转移到集成测试，包括类内集成测试和类间集成测试。

2. 以类为单元

以类作为单元可以解决类内集成问题，但是会产生其他问题。其中一个问题与类的各种视图有关。第一种视图是静态视图，其产生的问题是继承被忽略，可通过充分扁平化了的类来解决这个问题。由于继承实际“发生”在编译时，因此可以把第二种视图（即扁平化类的视图）称为编译时间视图。第三种视图是执行时间视图。

这里可能存在的问题如下。

1）不能测试抽象类，因为它不能被实例化。

2）如果使用充分扁平化的类，还要在单元测试结束后将其恢复为原来的形式。

3）如果不使用充分扁平化的类，则为了编译类，需要在继承树中高于该类的所有其他类。

把类作为单元，在没有什么继承并且类的内部复杂度不高时最有意义。类本身应该拥有一种“有意义”的状态图，并且应该有相当多的内部消息传递。对于类级行为，“状态图”是测试用例很好的基础，特别适合以类为单元的测试。

3. 类级可应用的测试方法

测试从“小型”测试开始，慢慢进展到“大型”测试。“小型”测试侧重于单个类及该类封装的方法。面向对象测试期间，常用随机测试和划分测试检查类的方法。

（1）面向对象的随机测试

为简要说明这种方法，设简单自动柜员机（SATM）的 Account 类包含如下操作：open()、setup()、deposit()、withdraw()、balance()、summarize()、creditLimit()和 close()。其中，每个操作均可应用于 Account 类，但隐含了一些限制（例如，账号必须在其他操作可应用之前打开，在所有操作完成之后关闭）。即使有了这些限制，仍存在很多种操作排列。一个 Account 对象的最小测试序列为：open · setup · deposit · withdraw · close。

然而，大量其他行为可以在如下序列中随机地生成一系列不同的操作序列作为测试用例，以检查不同的类实例的生存历史。

open · setup · deposit · [deposit | withdraw | balance | summarize | creditLimit]^n · withdraw · close

比如，随机产生的测试用例如下。

1）测试用例 TC1：open · setup · deposit · deposit · balance · summarize · witharaw · close

2）测试用例 TC2：open · setup · deposit · withdraw · deposit · balance · creditLimit· withdraw · close

（2）类级的划分测试

划分测试（Partition Testing）与第 2 章中介绍的等价划分方法类似，减少了测试类所需要的测试用例的数量。首先，用不同的划分方法，把输入和输出分类，然后对划分出来的每个类别设计测试用例。划分方法包含以下几种。

1）基于状态划分。根据类操作改变类状态的能力对它们进行分类。在 Account 类中，状态操作包括 deposit()和 withdraw()，而非状态操作包括 balance()、summarize()和 creditLimit()。将改变状态的操作和不改变状态的操作分开，分别进行测试，因此有：

测试用例 TC3：open · setup · deposit · deposit · withdraw · withdraw · close

测试用例 TC4：open · setup · deposit · summarize · creditLimit · withdraw · close

测试用例 TC3 检查改变状态的操作，而测试用例 TC4 检查不改变状态的操作（除了那些最小测试序列中的操作）。

2）基于属性划分。根据它们所使用的属性划分类操作。在 Account 类中，属性 balance 和 creditLimit 可用于定义划分。操作可分为 3 类：使用 creditLimit 的操作、修改 creditLimit 的操作，以及既不使用也不修改 creditLimit 的操作。然后为每个划分设计测试用例。

3）基于类别划分。根据每个操作所完成的一般功能进行划分类操作。在 Account 类中，操作可分为：初始化操作，包括 open()和 setup()；计算操作，包括 deposit()和 withdraw()；查询操作，包括 balance()、summarize()和 creditLimit()；终止操作，包括 close()。

6.2.3 面向对象的集成测试

如前所述的两种单元选择方法都需要进行集成测试。如果采用操作/方法作为单元，则需要进行两级集成：一级是将操作集成到完整类中，另一级是将类与其他类集成。下面讨论更常见的以类为单元的方法，一旦完成单元测试，必须执行以下两个步骤作为集成测试的前置条件。

1）如果使用了被扁平化了的类，则必须恢复最初的类层次结构。

2）如果增加了测试方法，则必须删除。

在本节中，将讨论 o_oCalendar 程序（即【例 2-40】中的 NextDate 问题的面向对象实现）的集成测试。下面给出 o_oCalendar 程序的伪代码，其中标记了消息序号。

```
    class CalendarUnit      //abstract class
    {   currentPos As Integer;
a       setCurrentPos(pCurrentPos)
b       {   currentPos = pCurrentPos;
        }
        abstract protected boolean increment();
    }

    class testIt
    {
        main()
1       {   testdate = instantiate Date(testMonth, testDay, testYear);      msg1
2           testdate.increment();                                          msg2
3           testdate.printDate();                                          msg3
        }
    }

    class Date
    {   private Day d;
        private Month m;
        private Year y;
4       Date(pMonth, pDay, pYear)
5       {   y = instantiate Year(pYear);                                   msg4
6           m = instantiate Month(pMonth, y);                              msg5
7           d = instantiate Day(pDay, m);                                  msg6
```

```
    }    //End Date constructor
    increment()
    {    if(NOT(d.increment()))                                    msg7
         {    if(NOT(m.increment()))                               msg8
              {    y.increment();                                  msg9
                   m.setMonth(1, y);}                              msg10
              else
                   d.setDay(1, m);                            msg11
         }
    }    //End increment
    printDate()
    {    Output(m.getMonth() + "/" + d.getDay() + "/" + y.getYear());    msg12, msg13, msg14
    }    //End printDate
}

class Day isA CalendarUnit
{    private Month m;
    Day(pDay, Month pMonth)
    {    setDay(pDay, Month pMonth);                               msg15
    }    //End Day constructor
    setDay(pDay, Month pMonth)
    {    setCurrentPos(pDay);                                      msg16
         m = pMonth;
    }    //End setDay
    getDay()
    {    return currentPos;
    }    //End getDay
    boolean increment()
    {    currentPos = currentPos + 1;
         if(currentPos <= m.getMonthSize())                        msg17
              return true;
         else return flase;
    }    //End increment
}

class Month isA CalendarUnit
{    private Year y;
     private sizeIndex = <31, 28, 31, 30, 31, 30, 31, 31, 30, 31, 30, 31>;
    Month(pcur, Year pYear)
    {    setMonth(pCurrentPos, Year pYear);                        msg18
    }    //End Month constructor
    setMonth(pcur, Year pYear)
    {    setCurrentPos(pcur);                                      msg19
         y = pYear;
    }    //End setMonth
    getMonth()
```

```
38  {     return currentPos;
    }     //End getMonth
39  getMonthSize()                                        msg20
40  {     if(y.isLeap())
              sizeIndex[1] = 29;
42        else    sizeIndex[1] = 28;
43        return    sizeIndex[currentPos - 1];
    }     //End getMonthSize
44  boolean increment()
45  {     currentPos = currentPos + 1;
46        if(currentPos > 12)
47            return flase;
48        else return true;
    }     //End increment
 }
class Year isA CalendarUnit
{
49  Year(pYear)                                           msg21
50  {     setCurrentPos(pYear);
    }     //End Year constructor
51  getYear()
52  {     return currentPos;
    }     //End getYear
53  boolean increment()
54  {     currentPos = currentPos + 1;
55        return true;
    }     //End increment
56  boolean isLeap()
57  {     if(((currentPos % 4 == 0) AND NOT (currentPos % 400 == 0)) OR
              (currentPos % 400 == 0))
58            return true;
59        else return flase;
60    }     //End isLeap
}
```

其中，类 testIt 用做测试 Date.increment 方法的驱动，实现了对该方法的单元测试。其具体内容为：创建一个测试日期对象，然后请求该对象对其本身增 1，最后打印新值。显然，这里采用的是以方法为单元的策略。

下面考虑集成测试。

1. 基于 UML 的集成测试

在采用统一建模语言（UML）定义的面向对象软件中，协作图和顺序图是集成测试的基础。协作图显示类之间的（部分）信息传输。图 6-5 是 o_oCalendar 应用程序的协作图。协作图非常类似于在前面传统软件集成时使用过的单元调用图。因此，协作图既支持成对集成方法，也支持相邻集成测试。

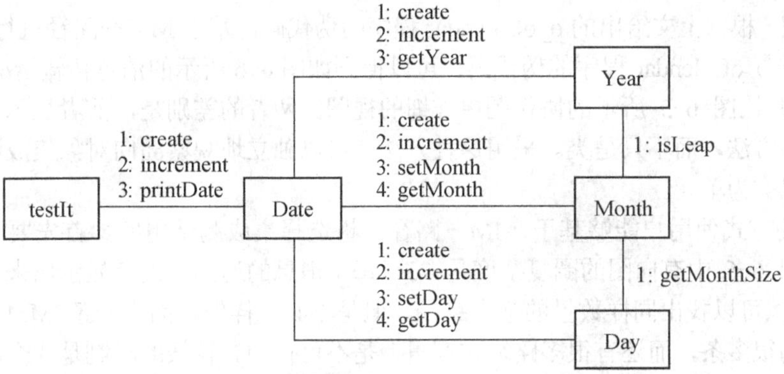

图 6-5　o_oCalendar 应用程序协作图

（1）成对集成

成对集成通过对被集成的类发送或接收消息的独立“相邻”类进行测试。该类向其他类发送/接收消息时，其他类必须表示为桩。根据如图 6-5 所示的协作图，可以得到以下要集成的类对。

- testIt 和 Date，为 Year、Month 和 Day 建立桩。
- Date 和 Year，为 tesdt、Month 和 Day 建立桩。
- Date 和 Month，为 tesilt、Year 和 Day 建立桩。
- Date 和 Day，为 testlt、Month 和 Year 建立桩。
- Year 和 Month，为 Date 和 Day 建立桩。
- Month 和 Day，为 Date 和 Year 建立桩。

以协作图为基础进行面向对象集成测试的缺点是：在类级，UML 所选的行为模型是很难合并的“状态图”，较难在较高层次上观察行为。

（2）相邻集成

对于相邻集成，使用图 6-5，Date 的邻居是整个图，而 testIt 的邻居只是 Date。类的相邻集成肯定会降低桩工作量，但是要付出降低诊断精度的代价。如果测试用例失败，则必须在更多的类中寻找缺陷。

2. 基于 MM—路径的集成测试

在传统软件的 MM—路径中，用“消息”表示单元（模块）之间的调用，采用模块执行路径取代完整的模块。这里使用同样的缩写表示由消息分开的各种方法的执行序列，即方法—消息（Message Method）路径。MM—路径从某个方法开始，当到达某个自己不发送任何消息的方法时结束，这就是消息静止点。

面向对象的 MM—路径定义为：面向对象软件中的 MM—路径是由消息连接起来的方法执行序列。

原子系统功能（ASF）可以描述面向对象软件的事件驱动性质。其定义为：一种 MM—路径，从输入端口事件开始，到输出端口事件结束。

ASF 常常从端口输入事件开始，到端口输出事件结束，因此 ASF 构成传统模型所说的激励/响应路径。这种系统级输入会触发 MM—路径的方法—消息序列，这个序列有可能触发其他 MM—路径，直到最终 MM—路径序列以某个端口输出事件结束。当所选序列结束时，系统就是事件静止的，等待启动另一个 ASF 的另一个端口输入事件。

【例 6-2】 根据上文给出的 o_oCalendar 程序的伪代码，基于 MM—路径进行集成测试。

解：根据 o_oCalendar 程序的伪代码，可以得到如图 6-6 所示的消息传输情况。

图 6-6 是比图 6-5 所示的协作图更详细的视图。两者的差别是，前者显示了每个方法的源方法和目的方法，而不只是类。采用这种方法，可以独立地观察面向对象集成测试，判断是以方法还是以类为单元。

有向图的方式使用户能够基于 MM—路径分析选择集成测试用例。首先要明确需要多少测试用例。图 6-6 中有向图的圈复杂度是 23（每个消息的返回边没有显示出来，但是必须计算在内）。虽然可以找出同样数量的基本路径，但是不必这样做，因为一条 MM—路径会覆盖这些路径中的很多条，而还有很多路径在逻辑上是不可行的。较低的限制是 3 个测试用例：从 testIt 伪代码中 1、2 和 3 语句开始的 MM—路径。下面给出 testIt 伪代码中以语句 1 开始的两个测试用例。

1）采用 2014 年 1 月 15 日实例化 Date 的 MM—路径。这里直接使用伪代码中的语句和消息编号。

```
testIt<1>
    msg1
Date:testdate<4, 5>
    msg4
Year:y<49, 50>
    msg21
Year:y setCurrentPos<a, b>
    (return to Year.y)
    (return to Date:testdate)
Date:testdate<6>
    msg5
Month:m<32, 33>
    msg18
Month:m.setMonth<34, 35>
    msg19
Month:m.setCurrentPos<a, b>
    (return to Month:m.setMOnth)
    (return to Month:m)
    (return to Date:testdate)
Date:testdate<7>
    msg6
Day:d<19, 20>
    msg15
Day:d setDay<21, 22>
    msg16
Day:d.setCurrentPos<a, b>
    {return to Day:d.setDay}
Day:d.setDay<23>
    {return to Day:d}
    {return to Date:testdate}
```

以上测试用例可能是不充分的，因为如果选择的 2014 年 1 月 15 日是相对“简单”的日期，不会出现涉及 isLeap 和 setMonth 等消息。

2）用 2014 年 4 月 30 日实例化的 MM-路径，该路径要对闰年进行判断。

```
testIt<2>
    msg2
Date:testdate increment<8, 9>
    msg7
Day:d.increment<26, 27, 28>        //Day.d.currentPos = 31
    msg17
Month:m.getMonthSize<39, 40>
    msg20
Year:y.isLeap<56, 57, 59, 60>      //非闰年
     (return to Month:m.getMonthSize)
Month:m.getMonthSize<42, 43>       //return month size = 30
     (return to Day:d.increment)
Day:d.increment<30, 31>            //return false
     (return to Date:testdate.increment)
Date:testdate.increment<10>
    msg8
Month:m.increment<44, 45, 46, 48> //return true
     (return to Date:testdate.increment)
Date:testdate.increment<13, 14>
    msg11
Day:d.setDay<21, 22>               //现在 day 为 1，month 为 5
    msg16
Day:d.setCurrentPos<a, b>
     (return to Day:d.setDay)
Day:d.setDay<23>
     (return to Day:d)
     (return to Date:testdate)
     (return to Date:testdate.increment)
Date:testdate.increment<15, 16>
     (return to testIt)
```

一般而言，依据 MM—路径设计集成测试用例时需要覆盖所有消息的一组 MM—路径。在这一点上，从面向对象集成测试的结构视图中能够得到功能视图中不能得到的知识。通过寻找 MM—路径，可以保证图 6-6 中的所有消息（边）都被遍历。

3. 面向对象数据流集成测试框架

对于面向对象软件的集成测试，MM—路径常常不充分，在这种情况下，需要采用数据流测试方法。利用 DFG 图可以描述过程性代码，并构成数据流测试的基础。但面向对象软件的复杂性超出了程序图的表达能力，这里介绍一种可以描述和分析面向对象软件的数据流测试问题的框架。

（1）事件驱动和消息驱动的 Petri 网

通过对事件驱动的 Petri 网进行扩展，可以实现对象之间消息通信的描述。图 6-7 给出了

事件驱动和消息驱动 Petri 网（EMDPN）中使用的表示符号。

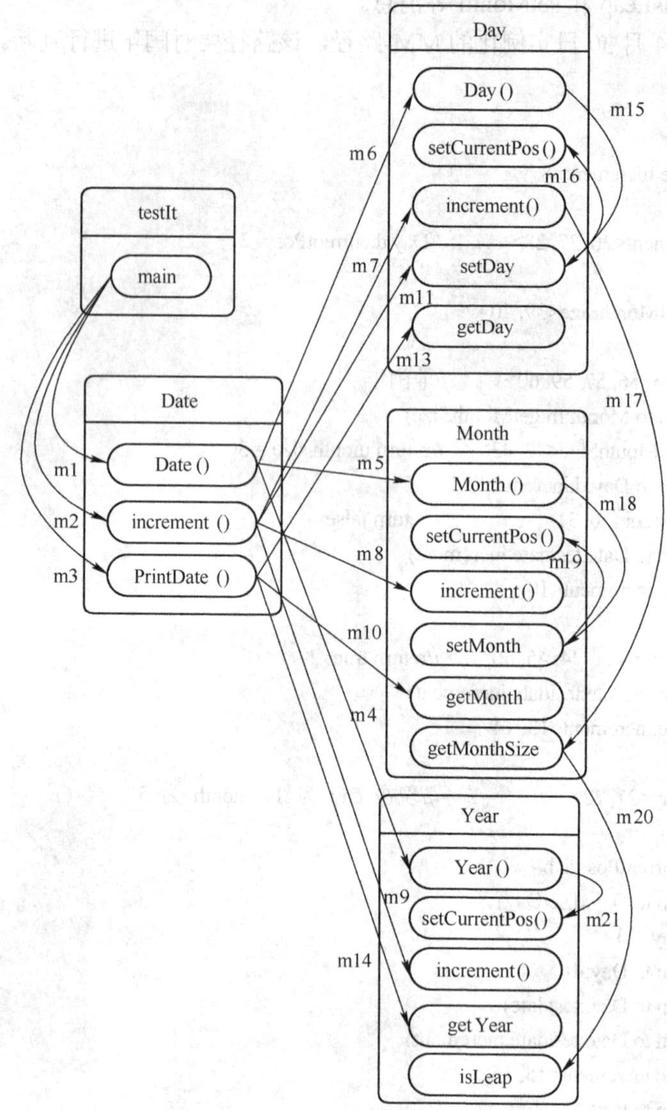

图 6-6　o_oCalendar 中的消息

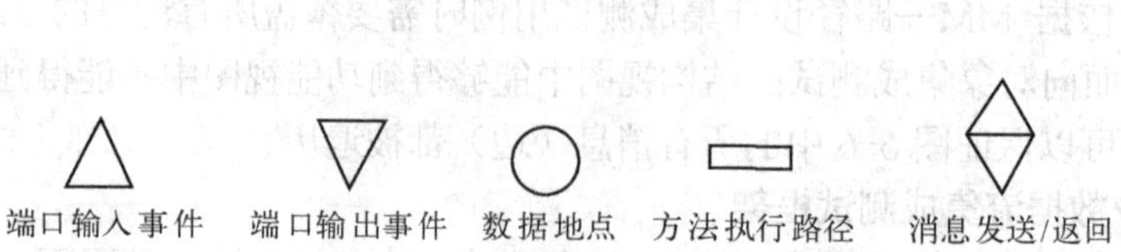

图 6-7　EMDPN 的符号

事件驱动和消息驱动的 Petri 网（EMDPN）定义为：EMDPN 是一种由 6 部分组成的有向图（P, D, M, S, In, Out），包括 4 组节点 P、D、M 和 S，以及两个映射 In 和 Out。其中：

- P 是端口事件集合。
- D 是数据地点集合。

- M 是消息地点集合。
- S 是转移集合。
- In 是(P∪D∪M)×S 的有序对偶集合。
- Out 是 S×(P∪D∪M)的有序对偶集合。

这里的 EMDPN 符号保留了端口输入和输出事件，因为这些事件肯定会出现在事件驱动的面向对象应用程序中。显然，仍然需要数据地点，把 Petri 网转移解释为方法执行路径。新符号用来表示对象间消息的本质。

- 发送消息对象中的方法执行路径的一个输出。
- 接收消息对象中的方法执行路径的一个输入。
- 接收消息对象中的方法执行路径的一个输出。
- 发送消息对象中的方法执行路径的一个输入。

图 6-8 给出的是消息可以在 EMDPN 中出现的唯一方式。

EMDPN 提供了面向对象软件数据流分析的框架。过程性代码的数据流分析以定义和使用节点为中心。在 EMDPN 框架中，由数据地点表示数据，在方法执行路径中表示值的定义和使用。数据地点可以是到方法执行路径的输入或输出，因此现在可以使用与过程性代码非常类似的方式表示 DU-Path。

（2）使用 EMDPN 表示由继承导出的数据流

在定义了数据项值的继承树中，数据地点序列替代从定义了值的数据地点开始到树“尾”结束的链。方法执行路径在链中表示面向对象语言的继承机制。因此，这种框架支持多种形式的链承，包括单一继承、多重继承和有选择的继承。描述继承的 EMDPN 仅由数据和方法执行路径组成，如图 6-9 所示。

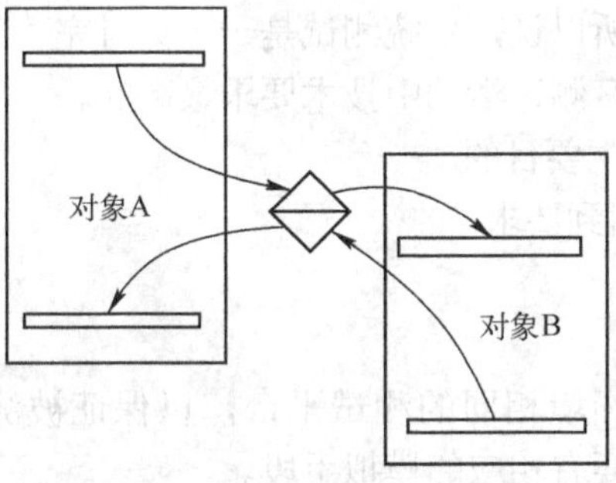

图 6-8　对象之间的消息连接

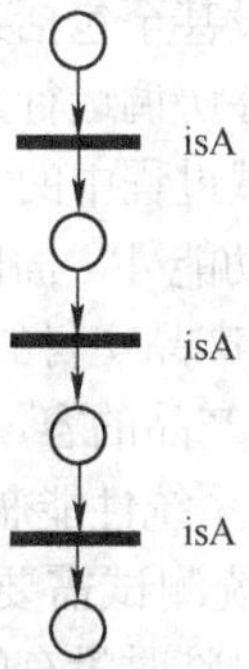

图 6-9　有继承的数据流

（3）使用 EMDPN 表示由消息导出的数据流

图 6-10 中的 EMDPN 给出了 3 个对象之间的消息通信。作为 DU-Path 的一个例子，假设 mep3 节点中所“定义”的数据项最终在节点 mep2 中“使用”，这些数据项由 mep5 转发，并在 mep6 中修改。可以标识两条定义使用路径。

DU1 = <mep3, msg2, mep5, d6, mep6, return(msg2), mep4, return(msg1), mep2>

DU2 = <mep6, return(msg2), mep4, return(msg1), mep2>

在这个例子中，DU2 是 Def-Clear 的，而 DU1 不是。

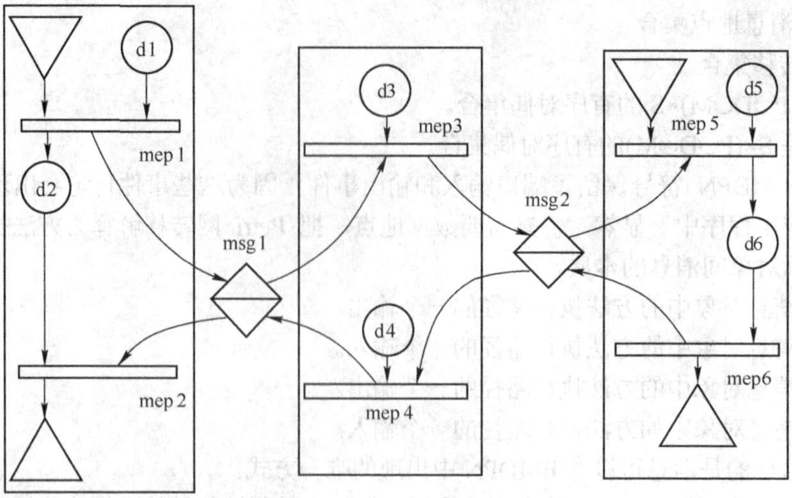

图 6-10 通过消息通信的数据流

6.2.4 面向对象的系统测试

系统测试独立于系统实现。系统测试人员不需要真正知道实现采用的是过程代码还是面向对象的代码。系统测试的基本要素是系统的输入和输出。在系统测试中，面向对象软件继承了传统软件系统测试的很多思想，两者的区别在于系统是通过统一建模语言(UML）定义和细化的。这样，重点是通过 UML 模型找出系统级线索以设计测试用例。

1. 面向对象系统测试的目的

系统测试是一个对完整产品的测试，它所包括的范围不仅仅是软件，还包括软件所依赖的硬件、外设甚至包括某些数据、某些支持软件及其接口等，从而确保系统中的软件与各种依赖的资源能够协调运行，形成一个完整产品。所以说，系统测试是一个针对完整产品的测试。它是软件测试过程中的一个重要阶段，也是所有测试活动中技术要求最高的。

除验证功能外，面向对象系统测试有 3 个主要目的。

1）验证产品交付的组件和系统性能能否达到要求。

2）定位产品的容量及边界限制。

3）定位系统性能瓶颈。

由于系统测试需要搭建与用户实际使用环境相同的测试平台，以保证被测系统的完整性，所以，对临时没有的系统设备部件，也需要有相应的模拟手段。

2. 面向对象系统测试的范围

从目的、范围和方法上来说，面向对象的系统测试与传统的系统测试基本上相同，都需要进行以下类型的测试。

1）用户支持测试。用户手册、使用帮助、支持客户的其他产品技术手册是否正确、是否易于理解，以及是否人性化。

2）用户界面测试。在确保用户界面能够通过测试对象控件或入口得到相应访问的情况下，测试用户界面的风格是否满足用户要求。

3）可维护性测试。测试系统软硬件实施和维护功能的方便性，降低维护功能对系统正常运行带来的影响，例如对支持远程维护系统的功能或工具的测试。

4）安全性测试。主要包括数据的安全性和操作的安全性。具体见 6.3 节。

5）系统性能测试。包含并发性能测试、负载测试、压力测试、强度测试和破坏性测试等。并发性能测试是评估系统交易或业务在渐增式并发情况下的处理瓶颈，以及能够接收业务的性能过程；强度测试是在资源情况低的情况下，找出因资源不足或资源争用而导致的错误；破坏性测试重点关注超出系统正常负荷多倍情况下，错误出现状态和出现比率，以及错误的恢复能力。

6）系统可靠性、稳定性测试。在一定负荷的长期使用环境下，测试系统的可靠性和稳定性。

7）系统兼容性测试。即系统中软件与各种硬件设备的兼容性、与操作系统的兼容性，以及与支撑软件的兼容性。

8）系统组网测试。组网环境下，系统软件对接入设备的支持情况，包括功能实现及群集性能。

9）系统安装升级测试。安装测试的目的是确保该软件在正常和异常的各种情况下进行安装时都能按预期目标来处理。

10）单个子系统的性能。应用层关注的是整个系统各种软、硬件和接口配合情况下的整体性能，这里关注单个系统。

11）子系统间的接口瓶颈。例如，子系统间通信请求包的并发瓶颈。

12）子系统间的相互影响。子系统的工作状态变化对其他子系统的影响。

13）协议一致性测试。

14）协议互通测试。

与传统系统测试不同的是，面向对象的系统测试还需要验证 OOA 分析的结果，对软件的架构设计部分进行验证，确保软件可以顺利地实现用户需求。

6.3 安全性测试

安全性测试用来检测软件对非法侵入的防范能力。例如，对于用户使用权限进行管理和控制，监控非法进入、篡改、窃取和破坏等行为等。安全性测试的目的是发现软件中是否存在安全漏洞。

在安全性测试中，一方面需要测试特性和功能，以确保特定的用户可以访问特定的内容；另一方面，每个应用需要确保未授权的访问是被禁止的。测试人员需要扮演试图攻击系统的角色，采用各种方法来突破系统的安全防线。例如，通过外部手段获取密码、使用专门的客户端软件瓦解系统的保护机制、申请或占用过多的资源来搞垮系统、有目的地引发系统错误并试图在其恢复过程中入侵系统，以及通过浏览非保密数据找到进入系统的密钥等。

在第 1 章中已经指出，软件测试不能发现所有的软件缺陷。因此入侵者只要有足够的时间和资源就无法避免系统被入侵。安全测试的意义在于确保攻破系统所付出的代价要大于攻破系统之后获取信息的价值。

6.3.1 安全性测试的基本概念

1. 安全性的内涵

根据 ISO9126 的定义，安全性（Security）是指保护信息系统的硬件、软件及系统中存储的信息免受偷窃或损坏，同时也不会由于其提供的服务而导致破坏和误导。安全性包括对使用硬件设施的物理控制，对来自网络获取、数据和代码注入危害的防护，以及对操作者因为有意无意的疏忽或被欺骗而导致偏离安全规程的行为的防护。

本章侧重讨论信息的安全性，旨在排除系统可能存在的弱点、漏洞和脆弱性。

2. 系统安全性的内涵

一个具有良好的安全性的系统必须具备多个层面的安全，包括以下几个。

1）物理层的安全。

2）网络层的安全。

3）操作系统层的安全。

4）应用程序层的安全。

5）第三方软件产品的安全。

本节讨论的是应用程序层的安全，主要的安全问题是由软件漏洞导致的。

3. 威胁模式分析

威胁模式分析用于评估软件系统的安全问题，最早见诸于 Microsoft 出版的《编写安全代码》一书。威胁模式分析是静态白盒测试中正式审查的一个变形的方式，目的是由评审小组查找产品特性设置方面可能会引起安全漏洞的地方。

威胁模型分析过程的步骤包括以下几个。

1）构建威胁模型分析小组。小组中应至少包含一名有软件安全背景的专家。

2）确认价值，即确定系统的数据对入侵者有多大价值。

3）创建一个体系结构总体图，确认计划用在软件中的技术模块及其互联方式。

4）分解应用程序，确定数据的位置及如何通信。

5）确认并记录威胁。每一个部分都应考虑为威胁目标，并假设其会遭受攻击。每个威胁都应该用文档记录，并进行跟踪以确保其得到解决。

6）威胁等级评定，可以采用下面的办法：对以下各项，用 1 表示低，2 表示中等，3 表示高，然后将各项的得分相加，其结果作为威胁的等级。

- 潜在的损害（损害有多大）。
- 可反复性（不间断地利用漏洞的难度有多大）。
- 可利用性（数据访问的难度有多大）。
- 受影响的用户（有多少用户受影响）。
- 可发现性（发现漏洞的可能性）。

6.3.2 软件安全性测试的基本过程

安全性测试在常规测试的基础上进行，测试用例遵循宁可重复也不遗漏的原则。划分测试空间时，要遵守高覆盖率的原则。

软件安全性测试可分为正向测试和反向测试两种主要类型。在大部分安全测试中，都是根据缺陷空间反向设计测试用例，即事先知道有哪些地方可能存在安全隐患，然后针对这些隐患测试，其缺点是对于未知的攻击手段和方法就无能为力了。

1. 正向测试过程

（1）标识测试空间

对测试空间的标识主要是标识出所有的可变数据，由于安全性测试的费用很高，因此重点是对外部输入层进行标识。

需求分析、概要设计、详细设计和编码这几个阶段中都要对测试空间进行标识。在详细设计阶段，要把所有系统调用都标识出来，审查是否存在可能被利用的系统调用，特别是具有改变权限特征的系统调用应详查。

（2）精确定义设计空间

设计空间的定义主要来自需求。因此需要根据需求定义设计空间，重点审查需求中对设计空间有没有明确的定义，涉及的数据是否都标识出合法取值范围。该步骤中，最重要的是精确。

定义设计空间时，还要分析有组合关系的可变数据，标识出哪些是合法的，哪些是非法的。

（3）定义设计空间的转换规则

定义设计空间时，重点是定义测试空间到设计空间的转换规则。测试中应检查转换规则是否能够拒绝非法输入，以发现转换规则是否存在隐患，是否有异常数据经过转换后进入了设计空间。

（4）标识安全隐患

根据找出的测试空间、设计空间，以及它们之间的转换规则，可以标识出哪些测试空间可能存在安全隐患，哪些转换规则可能存在安全隐患。一般说来，测试空间划分越复杂，或可变数据组合关系越多，则越不安全；转换规则越复杂，则越不安全。要特别注意寻找难度大的可变数据，特别是需求中不是显性的可变数据。

在标识出安全隐患后，对其危险程度进行评估，按照危险程度进行排序。

（5）设计测试用例

根据标识出的安全隐患设计测试用例。在软件开发进入测试阶段后，根据测试用例进行安全性测试。

2. 反向测试过程

（1）建立缺陷威胁模型

建立缺陷威胁模型主要从已知安全漏洞入手，检查软件是否存在已知漏洞。先确定软件牵涉的领域，然后根据各领域已有的攻击手段来建模。具体见 6.3.1 节中的内容。

（2）标识安全隐患

分析威胁模型中哪些缺陷软件可能发生，将这些缺陷标识为安全隐患，对其危险程度进行评估，按照危险程度进行排序。

（3）已知漏洞扫描

如果某个领域中有成熟的扫描工具，则可以直接使用工具进行扫描，然后将发现的可疑问题纳入入侵点矩阵进行管理。

（4）设计测试用例

根据标识出的安全隐患设计测试用例。在软件开发进入测试阶段后，根据测试用例进行安全性测试。

6.3.3 缓存区溢出缺陷相关的静态检查

由于字符串的不正确处理引起的缓存区溢出是迄今为止最为常见的一种代码编写错误，其结果是导致软件中存在安全漏洞。在软件的静态白盒测试阶段，应专门对缓存区溢出缺陷进行详细的静态检查。

1. 缓存区溢出的原理

（1）程序如何运行

在执行程序时，操作系统创建一个新的进程及其上下文（Contex），包括 PC、寄存器组的当前值，以及主存内容，然后将控制权传递给这个新建的进程。

处理器对存储在 RAM 中的值进行操作，告知 CPU 如何操作的机器码指令也存储在 RAM 中。CPU 从 RAM 中取出一条指令，执行后继续从 RAM 中取出并执行下一条指令，直到程序执行完成。CPU 中有少量的快速临时存储位置，称为“寄存器”。CPU 从 RAM 中取得指令及相关的值，将其存储在寄存器中，在这些寄存器中操作，并将结果存储到内存中。

在 X86 体系架构中，用户寄存器有以下几类。

1）eax、ebx、ecx 及 edx 寄存器作为通用寄存器，可以用来进行临时存储。

2）esi 和 edi 可以用来存储，但对操作字符串类的函数有其他意义

3）ebp 通常用来容纳当前栈帧（Stack Frame）的内存地址，esp 保存栈顶地址。

4）eip 保存当前执行指令的内存地址。

（2）利用栈实现过程调用

C 语言中，过程调用包括将数据和控制从代码的一部分传递到另一部分，还必须在进入时为过程的局部变量分配空间，并在退出时释放。栈是内存中的一个特殊区域，CPU 用栈来保存状态并实现子程序（函数、过程），其存储的内容先入后出。

当 CPU 执行调用一个函数时，下一个 eip 值（最近应执行的那条指令的内存地址）被压入栈内，当该函数执行完后，这个地址弹出，CPU 就执行位于该内存地址的指令。被调用的函数的参数在跳转到该函数的第 1 条指令之前，被压入栈中。

由于在函数执行中 esp 寄存器会发生变化，因此将它的值复制到 ebp 中，而 ebp 中的前一个值压入栈中。这样，当函数返回时，可以恢复该 ebp 值。该函数所使用的任何临时变量都存储在栈中。在函数内部，ebp 值称为帧指针，用来引用该函数的参数（相对该函数的正偏移量）和栈变量（相对该函数的负偏移量）。

假定过程 P 调用过程 Q，Q 的参数放在 P 的栈帧里，当 P 调用 Q 时，P 的返回地址压入栈，形成 P 栈帧的末尾（从 Q 返回时应继续执行的地方）。Q 的栈帧从保存的帧指针开始，后边是其他寄存器的值及其他局部变量。

（3）缓存区溢出是如何发生的

由于 C 语言没有安全的本地字符串类型，也没有安全的字符串处理函数，因此处理不当，在复制字符串时将导致超过缓存区结尾部分的内存被覆盖，这种情况称为缓存区溢出，可能引起严重的安全问题。

下面以库函数 gets()为例演示缓存区溢出的过程。

【例 6-3】 分析使用 C 语言库函数 gets()的 echo()函数中的缓存区溢出隐患。

```
char * gets(char * s){
        int c;
        char* dest =s;
        while((c=getchar()) != '\n' && c != EOF)
                *dest++ = c;
        *dest++ = '\0';
```

```
        if(c==EOF) return NULL;
        return s;
    }
    void  echo() {
        char buf[4];
        gets(buf);  // 从标准输入读入一行字符
        puts(buf);  // 回送到标准输出显示本行字符
    }
```

解： 根据上文介绍的缓存区溢出的原理，在运行时栈的内存分配情况如图 6-11 所示。

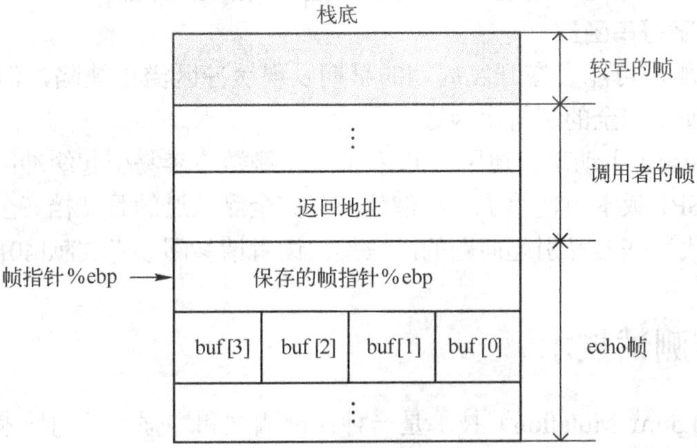

图 6-11　栈的内存分配情况

gets( )函数的问题是没有办法确定是否为保存整个输入的字符串分配了足够的空间。从图 6-11 中可见，在本例中，由标准输入（如键盘输入）而来的任何长度超过 4 个字符的字符串都会导致写越界。任何对 buf[4]～buf[7]的写都会导致保存的帧指针%ebp 的破坏；任何对 buf[8]～buf[11]的写都会导致返回地址的破坏。

通过对栈中 buf 数组的缓存区产生溢出，就可以用恶意的输入来覆盖返回地址。此时，可以通过构造输入字符串（包含可执行代码的字节编码，也称漏洞入侵代码），向程序发送恶意代码，通过控制函数的返回地址使得恶意代码得以执行。

2. 整数溢出的原理

为预防缓冲区溢出，通常需要检查用户输入的变量的长度。但这部分代码如果编写时不注意，则会产生整数溢出缺陷。

C 语言中对同时包含有符号和无符号整数的表达式的处理方式是：如果一个运算数是有符号的，而另一个是无符号的，则隐含地将有符号运算数强制类型转换为无符号数，并假设两个数都是非负的来执行表达式的运算。

在 C 语言中存在大量以无符号数为参数的函数。在试图检查输入字符串的大小，以防止缓冲区溢出时，恰恰容易发生整数溢出的问题。

【例 6-4】 分析下列代码中的整数溢出隐患。假定用户可以操纵 len 变量。

```
int copy_sth(char *buf, int len){
        char kbuf[800];
```

```
        if(len > sizeof(kbuf))
                return -1;
        return memcpy(kbuf,buf,len);
    }
```

库函数 memcpy 函数接受一个 unsigned 整型数作为长度参数（函数的第 3 个参数）。在调用 memcpy 函数前，使用了有符号整数进行边界的检测。假定用户可以操纵 len 变量，就可以给 len 传输一个负值，则 if(len > sizeof(kbuf))肯定能够通过，但是在调用 memcpy(kbuf, buf, len)时，该 len 变量由于是负数，在隐式转换为无符号整型数时将被解释为一个很大的数值，这将导致超越缓冲区 kbuf 的结尾而覆盖内存，从而发生整数溢出缺陷。

3. 使用安全的字符串函数

虽然静态白盒测试可能会在开发周期的早期发现缓冲区溢出缺陷，但是最好的方法还是在源头上防止，即使用安全的字符串函数。

2002 年，Microsoft 主动确认通用的 C 和 C++函数中容易引起缓冲区溢出的编码错误。并在 Windows XP SP1 版本中使用了一组健壮的、完全测试过的且文档齐全的新函数集（安全字符串函数）来替代这些容易引起问题的函数集。读者请参阅参考文献[40]，此处不再赘述。

6.4 程序变异测试技术

程序变异（Program Mutation）技术是一种评价测试和增强测试的技术。从实际工作中研究者们发现，即使测试用例集满足了某些测试充分性准则，如 MCDC 覆盖准则，但针对程序变异提供的大多数准则而言仍是不充分的。实验结果证明，从变异测试能发现的错误的数量来看，它比其他的测试标准更强。

在下文中，将“程序变异”简称为“变异”。

当测试人员采用变异技术来评价测试用例集的充分性或增强测试用例集时，称基于该活动的测试为变异测试。在一些文献中，使用变异技术对测试充分性进行评价也称为变异分析。

由于需要全部或部分源码，因此一般都将变异归于白盒测试技术。但是变异同样也可作为黑盒测试技术，在这种情况下，不一定需要访问被测软件的源代码。例如在 Web 应用软件中，对客户端与服务器端之间交互的消息进行变异（对规范或协议的变异）。这部分的内容本书不涉及。

变异可用于单元测试的评价和增强，如 C 函数和 Java 类，它也可用于构件集成测试的评价和增强。

6.4.1 程序变异测试的基本概念

1. 变异和变体

变异（Mutation）是一种变更程序的行为。用 P 表示被测的原始程序，M 表示轻微变更 P 后得到的程序，那么 M 称为 P 的变体（Mutant），P 是 M 的父体（Parent）。假设 P 的语法正确，能顺利通过编译，则 M 也必定是语法正确的。M 表现出的行为可能与 P 相同。为了达到测试评价的目的，这里进行的变异只是轻微变更而不是大的修改。

【例 6-5】 考虑下面的简单程序，产生该程序的两个简单变体。

```
public void mutation(int x, int y){
    if(x<y)
        System.out.println(x+y);
    else
        System.out.println(x*y);
}
```

解：可以产生该程序的两个简单变体，如下面两段代码所示。

```
public void mutation1(int x, int y){
    if(x<=y)  //被变异的语句
        System.out.println(x+y);
    else
        System.out.println(x*y);
}
public void mutation2(int x, int y){
    if(x<y)
        System.out.println(x+y);
    else
        System.out.println(x/y);  //被变异的语句
}
```

2. 一阶变体与高阶变体

在进行测试时，仅由 1 次变更所产生的变体称为一阶变体。相应地，2 阶变体是进行了 2 次简单的变更，3 阶变体是进行了 3 次简单的变更，依此类推。一般测试实践中使用的是一阶变体。

【例 6-6】 对【例 6-5】中给出的程序，产生一个 2 阶变体。

解：产生 2 阶变体的方法很多，下面仅列出一个例子。

```
public void mutation2(int x, int y){
    if(x<y+1)  //被变异的语句
        System.out.println(x+y);
    else
        System.out.println(x/y);  //被变异的语句
}
```

3. 强变异与弱变异

当变体与其父体行为有别时，称变体区别于其父体。那么应该在程序运行中的哪些点观察程序的行为呢？回答这个问题需要考虑两类观察：内部观察和外部观察。

假设在程序结束后立即对其行为进行观察，这时观察的是程序返回值及相关影响，例如全局变量值和数据文件的变化等。这里称这种观察模式为外部观察。

内部观察是指当程序或其变体各自执行时，对其各自状态的观察。内部观察可用多种方式进行，例如使用调试器。测试人员可在任何状态发生变化时进行观察，也可在程序中的特定点来进行观察。

强变异测试使用外部观察模式。因此，当变体及其父体都运行结束时，在此处比较它们各自的输出。

弱变异测试使用内部观察模式。可能出现这样的情况，变体的行为与其父体在强变异测试下是相同的，但在弱变异测试下却不同。

6.4.2 程序变异测试技术的基本思想

1. 变异测试的基本假设

程序变异测试基于两个基本假设：称职程序员假设（Competent Programmer Hypothesis）和耦合效应假设（Coupling Effect Hypothesis）。这两个假设来源于对软件开发工作中的观察。

（1）称职程序员假设

这一假设说的是这样一个现象：在给定问题描述的情况下，程序员能够写出一个接近于正确的程序 P。直观地看，为满足一系列需求而编写的程序是正确程序的一些变体。尽管程序的第一版本并不正确，但经过一系列简单变异后，就可能变为正确程序。

称职程序员假设认为程序员知道解决手上问题的算法，即使不知道，他也能在编写程序之前获得。这样，当要求写一个程序时，程序员知道并会使用至少一种算法。在对算法进行编码时也可能会出现错误，但经过一次或多次一阶变异就可以改掉程序中的错误。

（2）耦合效应假设

这一假设认为，简单的错误和复杂的错误是耦合的，通过简单的错误就能将正确的程序同其他所有程序区分开来的测试数据是敏感的，也可用来区分更复杂的错误。

一个看似简单的一阶变体既可能等价于父体，也可能不等价。对于某些输入来说，一个非等价变体会引起被测程序状态空间的扰动，正是在对变体行为与父体行为的分析中，可以发现复杂的错误。大量试验表明：一个针对一阶变体充分的测试集，针对二阶变体也很可能是充分的。

2. 变异测试的思路

基于称职程序员假设和耦合效应假设，若有程序 P 和以某种方式产生的测试集 T，变异测试首先构造出被测程序的一系列变体，然后每个变体都执行 T 中的每一个测试用例，在以下两种情况发生时停止。

1）T 中的某个测试用例发现 P 和它的某个变体的运行结果不一致。

2）T 中所有测试用例执行完毕。

在第一种情况下，说明变体“死亡”，因为它没有更多作用；而在第二种情况下，说明变体“存活”。导致变体存活可能有下列几个原因。

（1）测试数据不充分

如果有一大部分变体存活，则基于这批测试数据，不能认为 P 比某个存活的变体更正确。在这个意义下，变异测试揭示了测试数据的不足。例如，测试数据没有执行发生变异部分的代码行。

（2）变体与源程序等价

在这种情况下，显然任何时候变体和源程序都有同样的输出。因此没有测试数据能区别二者。通常，只有很少一部分变体可能与源程序等价。

可以定义变异充分性分值如下。

$$S = \frac{D}{M - E} \tag{6-1}$$

式（6-1）中，S 代表变异充分性分值，D 代表死亡的变体数目，M 代表变体的总数，E 是等价的变体数目。

判定一个变体是否与父体等价是一个不可判定的问题，等价于计算复杂性理论中的停机问题。因此在实际工作中，只能通过具体问题具体分析而确定。目前对这一领域也有一些算法用于自动判断，限于篇幅本书不做介绍。

假设经测试，发现目前的测试用例集对于某个程序是非充分的（根据 S 的值判断），则需要重新构造测试用例，然后再进行测试。通过这种方式，不断构造出更为有效的测试用例，达到对程序彻底测试的目的。最理想的情况是 S 的值为 1，即程序可以检测出所有非等价变异体。

6.4.3 用程序变异测试技术进行测试充分性评价的步骤

以下均假设 P 是将要测试的程序，T 是 P 的测试集，R 是 P 必须满足的需求。

1. 执行程序

评价测试集 T 针对 (P, R) 充分性过程的第一步就是用 T 中的每一个试用例 t 执行 P。以 P(t) 表示 P 执行 t 时被观察到的行为。

此时，假设对于所有的 $t \in T$，P(t)均满足其需求 R。若发现 P(t)是错误的（即不满足 R），则必须修改程序 P，然后重新执行本步。必须指出的是，当发现 P 针对测试集 T 是完全正确的之后，采用变异技术评价测试充分性的过程才真正开始。

【例 6-7】 对下列程序，分析采用测试用例集 T 的测试结果。

$T=\{t_1,t_2,t_3,t_4\}$，其中 $t_1=(2,1)$；$t_2=(2,0)$；$t_3=(-2,0)$；$t_4=(-2,1)$。

```
public static int power(int left, int right)
{
    //***************************************
    // 计算 left 的 right 次幂
    // 前置条件: Right >= 0
    // 后置条件: 返回 left^right
    //***************************************
    int rslt = 0;
    rslt = left;
    if(right == 0)    {
        rslt = 1;
    }
    else{
        for(int i = 2; i <= right; i++)
            rslt = rslt * left;
    }
    return (rslt);
}
```

解： 程序针对 T 的测试结果如表 6-1 所示。显然，P 针对测试集 T 是完全正确的。

表 6-1　程序测试结果

测试用例	预期输出	实际输出
t_1	2	2
t_2	1	1
t_3	1	1
t_4	–2	–2

2. 产生变体

一般而言，可以采用下面的原则产生变体。

（1）绝对值插入（ABS）

每一个数学表达式被下面的这些函数修改：abs()、negAbs()和 failOnZero()。abs()返回的是表达式的绝对值，negAbs()返回的是绝对值的负值。failOnZero()检测表达式的值是否是 0。如果是，那么变体就被杀死，否则程序继续执行并且表达式的值被返回。

（2）数学运算符替换（AOR）

每一个数学运算符+、–、*、/、和%若出现在表达式中，则被其他每一个操作符替换。除此之外，操作数被替换成左操作数（即右操作数被忽略）和右操作数（即忽略左操作）。例如，语句 x=a+b 可以产生如下变体。

x=a-b；x=a*b；x=a/b；x=a；x=b；x=a%b。

（3）关系操作符替换（ROR）

每一个关系操作符（<、<=、>、>=、==，!=）的出现被其他每一个操作符，以及 falseOp 和 trueOp 替换。falseOp 总是返回 false，trueOp 总是返回 true。

（4）条件操作符替换（COR）

每一个逻辑操作符，包括&&、||、& 和| 的出现被其他每一个操作符替换。除此之外，每一个操作符都被 falseOp、trueOp、leftOp 和 rightOp 替换。leftOp 返回的是左操作数（右操作数被忽略），rightOp 返回的是右操作数（左操作数被忽略）。

（5）移位替换（SOR）

移位操作符（<<、>>）的每一个出现被其他每一个操作符替换，除此之外，每一个特殊操作符都被 leftOp 替换。

（6）位逻辑操作符替换（LOR）

每一个位逻辑操作符&、| 和^（按位异或）的出现被其他每一操作符替换。除此之外，每一个操作符都被 leftOp 和 rightOp 替换。

（7）赋值操作符替换（ASR）

每一个赋值操作符（+=、-=、*=、/=、%=、&=，|=、^=、<<=、>>=）的出现被其他每一个操作符替换。

（8）一元操作符插入（UOI）

每一个一元操作符（算术操作符+和–、条件操作符!、逻辑操作符~（按位取反））在每一个正确类型的表达式前被插入。

（9）一元操作符删除（UOD）

每一个一元操作符被删除。

（10）标量变量替换（SVR）

每个变量的引用都被每个其他在相同作用域范围内的合适类型的变量所替换。

例如，语句 x=a*b 变异后产生了下面 6 个语句。

x=a*a；a=a*b；x=x+b；x=a*x；x=b*b；b=a*b。

（11）Bomb 语句替换（BSR）

每个语句都被一个特殊的 Bomb( )函数替换。只要 Bomb( )函数被执行就产生一个失败的信号。

例如，语句 x=a*b 变异后产生下面的语句。

```
Bomb( );
```

【例 6-8】 对【例 6-7】中给出的程序产生变体。

解：按照上述的变体产生原则，可以产生如表 6-2 所示的共 12 个变体。

表 6-2 程序产生的变体

源程序行号	原 始 语 句	变体标识符	变 体 语 句	产生变体的原则
9	rslt = left;	M_1	rslt = Math.abs(left);	ABS
9	rslt = left;	M_2	rslt = -Math.abs(left);	ABS
9	rslt = left;	M_3	rslt = rslt+left;	AOR
9	rslt = left;	M_4	rslt = rslt-left;	AOR
10	if(right == 0)	M_5	if(right != 0)	ROR
10	if(right == 0)	M_6	if(right >= 0)	ROR
14	for(int i = 2; i <= right; i++)	M_7	for(int i = 2; i < right; i++)	ROR
15	rslt = rslt * left;	M_8	rslt = -left;	UOI
15	rslt = rslt * left;	M_9	rslt = -rslt*left;	UOI
15	rslt = rslt * left;	M_{10}	rslt = rslt*right;	SVR
15	rslt = rslt * left;	M_{11}	rslt = right*left;	SVR
15	rslt = rslt * left;	M_{12}	rslt = bomb();	BSR

3. 用测试用例对所有变体进行测试

这一步中，用测试集中的每个测试用例，对每个变体进行测试，并记录测试结果。

【例 6-9】 对【例 6-8】中产生的 12 个变体，分析采用测试用例集 T 的测试结果。

解：利用测试集 T={t_1,t_2,t_3,t_4}，其中 t_1=(2,1)；t_2=(2,0)；t_3=(-2,0)；t_4=(-2,1)，对表 6-2 中给出的所有变体进行测试，测试结果如表 6-3 所示。

表 6-3 变体的测试结果

		t_1	t_2	t_3	t_4
父体程序	P(t)	2	1	1	-2
变体程序	M_1(t)	2	1	1	2
	M_2(t)	-2	1	1	-2

（续）

		t_1	t_2	t_3	t_4
变体程序	$M_3(t)$	2	1	1	-2
	$M_4(t)$	-2	1	1	2
	$M_5(t)$	1	2	-2	1
	$M_6(t)$	1	1	1	1
	$M_7(t)$	2	1	1	-2
	$M_8(t)$	2	1	1	-2
	$M_9(t)$	2	1	1	-2
	$M_{10}(t)$	2	1	1	-2
	$M_{11}(t)$	2	1	1	-2
	$M_{12}(t)$	2	1	1	-2

4. 寻找存活变体

当测试集 T 中没有测试用例能够将变体 M 与父体 P 区分开时，将 M 放到存活变体集合（记为 L）中。

【例 6-10】 根据【例 6-9】的结果，导出存活变体集合。

解：与父体 P 执行结果相同的变体即为存活变体。根据表 6-3 给出的测试结果，可以得到的存活变体集合为：$L=\{M_3, M_7, M_8, M_9, M_{10}, M_{11}, M_{12}\}$。

5. 分析等价变体

如果在第 4 步完成后 L 集合不为空，则应当分析 L 中的每个变体是否与父体是等价的。如前文所述，等价变体是指任何时候变体和父体都有同样的输出。

【例 6-11】 根据【例 6-10】的结果，找出等价变体。

解：首先考虑变体 M_3。从表 6-2 可知，源程序中的语句是 rslt = left，而变体语句是 rslt = rslt+left。由于源代码（见例 6-7）的第 8 行语句（int rslt = 0;）将 rslt 初始化为 0，因此 rslt = left 与 rslt = rslt+left 对于整个 P 的输入域而言都是等价的，因此变体 M_3 是等价变体。

其次考虑变体 M_7。从表 6-2 可知，源程序中的语句是 for(int i = 2; i <= right; i++)，而变体语句是 for(int i = 2; i < right; i++)。显然这两条语句是不等价的。之所以 M_4 和 P 的运行结果一致，是因为对 t_1=(2,1)；t_2=(2,0)；t_3=(-2,0)；t_4=(-2,1) 这 4 个测试用例而言，right 都是小于 2 的，因此第 14 行开始的 for 循环语句没有执行，也就没有影响到 rslt 的后续计算，因此和 P 的运行结果一致。所以变体 M_7 不是等价变体。

同理可得，M_8～M_{12} 都不是等价变体。

综上，仅有一个等价变体 M_3。

6. 计算变异充分性分值

根据式（6-1）计算变异充分性分值。该分值是计算死亡的变体的数量占总的非等价的变体数量的比例。如果变异得分是 1.0，那就意味着所有的非等价变体都被检测出来。这样的测试集就可以认为相对于这些变体是充分的。

【例 6-12】 根据【例 6-11】的结果，计算变异充分性分值。

解： $S=\frac{D}{M-E}=\frac{5}{12-1}=0.45$

显然，【例 6-9】中给出的测试集合 T 对变体集合而言是不充分的，需要增加或修改测试用例。例如，可以将 t_4 改为(-2,2)，即可达到 S=1.0 的结果，请读者自行验证。

从【例 6-11】中可以看到，测试用例能够区分非等价的变体与父体，需要满足以下 3 个条件。

1）可达性。必须存在一条从开始语句到变异语句的执行路径。

2）状态感染性。通过执行变异语句，必须保证 M 和 P 的状态不同。

3）状态传播性。通过执行变异语句，必须保证 M 和 P 的状态的差异能传播到变体执行结束。

在发现测试集的 S 值过低时，可以用以上 3 条指导设计新的测试用例。

从【例 6-7】～【例 6-12】还可以看到，利用程序变异进行测试工作量是很大的，而且不同的编程语言，产生变体的具体规则也不尽相同。因此，在实际工作中应考虑使用变异测试工具。目前，研究者已经对 C 语言、Java 语言、C#语言、Fortran 语言和 COBOL 语言等常见的编程语言设计了变异算子。限于篇幅本书不做介绍，读者请参阅参考文献[42]和[43]。

6.5 习题与练习

1. 概念题

1）概述嵌入式软件的各项特点对测试有什么影响。

2）面向对象测试的单元是什么？如何界定？

3）面向对象的测试可以分为几个层次？

4）类测试的主要方法是什么？请举例说明。

5）面向对象的集成测试有哪些方法？请举例说明。

6）简述安全性测试的正向测试过程和反向测试过程。

7）请简述变异测试的两个基本假设，并分析为何变异测试能够奏效。

8）如何在存活变体中区分等价变体与非等价变体？请设计一个启发式算法。

9）请概述强变异与弱变异的概念，并分析它们在区分等价变体中的应用。

2. 分析设计题

1）自己编写一个程序，利用 GCC 插桩，并运行 GCOV 分析测试结果。在分析结束后打开.gcov 文件，阅读覆盖率分析的结果。

2）通过添加占星术内容扩展 o_oCalendar 问题。黄道十二宫中的每一个都有名称和开始日期（每月的 21 日）。请在月份类中添加属性和方法，使得 testIt 可以找出给定日期的黄道十二宫。

3）分析下面代码可能存在的安全隐患。

```
void myBufferCopy(char * pSourceStr){
    char pDestStr[100];
    int nLocalVar1 = 123;
    int nLocalVar2 = 456;
    strcpy(pDestStr,pSourceStr);
```

```
    }
```

4）对下列程序，设计一个测试集，用程序变异测试技术评价其充分性。

```
    public static int isLeap(int year)
    {
        int leap = -1;
        if(year % 4 ==0){
            if(year % 100 == 0){
                if(year % 400 == 0)
                    leap = 1;
                else
                    leap = 0;
            }
            else
                leap = 1;
        }
        else
            leap = 0;
        return leap;
    }
```

参 考 文 献

[1] ANSI/IEEE. IEEE Standard Glossary of Software Engineering Terminology[S]. IEEE Std 610.12-1990, IEEE Std 729-1983.

[2] R S Pressman. 软件工程: 实践者的研究方法[M]. 郑人杰, 等译. 6 版. 北京: 机械工业出版社, 2006.

[3] R Patton. 软件测试[M]. 张小松, 等译. 2 版. 北京: 机械工业出版社, 2007.

[4] 史亮. 软件测试实战[M]. 北京: 人民邮电出版社, 2014.

[5] J Bentley. 编程珠玑[M]. 黄倩, 钱丽艳, 译. 2 版. 北京: 人民邮电出版社, 2005.

[6] ANSI/IEEE. IEEE Standard for Software Test Documentation[S]. IEEE Std 829-1983.

[7] G J Myers. 软件测试的艺术[M]. 王峰, 陈杰, 译. 2 版. 北京: 机械工业出版社, 2006.

[8] B Hetzel. The Complete Guide to Software Testing[M]. 2nd Edition. New York: John Wiley&Sons Inc, 1988.

[9] R D Craig, S P Jaskiel. Systematic Software Testing[M]. Boston: Artech House Publishers, 2002.

[10] B Beizer. Software Testing Techniques[M]. 2nd Edition. New York: International Thomson Press, 1990.

[11] A Spillner, T Linz, H Schaefer. 软件测试基础教程[M]. 刘琴, 等译. 2 版. 北京: 人民邮电出版社, 2009.

[12] ISO/IEC/IEEE. Software and systems engineering —Software testing—Part 1: Concepts and definitions[S]. ISO/IEC/IEEE 29119-1:2013.

[13] B Boehm. Software Engineering Economics[M]. Upper Saddle Rivers: Prentice-Hall, 1981.

[14] D R Wallace, R U Fujii. Software Verification and Validation: An Overview [J]. IEEE Software, 1989, 6(5): 10–17.

[15] ISO/IEC. Software engineering - Product quality—Part 1: Quality model[S]. ISO/IEC 9126-1:2001.

[16] 张海藩. 软件工程导论[M]. 5 版. 北京: 机械工业出版社, 2008.

[17] ANSI/IEEE. IEEE Recommended Practice for Software Requirements Specifications[S]. IEEE Std 830-1998.

[18] ISO/IEC/IEEE. Systems and software engineering—Software testing—Part 4: Test techniques[S]. ISO/IEC/IEEE P29119-4: 2013.

[19] British Standards Institution. Software testing—Software component testing[S]. BS 7925-2:1998.

[20] M Grindal1, J Offutt, S F. Andler. Combination testing strategies: a survey[J]. Software Testing, Verification and Reliability, 2005, 15(3): 167–199.

[21] R Mandl. Orthogonal Latin squares: an application of experiment design to compiler testing[J]. Communications of the ACM, 1985,28(10): 1054-1058.

[22] P Ammann, J Offutt. 软件测试基础[M]. 郁莲, 等译. 北京: 机械工业出版社, 2010.

[23] R Black. 软件测试实践: 成为一个高效能的测试专家[M]. 郭耀, 等译. 北京: 清华大学出版社, 2008.

[24] 周伟明. 软件测试实践[M]. 北京: 电子工业出版社, 2008.

[25] H V Vliet. Software Engineering: Principles and Practice[M]. 3rd Edition. Chichester: John Wiley & Sons Ltd, 2008.

[26] Oracle. Code Conventions for the Java^{TM} Programming Language[OL]. http://www.oracle.com/technetwork/ java/ codeconvtoc-136057.html

[27] 宫云战, 赵瑞莲, 张威, 等. 软件测试教程[M]. 北京: 机械工业出版社, 2010.
[28] 宫云战, 等. 软件缺陷模式与测试[M]. 北京: 科学出版社, 2011.
[29] S McConnell. Best Practices: Daily Build and Smoke Test[J]. IEEE software, 1996, 13(4): 143-144.
[30] 朱少民. 软件测试方法和技术[M]. 3 版. 北京: 清华大学出版社, 2015.
[31] 朱少民. 全程软件测试[M]. 2 版. 北京: 电子工业出版社, 2014.
[32] 肖汉, 等. 软件测试[M]. 北京: 电子工业出版社, 2013.
[33] ANSI/IEEE. IEEE Standard for Software and System Test Documentation[S]. IEEE Std 829-2008.
[34] 肖丁, 等. 软件工程模型与方法[M]. 北京: 北京邮电大学出版社, 2008.
[35] ISO/IEC/IEEE. Software and systems engineering—Software testing—Part 2: Test processes[S]. ISO/IEC/IEEE 29119-2:2013.
[36] J D Musa, A F Ackerman. Quantifying Software Validation: When to stop Testing[J]. IEEE Software, 1995, 6(3): 19-27.
[37] J C Huang. Program instrumentation and software testing[J]. IEEE Computer, 1978, 11(4): 3.
[38] P C Jorgensen. 软件测试[M]. 韩柯, 杜旭涛, 译. 2 版. 北京: 机械工业出版社, 2003.
[39] M Howard, D LeBlanc. 编写安全的代码 [M]. 程永敬, 等译. 2 版. 北京: 机械工业出版社, 2005.
[40] Microsoft. Using Safe String Functions [OL]. https://msdn.microsoft.com/en-us/library/ff565508
[41] R A DeMillo, R J Lipton, F G Sayward. Hints on test data selection: Help for the practicing programmer[J]. IEEE Computer, 1978, 11(4):34-41.
[42] Y Ma, J Offutt, Y R Kwon. MuJava: an automated class mutation system[J]. Software Testing, Verification and Reliability, 2004, 15(2): 97-133.
[43] A P Mathur. 软件测试基础教程[M]. 王峰, 郭长国, 陈振华, 等译. 北京: 机械工业出版社, 2011.